INTRODUÇÃO AO CÁLCULO

Blucher

Paulo Boulos
Professor livre-docente do Instituto de Matemática
e Estatística da Universidade de São Paulo (IME-USP)

INTRODUÇÃO AO CÁLCULO

Volume I

Cálculo diferencial

2ª edição

Introdução ao cálculo, vol. 1: cálculo diferencial

2ª edição - 2019
1ª reimpressão - 2021
Editora Edgard Blücher Ltda.

Blucher

Dados Internacionais de Catalogação
na Publicação (CIP)
Angélica Ilacqua CRB-8/7057

Rua Pedroso Alvarenga, 1245, 4° andar
04531-934 – São Paulo – SP – Brasil
Tel.: 55 11 3078 5366
contato@blucher.com.br
www.blucher.com.br

Boulos, Paulo
Introdução ao cálculo : volume 1 : cálculo diferencial / Paulo Boulos. – 2. ed. – São Paulo : Blucher, 2019.
280 p. : il.

Bibliografia
ISBN 978-85-212-1412-0 (impresso)
ISBN 978-85-212-1413-7 (e-book)

1. Cálculo 2. Matemática I. Título.

18-2183 CDD 515

Índice para catálogo sistemático:
1. Cálculo: Matemática 515

Ao Paulinho

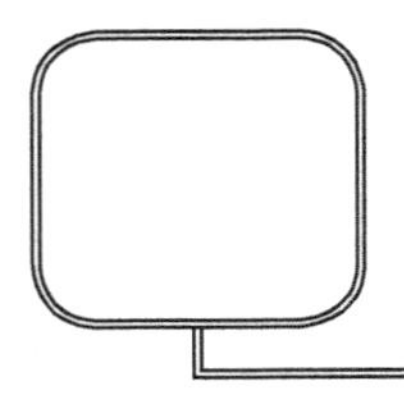

Conteúdo

Prefácio

Este livro é destinado aos estudantes que pela primeira vez estudam o Cálculo. E, portanto, de caráter introdutório. O objetivo foi dar as ideias principais do Cálculo, bem como uma certa habilidade na parte técnica. A maneira com que tal objetivo foi procurado constitui uma característica importante deste livro. Através de uma linguagem clara e simples, muitas vezes coloquial (para não enfadar o aluno), são apresentados os conceitos com grande número de exemplos; os teoremas, com ilustrações que revelam seus conteúdos geométricos (sempre que isso for possível), sendo frequentemente usados raciocínios de caráter intuitivo a fim de tornar os resultados "naturais"; e os exemplos relativos à parte técnica, em número suficiente, de modo a evitar ao aluno o desânimo por excesso de dúvidas.

Dentre os exercícios apresentados, encontram-se aqueles que se destinam a avaliar a compreensão da matéria exposta, e aqueles que objetivam conferir ao leitor uma certa familiaridade com as técnicas operatórias. Asteriscos precedendo um exercício indicam um certo grau de dificuldade, proporcional ao número deles. Os exercícios são apresentados ao final de cada seção, havendo também, no fim do livro, uma série de exercícios suplementares. Entre esses, em geral aparecem exercícios mais difíceis.

Uma palavra com relação a rigor e linguagem. Procurou-se, neste livro, dizer a verdade honestamente, sem sofisticações nem uso de simbologia excessiva, que constituem, a nosso ver, um dos entraves para aceitação do Cálculo por parte do aluno. Entenda-se aqui aluno por aluno médio de nossas faculdades, ao qual é dirigida a presente obra.

Quanto ao modo de usar o livro, isso vai depender essencialmente do nível dos alunos. Alguns tópicos foram colocados em apêndices. Outros, no próprio corpo do livro, são opcionais, conforme indicação local. Caberá ao professor decidir quais deles abordar. Note-se que a matéria em apêndices apresenta exercícios. Com isso, pretende-se que o livro possa ser usado em diversos níveis.

Críticas e sugestões serão de grande valia para a eliminação de falhas que porventura existam.

Desejo agradecer ao prof. *João F. Barros* pela indicação de diversos erros que ainda se apresentavam na última reimpressão.

O autor

1 Preliminares

1.1 NÚMEROS

Vamos admitir que você esteja familiarizado com os números naturais: 1, 2, 3. 4 ... com os números inteiros: 0, 1, –1, 2, –2, ..., com os números racionais, que são da forma p/q, p e q inteiros, $q \neq 0$ (logo, os números naturais e os números inteiros são também racionais) e com os números reais. Aqui lhe surge provavelmente uma dúvida (pelo menos assim esperamos): como dizer o que é um número real? Observe que o que fizemos acima não foi de modo algum definir número natural, inteiro ou racional. Para definir esses números é necessária uma teoria que foge ao objetivo deste livro.* Apenas a título de curiosidade, vamos adiantar o seguinte: existem números reais cuja representação decimal é infinita e apresenta uma parte periódica. Por exemplo,

$$\frac{1}{3} = 0{,}333\ldots;\quad 0{,}577577\ldots$$

Temos também os números cuja representação decimal é finita. Por exemplo,

$$\frac{1}{2} = 0{,}500\ldots;\quad 0{,}006578000\ldots$$

Pois bem, os números desses dois tipos são números da forma p/q, $q \neq 0$, p e q inteiros, isto é, são números racionais.

Os outros números reais (aqueles cujas representações decimais são infinitas e não apresentam parte periódica) são chamados irracionais. Exemplos de números irracionais:

---

* No entanto você achará alguma coisa no Apêndice A.

$$\sqrt{2} = 1,4142\ldots; \quad \pi = 3,14159\ldots$$

Portanto, o conjunto dos números naturais é parte do conjunto dos números inteiros, que é parte do conjunto dos números racionais, que, por sua vez, é parte do conjunto dos números reais.

Convenção. A fim de abreviar a linguagem, diremos apenas *número* quando se tratar de número real.

EXERCÍCIOS

1.1.1. Um número inteiro é par (ímpar) se puder ser escrito na forma $2k$ ($2k + 1$), onde k é um número inteiro. Mostre que, se a é par (ímpar), então a^2 é par (ímpar).

1.1.2. O objetivo deste exercício é mostrar que $\sqrt{2}$ é irracional.

a) Suponha $\sqrt{2} = \dfrac{p}{q}$, onde $q \neq 0$ e p são inteiros. Conclua que p deve ser par. Daí, conclua que q também é par.

b) Suponha $\sqrt{2} = \dfrac{p}{q}$ como acima, supondo também que p e q sejam primos entre si, o que é sempre possível (você cancela todos os fatores primos comuns). Conclua por (a) que isso é um absurdo.

*1.1.3. Mostre que $\sqrt{3}$ é irracional (tente seguir o método do exercício anterior).

1.1.4. Mostre que a soma e o produto de números racionais é racional (você pode supor que soma e produto de números inteiros é um número inteiro).

1.1.5. Mostre que $\dfrac{\sqrt{3}+1}{2}$ é irracional. (Se $\dfrac{\sqrt{3}+1}{2} = \dfrac{\sqrt{3}}{2} + \dfrac{1}{2}$ fosse racional, o que seria $\dfrac{\sqrt{3}}{2}$? E $2 \cdot \dfrac{\sqrt{3}}{2} = \sqrt{3}$?) Idem para $\dfrac{1}{\sqrt{3}}$.

1.1.6. Se $a \neq 0$ é racional e b é irracional, então ab é irracional.

1.1.7. Se a é racional e b é irracional, então $a + b$ é necessariamente irracional? E se a e b são ambos irracionais?

1.1.8. Se a e b são irracionais, é verdade que ab é irracional?

1.1.9. a) Mostre que $b\sqrt{2}$ é irracional, onde $b \neq 0$ é racional.

b) Se a é racional, conclua que $a + b\sqrt{2}$ é irracional (veja Exer. 1.1.7).

c) Então, se x e y são racionais, a relação $x + y\sqrt{2} = 0$ acarreta $x = y = 0$.

1.1.10. Escrever os números seguintes na forma $\frac{p}{q}$, p e $q \neq 0$ inteiros.

a) 0,125; b) 0,3333...;

c) 3,14288 ...; d) 0,428571428571 ...

Sugestão. $0,3333\cdots = \frac{3}{10} + \frac{3}{10^2} + \frac{3}{10^3} + \frac{3}{10^4} + \cdots =$

$$= \frac{3}{10}\left[1 + \frac{1}{10} + \frac{1}{10^2} + \cdots\right] = \frac{3}{10} \cdot \frac{1}{1 - \frac{1}{10}}.$$

1.2 FUNÇÕES

Suponha que A seja um conjunto de números. Uma *função definida em* A é uma correspondência que, a cada número de A, associa um único número. Se representarmos a função por uma letra, por exemplo, f e, por x, um elemento de A, então $f(x)$ indicará o número associado a x [$f(x)$ deve ser lido "f de x"]. O conjunto A é chamado de *domínio da função* f.

Se você não entendeu nada, não se preocupe, pois os exemplos a seguir o esclarecerão.

Exemplo 1.2.1. Seja A o conjunto de todos os números. Consideremos a correspondência f que, a cada número x, associa seu quadrado x^2, isto é, $f(x) = x^2$.

Então $f(0) = 0^2 = 0$, $f(-1) = (-1)^2 = 1$, $f(1) = 1^2 = 1$. Observe que x^2 é o número associado a x, 0 é o número associado a 0, 1 é o número associado a –1, 1 é o número associado a 1.

Se indicamos um número por $\frac{1}{z}(z \neq 0)$, então

$$f\left(\frac{1}{z}\right) = \left(\frac{1}{z}\right)^2 = \frac{1}{z^2},$$

e $\frac{1}{z^2}$ é o número associado a $\frac{1}{z}$.

Se você entendeu o que se disse, entenderá também que

$$f(x+h) = (x+h)^2 = x^2 + 2xh + h^2,$$

e que $x^2 + 2xh + h^2$ é o número associado a $x + h$.

Exemplo 1.2.2. Seja A o conjunto dos números diferentes de 0. A correspondência que, a cada x de A, associa o número $\frac{1}{x}$ é uma função definida em A. Em símbolos,

$$f(x) = \frac{1}{x} \quad (x \neq 0).$$

Então

$$f(1) = \frac{1}{1} = 1, \quad f\left(\sqrt{2}\right) = \frac{1}{\sqrt{2}},$$

$$f\left(\frac{1}{3}\right) = \frac{1}{\frac{1}{3}} = 3, \quad f\left(-\frac{1}{2}\right) = \frac{1}{-\frac{1}{2}} = -2,$$

$$f\left(\frac{1}{Z}\right) = \frac{1}{\frac{1}{Z}} = Z, \quad f(xy) = \frac{1}{xy}.$$

Pergunta. Você sabe por que em $\frac{1}{x}$ é preciso que $x \neq 0$?

Exemplo 1.2.3. Seja A o conjunto de todos os números. Considere a função f definida como segue:

$$f(x) = \begin{cases} x & \text{se} \quad x \geq 0, \\ -x & \text{se} \quad x < 0. \end{cases}$$

Para os que estranharam essa definição "por partes", vamos explicar como é a correspondência. Tome um número, por exemplo, $x = 3$. Como $3 \geq 0$ (isso não é erro de imprensa! ≥ 0 lê-se "maior *ou* igual a zero"), então $f(3) = 3$. Se você tomar $x = -3$, então, como $-3 < 0$, temos $f(-3) = -(-3) = 3$, pois, nesse caso, $f(x) = -$x.

Costuma-se indicar $f(x) = |x|$ e lê-se "módulo de x", ou "valor absoluto de x". Decorre imediatamente que $|x| \geq 0$, e que $|-x| = |x|$.

Exemplo 1.2.4. Se você estudou Eletricidade, sabe que, se aplicar uma tensão V a um resistor de resistência R, fluirá uma corrente I dada por (Fig. 1-1).

$$I = \frac{V^*}{R}$$

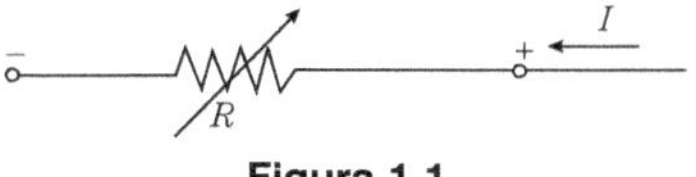

$-$ R $+$ I

Figura 1.1

V e R dependem, em geral, do tempo t, de modo que I é uma função de t.

Por exemplo, se $V(t) = 2 \text{ sen } t$ e $R(t) = t + 1$, temos $I(t) = 2\frac{\text{sen}\, t}{t+1}$ (aqui supomos $t \geq 0$).

Nota. Por simplicidade, diremos, às vezes, "seja a função $f(x)$, devendo, nesse caso, subentender-se que x percorre o conjunto de todos os números, salvo se alguma restrição é imposta a x". Por exemplo, "seja a função $f(x) = x^3$", subentende-se que x percorre o conjunto de todos os números, ao passo que "seja $f(x) = \frac{1}{x^4}$, $x \neq 0$", subentende-se que x percorre o conjunto de todos os números diferentes de 0.

Pode-se representar uma função através de seu gráfico. Tomando um sistema de coordenadas cartesianas num plano, o gráfico de uma função f (definida num conjunto A) é o conjunto dos pontos do plano de coordenadas $(x, f(x))$, onde x percorre A.

Exemplo 1.2.5. Considere a função do Ex. 1.2.1. Como não temos elementos para esboçar seu gráfico por ora (esses elementos serão dados no Cap. 3, seção 3.6), fazemos uma tabela, como segue.

x	0	–1	1	2	–2	3	–3
$f(x)$	0	1	1	4	4	9	9

Marcamos esses pontos $(x, f(x))$ no gráfico e "estimamos" o jeito da curva (Fig. 1.2).

Exemplo 1.2.6. A função $f(x) = ax + b$ (onde a e b são números), definida no conjunto de todos os números, tem por gráfico uma reta, como se sabe da Geometria Analítica.

---

* Com a convenção do receptor.

Cuidado aqui para não haver confusão. Os números a e b são dados (fixos) e x percorre o conjunto de todos os números.

Como essa função vai ter um papel importante para nós, vamos recordar com mais pormenores seu gráfico.

1.° *caso*. $a = 0$. Nesse caso, $f(x) = b$ e temos uma função constante. A qualquer número x, associamos o mesmo número b. O gráfico é uma reta paralela ao eixo dos x, como se vê na Fig. 1-3.

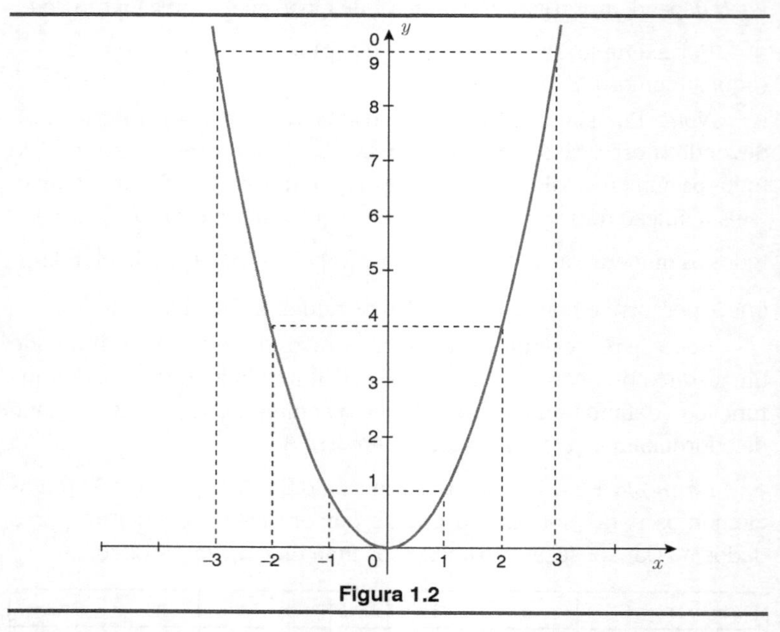

Figura 1.2

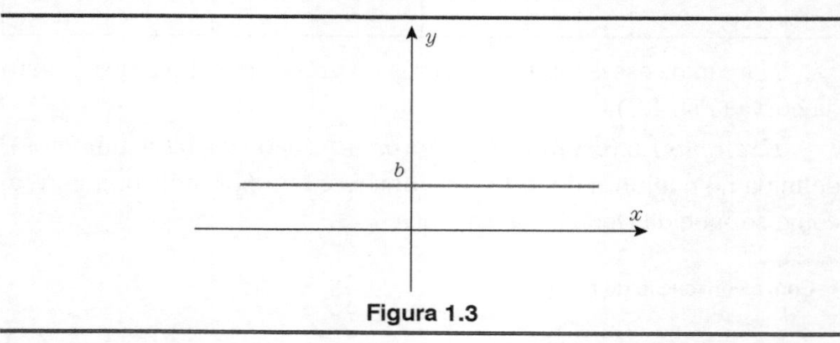

Figura 1.3

(No caso da Fig. 1-3 estamos supondo $b > 0$.)

2.° *caso*. $a \neq 0$. Nesse caso, o gráfico será uma reta não paralela ao eixo dos x (Fig. 1-4).

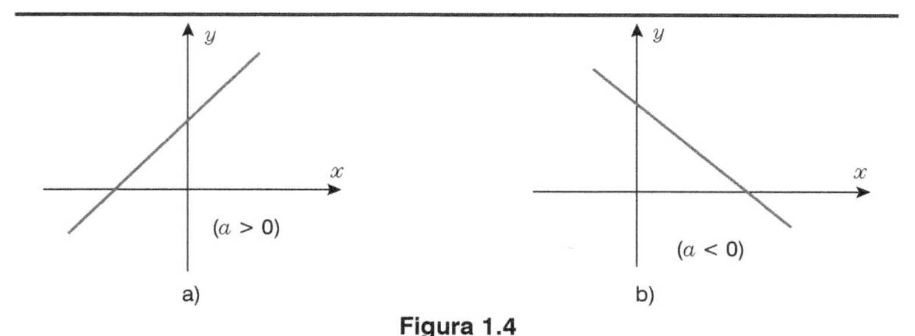

Figura 1.4

Dado o gráfico de $f(x) = ax + b$, você sabe qual o significado geométrico de a e b? Observe que $f(0) = b$ e a Fig. 1-5.

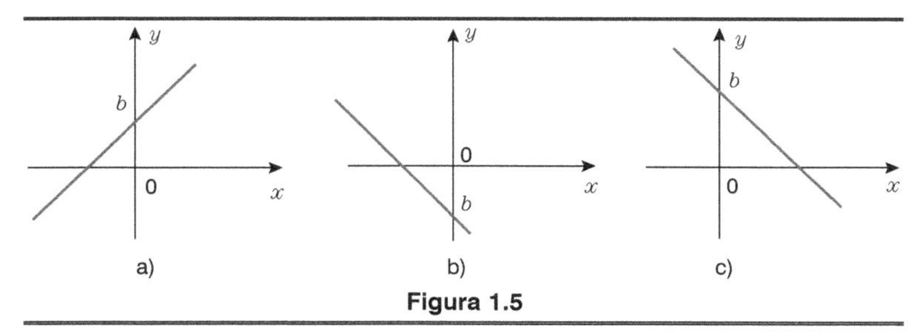

Figura 1.5

Logo, b é tal que $(0, b)$ é o ponto onde a reta corta o eixo dos y.

Para relembrar o significado de a, considere dois pontos (x_1, y_1) e (x_2, y_2), $(x_1 \neq x_2)$ de uma mesma reta, gráfico de $f(x) = ax + b$. Então

$$ax_1 + b = y_1,$$

$$ax_2 + b = y_2.$$

Logo, subtraindo membro a membro.

$$a(x_2 - x_1) = y_2 - y_1,$$

e, portanto,

$$a = \frac{y_2 - y_1}{x_2 - x_1}.$$

Então (veja Fig. 1-6) $a = \text{tg}\, \alpha$.

Em particular, o gráfico da função $f(x) = x$ (chamada função identidade) é dado na Fig. 1-7; e o da função $f(x) = 2x + 4$, na Fig. 1-8.

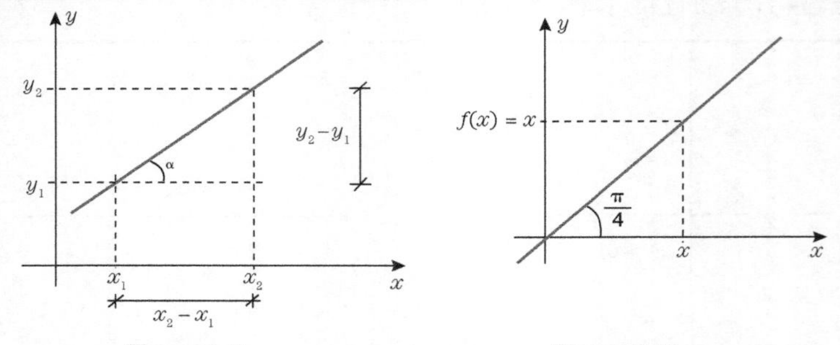

Figura 1.6 Figura 1.7

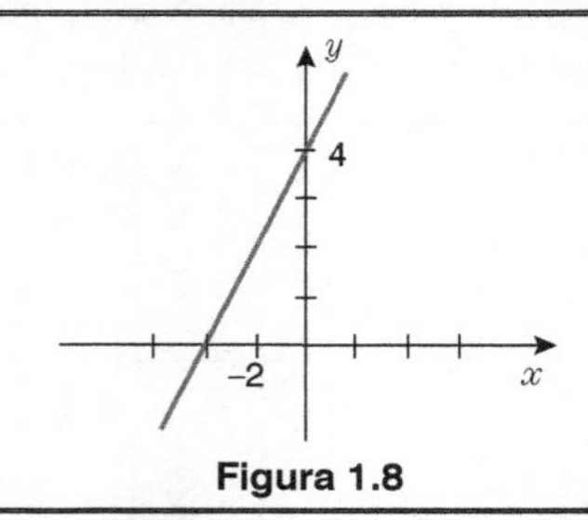

Figura 1.8

(No traçado desses gráficos basta a marcação de dois pontos, pois trata-se de retas.)

Exemplo 1.2.7. Considere a função do Ex. 1.2.3. Se $x \geq 0$, temos $f(x) = x$ e o gráfico é o que se acha na Fig. 1-9.

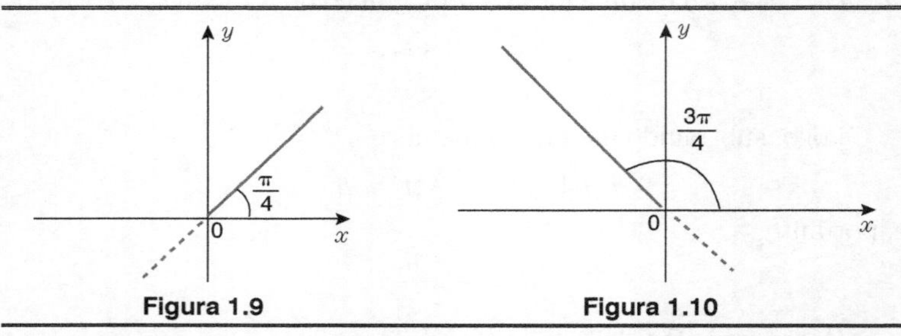

Figura 1.9 Figura 1.10

Se $x < 0, f(x) = -x$, e o gráfico é o fornecido na Fig. 1-10.

Combinando os dois, temos o gráfico da função $f(x) = |x|$ (Fig. 1-11).

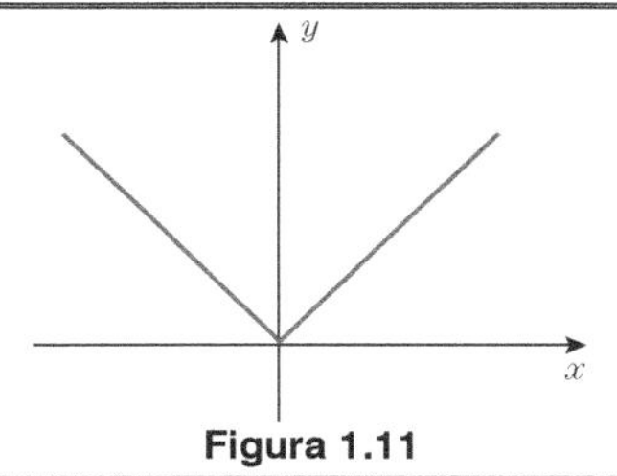

Figura 1.11

Exemplo 1.2.8 (contra-exemplo). O gráfico da Fig. 1-12 não pode ser gráfico de uma função. De fato, ao valor x_0 estão associados 3 números.

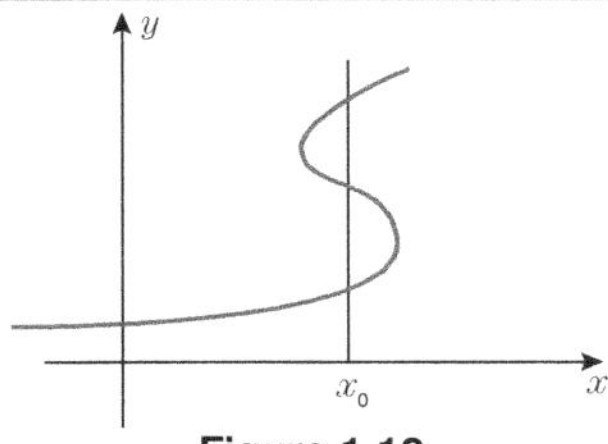

Figura 1.12

Uma função só pode associar a cada número um único número. Então, para que uma curva possa ser o gráfico de uma função, ela deverá interceptar toda reta vertical no máximo em um ponto.

Nota. Uma maneira industrial de se pensar numa função é imaginá-la como uma máquina com uma entrada e uma saída (Fig. 1-13). Na entrada, coloca-se x, na saída obtém-se $f(x)$. Como é o mecanismo não nos interessa. Observe que, se f é uma função de domínio A, a máquina só recebe x de A.

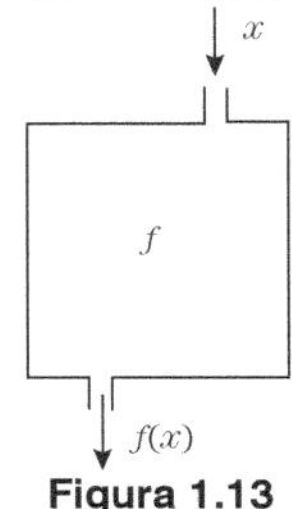

Figura 1.13

EXERCÍCIOS

1.2.1. Sendo $f(x) = x^2 - x$, achar $f(2)$; $f(1)$; $f(-1)$; $f\left(\frac{1}{2}\right)$; $f(k)$; $f\left(\frac{1}{x}\right)$, $x \neq 0$; $f(x^2)$; $f(-x^2)$; $f(-x)$; $f(f(x))$.

1.2.2. Sendo $f(x) = \frac{x}{x-1} (x \neq 1)$, achar $f(2)$; $f(-2)$; $f\left(\frac{1}{t}\right)$, $t \neq 0,1$; $f(x + h)$, $x \neq 1 - h$.

1.2.3. Sendo $f(x) = \frac{1}{x} (x \neq 0)$, achar $2f(4) - f(1) - f(-1)$; $|f(x-1)|^2$.

1.2.4. Sendo $f(x) = x^3$, achar $f(x + h)$; $f(x + h) - f(x)$; $\frac{f(x+h)-f(x)}{h}$, $h \neq 0$.

1.2.5. Sendo $f(x) = x + \frac{1}{x} (x \neq 0)$, achar $f(1)$; $f(-1)$; $f(w)$; $f\left(x + \frac{1}{x}\right)$, $x \neq 0$; $f\left(x - \frac{1}{x}\right)$, $x \neq 0, 1, -1$; $xf(x) - f(1)$.

1.2.6. Uma função definida num conjunto simétrico com relação a 0 diz-se par se $f(x) = f(-x)$ e ímpar se $f(x) = -f(-x)$ para todo x do conjunto. Quais das funções seguintes são pares e quais são ímpares?

a) $f(x) = e^x$;
b) $f(x) = x$;
c) $f(x) = x^2$;
d) $f(x) = x^2 + \sqrt{1 + x^2}$;
e) $f(x) = \frac{e^x + e^{-x}}{2}$;
f) $f(x) = \begin{cases} \frac{1}{x} & x \neq 0, \\ 0 & x = 0; \end{cases}$
g) $f(x) = |x|$;
h) $f(x) = x|x|$.

Qual o aspecto geral do gráfico de uma função par (ímpar)?

1.2.7. Seja f uma função definida num conjunto simétrico com relação a 0.

a) Mostre que a função $f(x) + f(-x)$ é par e que $f(x) - f(-x)$ é ímpar.

b) Exprima f em termos das funções do item a) e conclua que toda função f, como acima, é soma de uma função par e uma função ímpar.

1.2.8. Prove que o produto de duas funções pares ou ímpares é uma função par. O produto de uma função par e uma ímpar é uma função ímpar.

1.2.9. É dada uma correspondência $y = f(x)$ entre números. Quer-se saber qual o "maior" conjunto de números onde ela tem sentido. Abreviadamente se diz: achar o domínio de $y = f(x)$. Achar tais conjuntos nos casos a seguir.

a) $y = \sqrt{x+2}$; b) $y = \sqrt[3]{x}$;
c) $y = \sqrt{x}$; d) $y = \sqrt{-x}$;
e) $y = \dfrac{1}{x}$; f) $y = \dfrac{1}{\sqrt{x^2-1}}$;
g) $y = \sqrt{x^2-2x+1}$; h) $y = \sqrt{x^2+x+1}$;
i) $y = \sqrt{-x^2+3x-2}$; j) $y = \sqrt{1-x^2} + \sqrt{x^2-1}$;
l) $y = \sqrt{1-x^2} + \sqrt{x^2-1} + \dfrac{1}{x^2-1}$; m) $y = \ln x$;
n) $y = \ln\dfrac{x-1}{x+2}$; o) $y = \ln\left(x + \sqrt{1+x^2}\right)$;
p) $y = \ln\left[\log_{10}\left(x^2-x-2\right)-1\right]$.

(Para os últimos quatro exercícios, você precisa recordar algo sobre logaritmo.)

1.2.10. a) Se $f(x) = ax + b$ e $g(x) = cx + d$, então o gráfico da função $f(x) + g(x)$ é uma reta.

b) Esboce o gráfico de $f_1(x) = x + 1$, $f_2(x) = |x+1|$,

$$f_3(x) = 2x - 1,\ f_4(x) = |2x-1|.$$

c) Esboce o gráfico de $h(x) = |x+1| + |2x-1|$.

1.2.11. Dado o gráfico de $f(x)$ (Fig. 1-14), achar o gráfico de $f(x) + c$, onde c é um número.

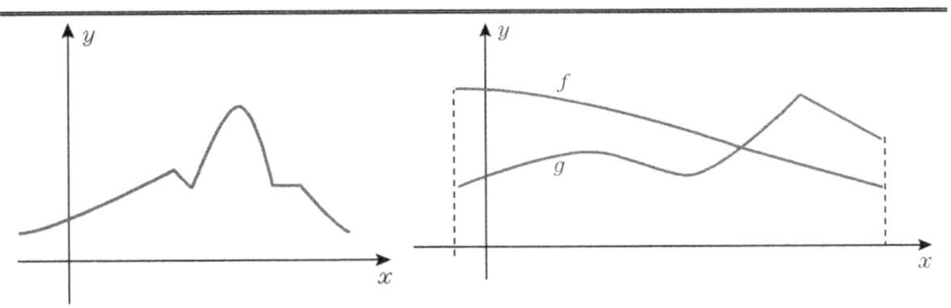

Figura 1.14 **Figura 1.15**

1.2.12. Esboce o gráfico de

a) $f(x) = x^2 + 1$; b) $f(x) = x^2 - 1$;

c) $f(x) = \text{sen}\, x + 1$; d) $f(x) = x + 4$.

1.2.13. Dados os gráficos de $f(x)$ e $g(x)$ (Fig. 1-15), achar os gráficos de $f(x) + g(x)$ e $f(x) - g(x)$.

1.2.14. A Fig. 1-16 é o esquema de uma bateria de força eletromotriz E = 1V, conectada a um resistor de resistência variável r. Sabendo que $0 < r \leq 4$ (unidade: ohm), achar o gráfico da corrente I em função da resistência r.

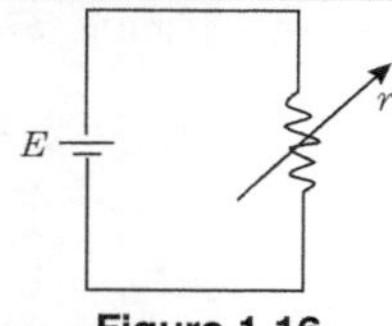

Figura 1.16

1.2.15. Um ponto descreve um movimento retilíneo com velocidade escalar constante igual a 1/2 m/s. Dar o gráfico do espaço percorrido em função do tempo (suposto variar no intervalo $0 \leq t \leq 3$, t em segundos). Qual o significado da velocidade no gráfico?

1.2.16. Dos gráficos a seguir (Fig. 1-17), dizer quais podem ser gráfico de uma função.

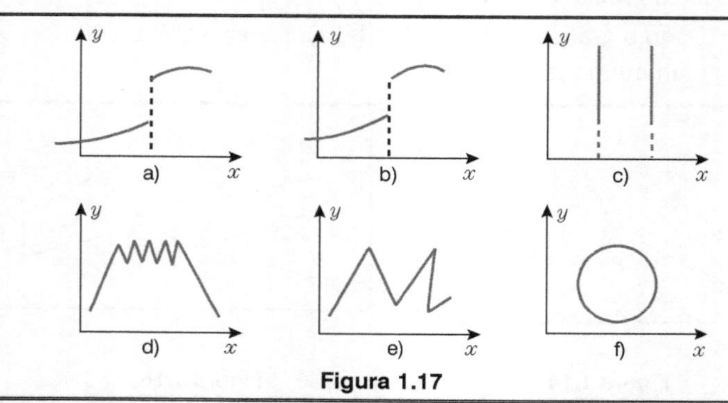

Figura 1.17

1.2.17. Esboce o gráfico de

a) $f(x) = x + |x|$; b) $f(x) = x - |x|$;

c) $f(x) = -|x|$; d) $f(x) = \frac{1}{|x|}(x \neq 0)$;

e) $f(x) = \frac{1}{|x-1|}(x \neq 1)$; f) $f(x) = x|x|$.

1.2.18. Esboce o gráfico de

a) $f(x) = \begin{cases} 0 & \text{se} \quad x < 0, \\ 1 & \text{se} \quad x = 0, \\ 2 & \text{se} \quad x > 0; \end{cases}$ b) $f(x) = \begin{cases} 0 & se \quad x \leq 1, \\ 2x & se \quad x > 1; \end{cases}$

c) $f(x) = \begin{cases} -x & \text{se} \quad x < -2, \\ 2 & \text{se} \quad -2 \leq x < 0, \\ x + 2 & \text{se} \quad 0 \leq x; \end{cases}$

d) $f(x) = \begin{cases} x^2 - x & \text{se} \quad x \leq 1, \\ 0 & \text{se} \quad 1 < x \leq 2, \\ x - 2 & \text{se} \quad x > 2. \end{cases}$

1.2.19. Dado um número x, sabe-se que existe um único número inteiro n tal que $n \leq x < n + 1$.* Indica-se $[x] = n$, ou $I(x) = n$. Esta função é chamada função maior inteiro. Esboçar seu gráfico.

Exemplo. $I(0) = 0$, $I(1) = 1$, $I(0{,}5) = 0$, $I(2{,}2) = 2$, $I(-0{,}5) = -1$.

*1.2.20. Esboçar o gráfico de

a) $f(x) = \frac{1 + (-1)^{[x]}}{2}$ $(x \geq 0)$; b) $f(x) = [x^2]$ c) $f(x) = x - [x]$.

1.2.21. a) Desenhe o gráfico de $f(x) = x$ e a seguir, o gráfico de $F(x) = f(x - 1) = x - 1$.

b) Idem para $f(x) = x^2$ e $F(x) = f(x - 1) = (x - 1)^2$.

c) Idem para $F(x) = f(x + 1)$, f como em a) e b).

d) Dado o gráfico de $f(x)$, desenhe o gráfico de $F(x) = f(x + a)$. Se A é o domínio de f, qual é o domínio de F?

---

* Veja Exer. A.4.7, Apêndice A.

1.2.22. Dizer quanto vale

a) $|-3|$; b) $|3|$; c) $|\pi|$; d) $\left|(-2)^2\right|$;

e) $|-2|^2$; f) $\left|x^2\right|$; g) $\left|-x^2\right|$; h) $\left|(-x)^2\right|$;

i) $\left|-\sqrt{2}\right|$; j) $\|-1\|$; l) $|2-3|$; m) $|3-2|$;

n) $\left|-|2|+|-1|\right|$; o) $\left||2|+|-1|\right|$; p) $|(-2)(-3)|$; q) $|(-2)3|$.

1.2.23. Mostre que $|x| \geq 0$ e que $|x| = 0$ se e somente se $x = 0$.

1.2.24. Se $a > 0$, existe um único número $b > 0$ tal que $b^2 = a$.** Esse número b é indicado $\sqrt{a}$. Define-se $\sqrt{0} = 0$.

Então $\sqrt{a} \geq 0$ e $\sqrt{a} = 0$ se, e somente se, $a = 0$.

a) Perguntamos: $\sqrt{x^2} = x$ é verdadeiro?

b) Teste sua resposta para $x = -1$.

c) Prove que $\sqrt{x^2} = |x|$ e que $|x|^2 = x^2$.

d) Prove que $\sqrt{x}\sqrt{y} = \sqrt{xy}\ (x, y \geq 0)$ e que $\sqrt{\dfrac{1}{x}} = \dfrac{1}{\sqrt{x}}\ (x > 0)$.

e) Prove que $|xy| = |x|\ |y|$ e que $\left|\dfrac{1}{x}\right| = \dfrac{1}{|x|}\ (x \neq 0)$.

f) Prove que $\left|\dfrac{x}{y}\right| = \dfrac{|x|}{|y|}$.

1.2.25. Achar os valores de x tais que

a) $\sqrt{x^2} = x$; b) $\sqrt{(x-1)^2} = x - 1$;

c) $\sqrt{x^2 - 2x + 1} = 1 - x$; d) $\sqrt{x^4} = x^2$.

1.2.26. Idem para

a) $|x+1| = |x-1|$; b) $|x| = |x+7|$;

c) $|x-1| = |2x+3|$; d) $|x-1|^2 = |2x-1|$;

e) $|x-1|^2 = |2x+1|$; f) $|x| = x^2 + 1$.

** Veja A.3.3, Apêndice A.

1.3 DISTÂNCIA ENTRE NÚMEROS

Graficamente, os números podem ser representados pelos pontos de uma reta. Escolhem-se dois pontos distintos da mesma, um deles representando 0; o outro, 1. A distância u entre estes pontos servirá de unidade de medida, com a qual se localizará, para cada número, um ponto da reta, de maneira óbvia (veja figura). À esquerda de 0, marcamos os números negativos; à direita, os positivos (Fig. 1-18).

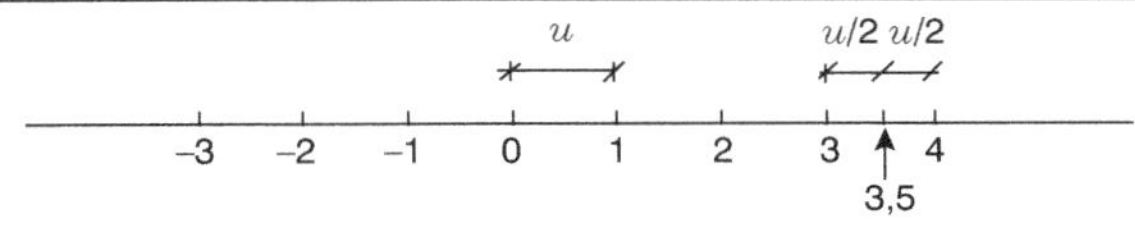

Figura 1.18

Devido a essa representação, costuma-se referir a números como sendo pontos.

Considere agora dois números x e y e suas representações geométricas P e Q. (Fig. 1-19).

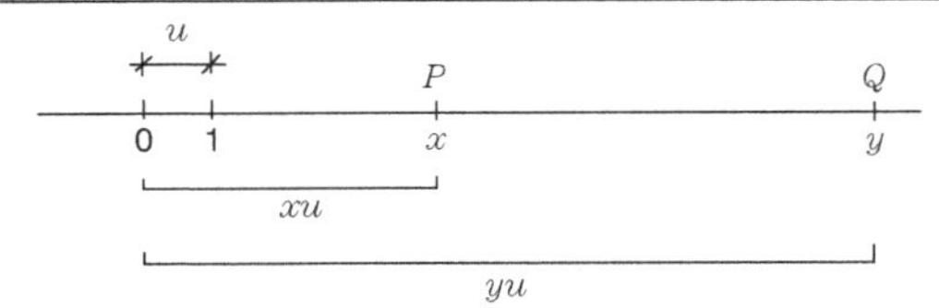

Figura 1.19

A distância d de P a Q na unidade de medida u será, no caso da figura,

$$du = yu - xu$$

$$\therefore \quad d = y - x = |y - x|.$$

Se $y \leq x$, teríamos

$$d = x - y = -(y - x) = |y - x|.$$

Em qualquer caso, temos $d = |y - x|$. Tomaremos esse número por definição de *distância* entre x e y. Portanto, a distância de um número a a 0 será $|a|$ (Fig. 1-20).

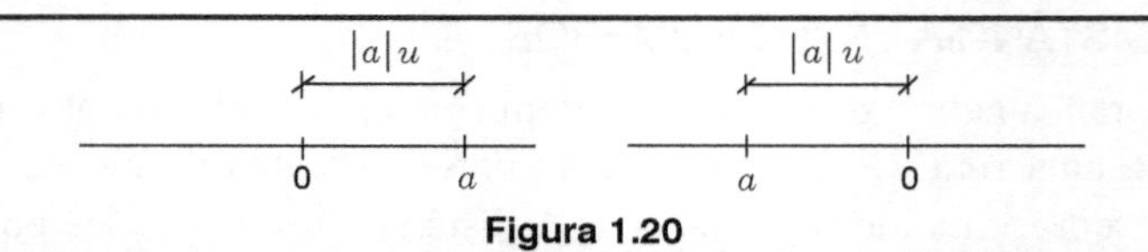

Figura 1.20

Em geral, costuma-se omitir, no desenho, a unidade u. Assim, teremos:

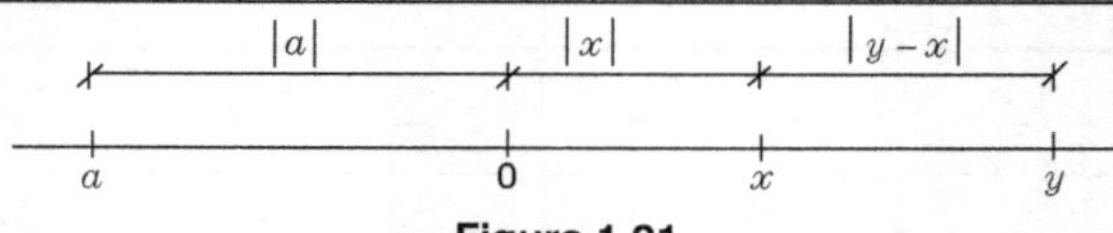

Figura 1.21

Vejamos agora um resultado importante. Tome números $\delta > 0$ e x_0 e represente x_0, $x_0 - \delta$ e $x_0 + \delta$ (Fig. 1-22).

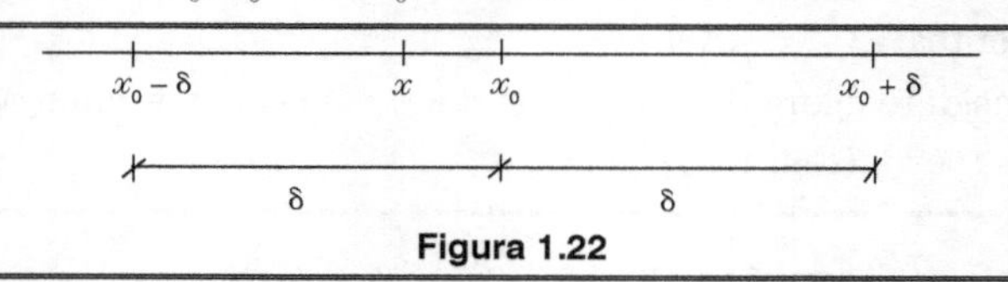

Figura 1.22

Pela figura, vemos que, para todo x entre $x_0 - \delta$ e $x_0 + \delta$, ou seja, para todo x tal que

$$x_0 - \delta < x < x_0 + \delta,$$

a distância entre x e x_0 é menor que δ, isto é,

$$|x - x_0| < \delta.$$

Reciprocamente, se essa desigualdade se verifica, x está entre $x_0 - \delta$ e $x_0 + \delta$.

Chegamos, assim, por considerações geométricas, a este importante resultado, cuja prova deixamos para os exercícios: sendo $\delta > 0$, temos $|x - x_0| < \delta$ se, e somente se, $x_0 - \delta < x < x_0 + \delta$.

Aplicação. Achar os números x tais que $|x - 2| < 3$.

Temos $|x - 2| < 3$ se, e somente se,

$$2 - 3 < x < 2 + 3,$$

isto é

$$-1 < x < 5.$$

EXERCÍCIOS

1.3.1. Calcular a distância entre os números

a) 1 e 2; b) –1 e –2; c) –1 e 2; d) 1 e –2;
e) $\sqrt{3}$ e 0; f) $-\sqrt{3}$ e 0; g) $\sqrt{\pi}$ e 1; h) $-\sqrt{\pi}$ e $\sqrt{\pi}$

1.3.2. Prove que $-|x| \le x \le |x|$.

1.3.3. Com o auxílio do Exer. 1.3.2, prove que

$$-|x| - |y| \le x + y \le |x| + |y|.$$

1.3.4. Seja $a \ge 0$. Então $|x| \le a$ se, e somente se, $-a \le x \le a$.

Solução.

a) Suponha $x \ge 0$. Então $|x| \le a$ se, e somente se, $x \le a$ se, e somente se, $-a \le x \le a$.

b) Suponha $x < 0$. Então $|x| \le a$ se, e somente se, $-x \le a$ se, e somente se, $-a \le x$ se, e somente se, $-a \le x \le a$.

1.3.5. Usando o Exer. 1.3.3 e o Exer. 1.3.4, conclua que

$$|x + y| \le |x| + |y|.$$

1.3.6. Prove que $|x - y| \le |x| + |y|$.

*1.3.7. Prove que $|x| - |y| \le |x - y|$ e $|y| - |x| \le |x - y|$.

Sugestão. $y = (y - x) + x$; use o Exer. 1.3.5.

*1.3.8. Prove que $||x| - |y|| \le |x - y|$.

Sugestão. Pelo Exer. 1.3.4. temos de provar que

$$-|x - y| \le |x| - |y| \le |x - y|,$$

que é resolvido pelo Exer. 1.3.7.

1.3.9. Usando o Exer. 1.3.4, achar os números x tais que

a) $|x - 1| < 2$; b) $|x - 4| \le 3$;

c) $|x| \le 1$; d) $|x| \le -4$;

e) $|x - \pi| \le \sqrt{\pi}$; f) $|x^2 - 1| \le 1$;

g) $|x^2 - 1| < 3$; h) $|x^2 - 2x + 1| \le 0$;

i) $|x^2 - 3x + 3| < 1$; j) $|1 - x| \le 1$;

*l) $|x^2 - 4| \le 2$.

1.3.10. Achar os números x tais que

a) $|x+1| > 2$;

b) $|x-1| \geq |x-2|$;

c) $|x-1| \geq |2x-4|$;

d) $|x-1| + |x-2| \geq \dfrac{|x-2|}{4}$;

e) $|x-1| + |x-2| > |10x-1|$;

f) $\dfrac{1}{|x+1||x-2|} < 1.$

Recomendamos muito ao leitor que esboce gráficos ilustrando essas inequações.

1.3.11. Dado $\varepsilon > 0$, achar o maior $\delta > 0$ tal que, para todo x satisfazendo $|x - x_0| < \delta$, tenhamos $|f(x) - L| < \varepsilon$, nos casos

a) $\varepsilon = 100$, $x_0 = 20$, $f(x) = x$, $L = 20$;

b) $\varepsilon = 1$, $x_0 = 2$, $f(x) = x^2$, $L = 4$;

c) $\varepsilon = 1$, $x_0 = 1$, $f(x) = \sqrt{x}$, $L = 1$.

Limite e derivada

2.1 O PROBLEMA DA TANGENTE

A noção central do Cálculo Diferencial é a de derivada. Vejamos um problema no qual intervém esse conceito.

Considere a função $y = f(x) = x^2$. Deseja-se a equação da reta tangente ao gráfico de f que passa pelo ponto $P = (1,1)$ do mesmo.

Antes de mais nada, é interessante que você diga o que entende por reta tangente. A experiência mostra que algumas respostas serão as relacionadas a seguir.

"É a reta que tem um único ponto comum com o gráfico da função".

"É a reta que passa pelo ponto P e mais se encosta (?) no gráfico da função".

"E a reta que passa por P e deixa o gráfico da função de um mesmo lado" etc.*

A primeira e a terceira não são corretas, como mostra a Fig. 2-1, e a segunda é muito subjetiva.

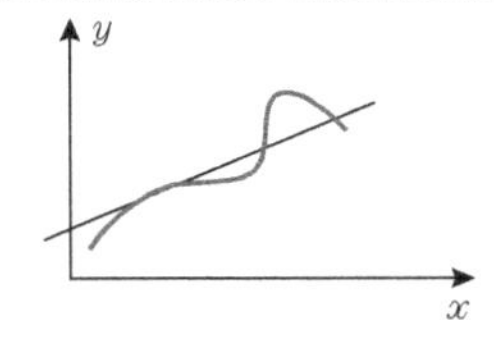

Figura 2.1

* Peregrinas mentes!

O objetivo desses comentários é fazer que você sinta o problema: sabemos intuitivamente o que é reta tangente ao gráfico de f em P, mas temos dificuldade em traduzir a ideia matematicamente. Vejamos como se pode contornar essa dificuldade.

Tomemos um ponto $Q \neq P$, de coordenadas (x, x^2), onde x pode ser maior ou menor que 1. Sabemos calcular o coeficiente angular da reta PQ (Fig. 2-2):

$$a(x) = \frac{x^2 - 1}{x - 1} = x + 1 \quad (x \neq 1).$$

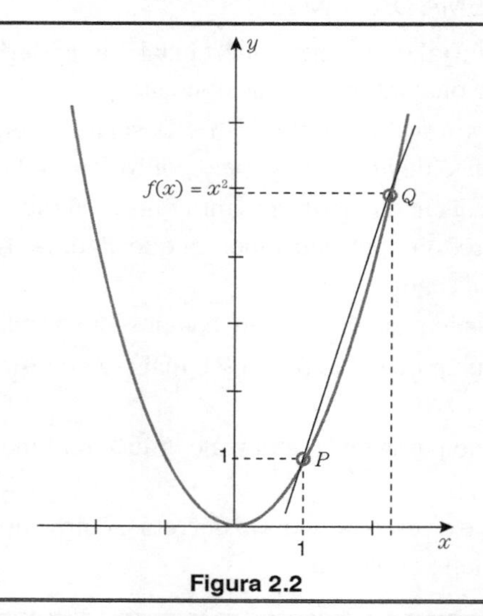

Figura 2.2

Indicamos por $a(x)$ tal coeficiente angular para enfatizar a dependência de x.* O que acontece quando Q se aproxima de P, isto é, quando x se aproxima de 1? A reta PQ, que é secante ao gráfico da função, tende a ficar tangente ao mesmo (no sentido intuitivo da palavra) no ponto P. Na expressão de $a(x)$, vemos que, quando x se aproxima de 1, $a(x)$ se aproxima de 2. Em símbolos,

* Na realidade, a é uma função definida no conjunto dos números x tais que $x \neq 1$.

$$\lim_{x \to 1} a(x) = \lim_{x \to 1}(x+1) = 2.$$

(Leia assim: o limite de $a(x)$ para x tendendo a 1 é 2.)

Temos agora uma reta bem determinada: aquela que passa por P e cujo coeficiente angular é 2. E ela corresponde àquela que gostaríamos que fosse tangente, no sentido intuitivo, ao gráfico de f em P. Então cessou aqui a nossa dificuldade. Tomamos tal reta como sendo, *por definição*, a reta tangente ao gráfico de f em P.

Repitamos a história, desta vez para um ponto $P = \left(x_0, x_0^2\right)$ qualquer do gráfico (Fig. 2-3).

Temos, para o coeficiente angular da secante PQ.

$$a(x) = \frac{x^2 - x_0^2}{x - x_0} = x + x_0 \quad \left(x \neq x_0\right).$$

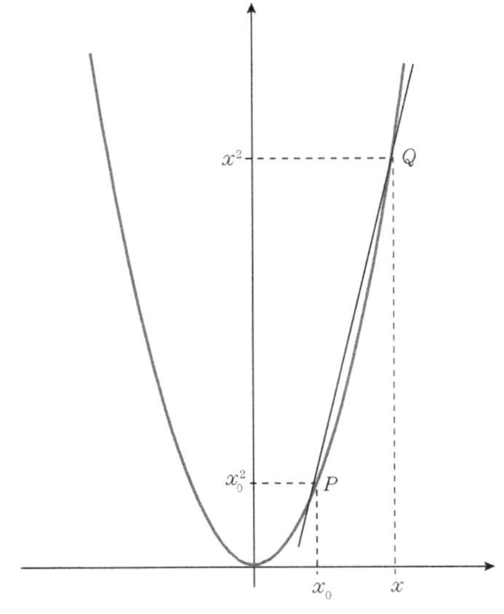

Figura 2.3

Portanto, o coeficiente angular da tangente será

$$\lim_{x \to x_0} a(x) = \lim_{x \to x_0} \left(x + x_0\right) = 2x_0.$$

Em geral, considere agora uma função $y = f(x)$ e sejam $P = (x_0, f(x_0))$, $Q = (x, f(x))$. Então o coeficiente angular da secante PQ será (Fig. 2-4):

$$a(x) = \frac{f(x) - f(x_0)}{x - x_0}.$$

Admita que existe

$$\lim_{x \to x_0} a(x) = \lim_{x \to x_0} \frac{f(x) - f(x_0)}{x - x_0}.$$

Nesse caso, chama-se reta tangente ao gráfico de f no ponto P à reta que passa por P, cujo coeficiente angular é $\lim_{x \to x_0} a(x)$.

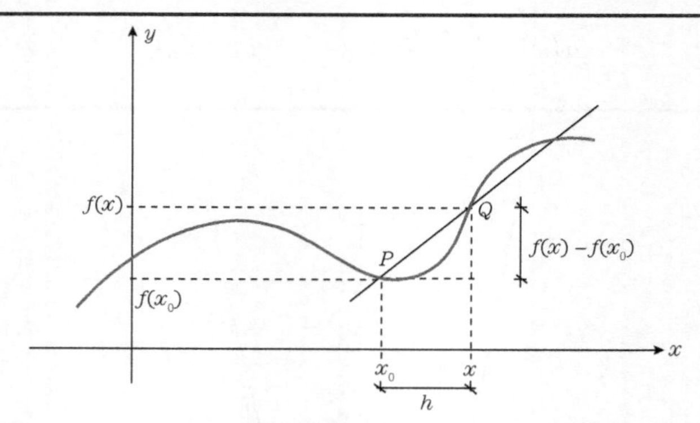

Figura 2.4

EXERCÍCIOS

2.1.1. Achar a equação da reta tangente ao gráfico da função no ponto de abscissa dada:

a) $f(x) = 2x^2 - 5$, $x = 1$; b) $f(x) = x^2 + 1$, $x = -1$;

c) $f(x) = 2x + 5$, $x = -1$; d) $f(x) = x^2 - x + 1$, $x = 1$;

e) $f(x) = x - 2x^3$, $x = 1$; f) $f(x) = \frac{1}{x}$, $x = 2$.

2.1.2. Achar os pontos onde a tangente ao gráfico da função dada é paralela ao eixo dos x:

a) $f(x) = x^2$; b) $f(x) = x^2 + 2$;

c) $f(x) = x^3 + 10$; d) $f(x) = x^4 + 4x$.

2.1.3. Achar os pontos onde a tangente ao gráfico da função dada é paralela à reta dada:

a) $f(x) = x^2$, $y = 4x + 2$; b) $f(x) = \frac{1}{x+1}$ $(x \neq -1)$, $y = -x$;

c) $f(x) = x^3 + 2$, $y = 12x - 3$; *d) $f(x) = \sqrt{x}$, $y = \frac{1}{2}x$.

Sugestão para d), multiplicar e dividir por $\sqrt{x} + \sqrt{x_0}$; usar o fato de que $\lim_{x \to x_0} \sqrt{x} = \sqrt{x_0}$ (veja Exer. 2.3.1, n).

2.1.4. a) Achar a equação da reta que passa pela origem e é tangente ao gráfico de $f(x) = x^4 + 1$.

b) Idem para $f(x) = \sqrt{x} - 1$.

2.1.5. A reta normal ao gráfico de uma função $y = f(x)$ num ponto P do mesmo é a reta normal à tangente ao gráfico da função nesse ponto. Achar a normal nos casos a seguir, onde é dada a abscissa de P,

a) $f(x) = x^3 + 2x - 1$, $x = 1$; b) $f(x) = \sqrt{x}$, $x = 4$.

2.1.6. Achar a equação da normal ao gráfico de $f(x) = \sqrt{x}$ que passa pelo ponto (0,18).

2.2 DERIVADA

Vamos considerar funções definidas em intervalos, os quais serão definidos a seguir.

Sejam a e b números tais que $a < b$. O conjunto dos números x tais que $a < x < b$, representado por (a,b) ou $]a,b[$, é chamado *intervalo aberto de extremos* a e b. Se escrevermos $a \leq x \leq b$, teremos um *intervalo fechado de extremos* a e b, que será indicado por $[a,b]$. O conjunto constituído de um só número será considerado intervalo fechado.

Os conjuntos dos x tais que $a \leq x < b$ e $a < x \leq b$ são chamados *intervalos semifechados de extremos* a e b e indicados, respectivamente, por $[a,b)$ e $(a,b]$. Também se usam as notações $[a,b[$ e $]a,b]$, respectivamente.

Tome agora um número c. O conjunto dos números x tais que $x > c$ (ou $x \geq c$) diz-se um intervalo infinito. Este mesmo nome é dado ao conjunto dos x tais que $x < c$ (ou $x \leq c$). Vamos considerar o conjunto de todos os números como sendo um intervalo infinito.*

Qualquer um dos conjuntos acima serão referidos como intervalo quando o tipo for irrelevante. Convém considerar os intervalos infinitos dados por $x > c$ e $x < c$ como abertos, bem como o conjunto de todos os números.

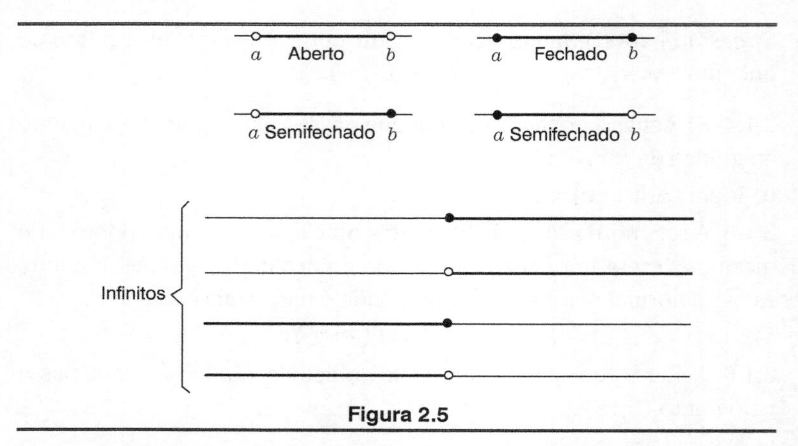

Figura 2.5

Um ponto x de um intervalo I chama-se *ponto interior de* I** se x pertence a algum intervalo I_1, aberto contido em I.

Por exemplo, seja $I = [a, b]$. Então todo x tal que $a < x < b$ é ponto interior de I, como vemos na Fig. 2.6.

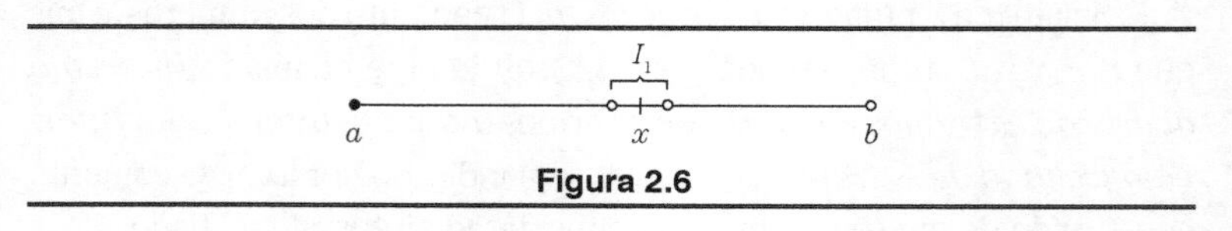

Figura 2.6

---

* Às vezes, certos abusos de linguagem serão cometidos para simplificar a exposição. Por exemplo, diremos "o intervalo $x \geq c$" querendo nos referir ao intervalo constituído dos números x tais que $x \geq c$.

** A definição pode ser dada de maneira mais geral tomando-se um conjunto qualquer no lugar de I.

Por outro lado, a não é ponto interior de $I = [a, b)$ uma vez que todo intervalo aberto ao qual x pertence contém pontos fora de I.

A tabela seguinte é feita baseada na definição de ponto interior. Esperamos que você a entenda. O conjunto dos pontos interiores de um intervalo I é chamado *interior de I*.

Intervalo I	(a,b)	$[a,b)$	(a,b]	$[a,b]$	$x > c$	$x < c$	$x \geq c$	$x \leq c$	Todos os números
Interior de I	(a,b)	(a,b)	(a,b)	(a,b)	$x > c$	$x < c$	$x > c$	$x < c$	Todos os números

Seja agora f uma função definida num intervalo e x_0, um ponto interior do mesmo. O quociente

$$\frac{f(x) - f(x_0)}{x - x_0},$$

chama-se *razão incremental de f no ponto x_0 relativamente ao acréscimo $x - x_0$*. Se existir

$$\lim_{x \to x_0} \frac{f(x) - f(x_0)}{x - x_0},$$

a esse número, indicado por $f'(x_0)$, ou $\left.\frac{df}{dx}\right|_{x_0}$, chamaremos de *derivada de f em x_0*. Diremos então que f é *derivável em x_0*.

Convém dizer o que se entende por função derivável num intervalo I. Se o intervalo é aberto, não há problema: f será derivável em I se for derivável em todos os seus pontos. Se I não for aberto, por exemplo, $I = [a, b)$, então f será derivável em I se for derivável no seu interior, e, além disso, existe

$$\lim_{x \to a+} \frac{f(x) - f(a)}{x - a},$$

símbolo esse que expressa o fato de x tender a a por valores maiores do que a. Esse número costuma ser chamado de derivada à direita de f em a (veja Ex. 2.3.5).

As definições para os outros casos são óbvias e, por isso, são deixadas para a imaginação e paciência do leitor.

Notas. 1) Você não deve perder de vista o significado geométrico da derivada. Se f é derivável em x_0, isso significa que seu gráfico admite reta tangente em $(x_0, f(x_0))$ e, portanto, deve ser suave nesse ponto, de acordo com o que vimos em 2.2. Além disso, $f'(x_0)$ é o número adequado para ser o coeficiente angular dessa tangente.

Assim sendo, deve-se esperar que, se o gráfico de uma função apresenta "bicos", tal função não é derivável nos pontos correspondentes (Fig. 2-7).

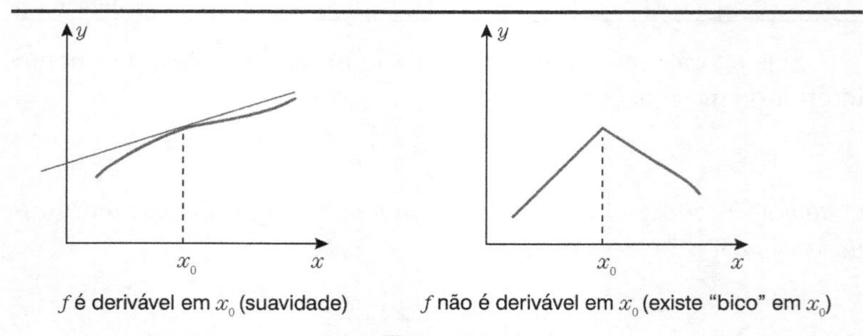

Figura 2.7

2) As manipulações algébricas às vezes se simplificam pondo $h = x - x_0$ ($\therefore x = x_0 + h$). Nesse caso,

$$f'(x_0) = \lim_{h \to 0} \frac{f(x_0 + h) - f(x_0)}{h},$$

como é fácil intuir[*] (faça uma figura). Você deve saber lidar com as duas formas vistas.

Se A é o conjunto dos pontos onde f é derivável, a função que a cada x de A associa $f'(x)$ recebe o nome de *(função) derivada de f*, a qual é indicada por f' ou $\frac{df}{dx}$. Observe que, para o cálculo de $f'(x)$, é cômodo escrever

$$f'(x) = \lim_{h \to 0} \frac{f(x + h) - f(x)}{h}.$$

[*] Veja Exer. 2.3.7.

Exemplo 2.2.1. Achar a derivada de $y = f(x) = ax + b$ (Fig. 2-8). Temos

$$f'(x) = \lim_{h\to 0} \frac{f(x+h) - f(x)}{h} = \lim_{h\to 0} \frac{a(x+h) + b - (ax+b)}{h} =$$

$$= \lim_{h\to 0} \frac{ah}{h} = \lim_{h\to 0} a = a.$$

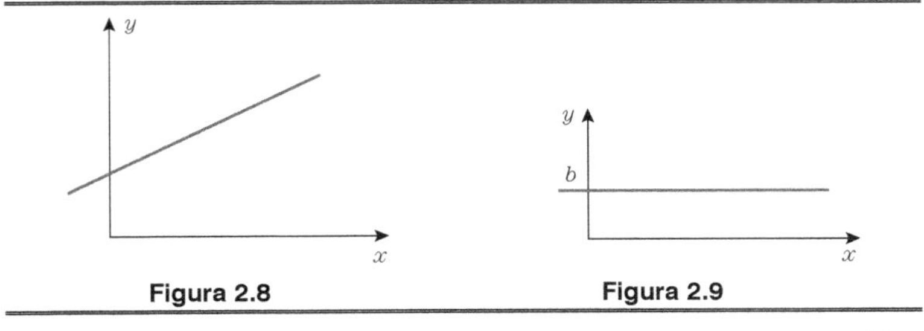

Figura 2.8 **Figura 2.9**

O resultado confirma a intuição: qualquer reta tangente ao gráfico de f coincide com o mesmo. Em particular, se $a = 0$, a função é constante e qualquer tangente a seu gráfico é paralela ao eixo dos x, como vemos na Fig. 2-9.

Você poderia também fazer assim:

$$f'(x) = \lim_{z\to x} \frac{f(z) - f(x)}{z - x} = \lim_{z\to x} \frac{az + b - (ax+b)}{z - x} = \lim_{z\to x} a = a.$$

Nota. Costuma-se escrever, numa escrita abusiva mas cômoda, assim: $(ax+b)' = a$.

Exemplo 2.2.2. Calcular a derivada à direita e a derivada à esquerda no ponto 0 de $y = f(x) = |x|$ (Fig. 2-10).

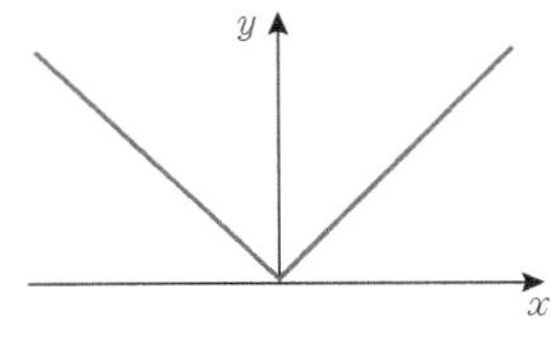

Figura 2.10

Temos

$$\frac{f(0+h)-f(0)}{h}=\frac{|0+h|-|0|}{h}=\frac{|h|}{h}.$$

Se $h > 0$, então $|h| = h,$ e, portanto, a derivada à direita em 0 é

$$\lim_{h\to 0+}\frac{f(0+h)-f(0)}{h}=\lim_{h\to 0+}\frac{h}{h}=1.$$

Se $h < 0$, então $|h| = -h$ e a derivada à esquerda em 0 é

$$\lim_{h\to 0-}\frac{f(0+h)-f(0)}{h}=\lim_{h\to 0-}-\frac{h}{h}=-1.$$

Interprete os resultados geometricamente!

Exemplo 2.2.3. Um ponto descreve um movimento tal que a sua velocidade escalar é dada por

$$\upsilon(t)=\frac{1}{t+1}\quad (t\geq 0).$$

Achar a aceleração escalar do ponto em função de t.

Temos

$$a(t)=\lim_{\Delta t\to 0}\frac{\upsilon(t+\Delta t)-\upsilon(t)}{\Delta t}=\lim_{\Delta t\to 0}\frac{\dfrac{1}{t+\Delta t+1}-\dfrac{1}{t+1}}{\Delta t}=$$

$$=\lim_{\Delta t\to 0}\frac{-\Delta t}{\Delta t(t+\Delta t+1)(t+1)}=\lim_{\Delta t\to 0}\frac{-1}{(t+\Delta t+1)(t+1)}=-\frac{1}{(t+1)^2}.$$

EXERCÍCIOS

2.2.1. Achar a derivada de $f(x)$ =

a) $2x + 3$; b) $x^2 - 2x$;

c) $x^3 + 7x^2$; d) $\frac{1}{x}+x^2$;

e) $\sqrt{x}-1$; f) $\frac{1}{x+1}$.

*2.2.2. Achar a derivada de $f(x)=\sqrt[3]{x}$ num ponto $x_0 \neq 0$.

Sugestão. $x - x_0 = \left(\sqrt[3]{x}\right)^3-\left(\sqrt[3]{x_0}\right)^3=$

$$=\left(\sqrt[3]{x}-\sqrt[3]{x_0}\right)\left[\left(\sqrt[3]{x}\right)^2+\sqrt[3]{x}\,\sqrt[3]{x_0}+\left(\sqrt[3]{x_0}\right)^2\right].$$

Usar o seguinte fato: $\lim_{x \to x_0} \sqrt[3]{x} = \sqrt[3]{x_0}$ [veja Exer. 2.3.1(,)].

2.2.3. Achar a derivada da função maior inteiro nos pontos onde ela é derivável (veja Exer. 1.2.19).

2.2.4. Achar os pontos onde existe a derivada de $f(x) = x - [x]$.

2.2.5. Desenhar o gráfico de f', sendo dado o gráfico de f, nos casos mostrados na Fig. 2.11.

2.2.6. A função $f(x) = x|x|$ é derivável? Caso positivo, dar f'.

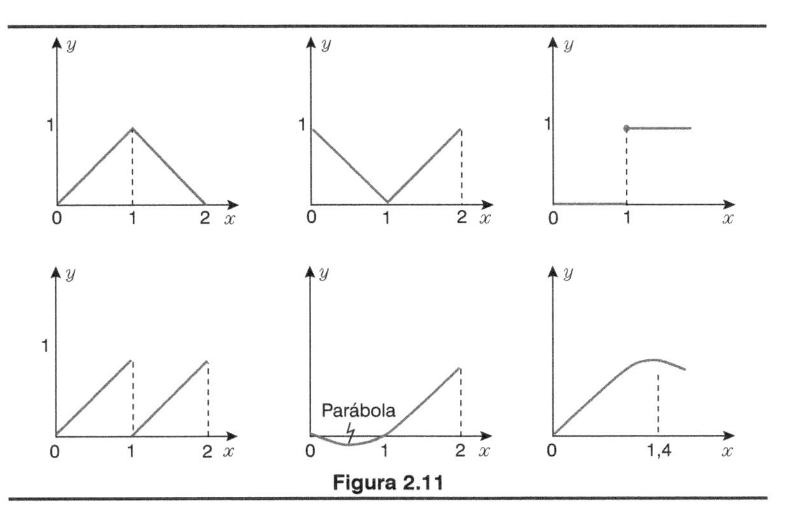

Figura 2.11

2.3 LIMITE*

A noção de limite foi considerada como intuitiva na definição de derivada. Vamos falar um pouco mais sobre essa noção. Na realidade, vamos defini-la precisamente, mas suas propriedades não vão ser provadas agora. Se você não gosta disso, vá ao Apêndice B, onde as demonstrações estão feitas.

* A matéria a seguir, até o Ex. 2.3.6. inclusive, pode ou ser postergada, ou ser omitida, conforme o critério do professor.

As considerações que se seguem têm a finalidade de motivar a definição de limite. Observe os gráficos da Fig. 2-12.

O que sucede com $f(x)$ quando x se aproxima de x_0, mantendo-se porém diferente de x_0? Vemos que $f(x)$ se aproxima do número L nos casos (a), (b) e (c), ao passo que $f(x)$ não se aproxima de nenhum número nos casos (d) e (e).** Então, nos três primeiros casos, diz-se que o limite de $f(x)$ para x tendendo

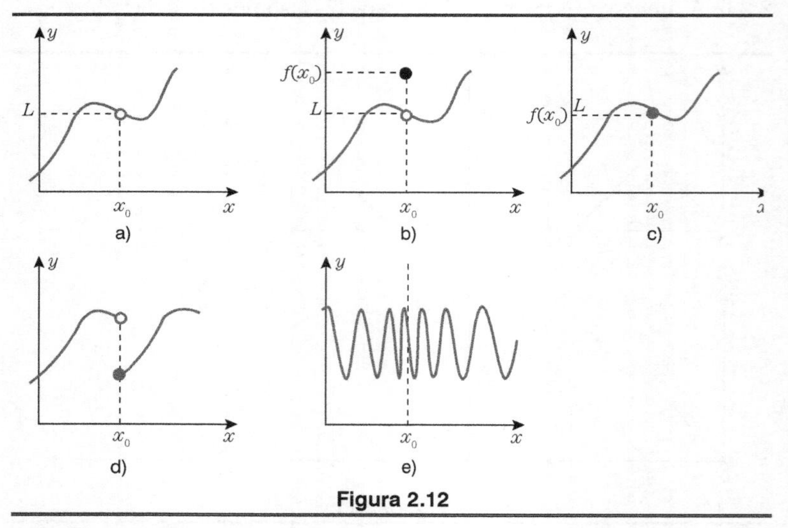

Figura 2.12

a x_0 é L, e escreve-se

(I) $$\lim_{x \to x_0} f(x) = L.$$

Nos outros dois casos, dizemos que tal limite não existe.

É importante observar que não nos importa o que sucede no ponto x_0, mas, sim, o que acontece com $f(x)$ para x nas proximidades de x_0.

** Convém esclarecer o que sucede no caso (e). O gráfico da função passa a "vibrar" cada vez mais intensamente à medida que se aproxima da reta x = x0.

No caso (d), quando x se aproxima de x_0 pela direita, $f(x)$ se aproxima de um número e, quando x se aproxima de x_0 pela esquerda, $f(x)$ se aproxima de outro número.

Veja que, no caso (a), f nem está definida em x_0;* no caso (b), f está definida em x_0, mas $f(x_0) \neq L$; e no caso (c), aconteceu que $f(x_0) = L$.

O que desejamos agora, e isso é difícil, é exprimir em linguagem matemática o fato expresso por (I). Em outras palavras, "fabricar" uma definição de (I) que corresponda à nossa intuição.

Vamos ver se você concorda que, ao escrever (I), estamos pensando em algo assim:

(II) "$f(x)$ deve ser arbitrariamente próximo de L para todo x suficientemente próximo de x_0 (e diferente de x_0)".

Se assim for, teremos agora o problema de como exprimir "proximidade arbitrária" e "proximidade suficiente". Mas isso é simples: pense em um número $\varepsilon > 0$, arbitrário. Os números $f(x)$ tais que $L - \varepsilon < f(x) < L + \varepsilon$ distam de L menos do que ε, pois vimos (Sec. 1.3) que essas desigualdades são equivalentes a $|f(x) - L| < \varepsilon$. Portanto dizer que $f(x)$ é arbitrariamente próximo de L é o mesmo que dizer isto: dado $\varepsilon > 0$, temos $|f(x) - L| < \varepsilon$. Podemos então refrasear (II) da maneira que segue.

(III) "Dado $\varepsilon > 0$, devemos ter $|f(x) - L| < \varepsilon$. para todo x suficientemente próximo de x_0, com $x \neq x_0$".

Por outro lado, dizer que x é suficientemente próximo de x_0 para que $|f(x) - L| < \varepsilon$ significa dizer que a sua distância a x_0 é suficiente para que isso ocorra, ou seja, existe $\delta > 0$ tal que, se $|x - x_0| < \delta$ e $x \neq x_0$, então $|f(x) - L| < \varepsilon$. Em suma, dando $\varepsilon > 0$ qualquer, você fixa a proximidade de $f(x)$ a L. Então deve ser possível, se é que (I) subsiste, arranjar $\delta > 0$, em correspondência a ε, tal que, para todo $x \neq x_0$ cuja distância a x_0 é menor do que δ, tenhamos a distância de $f(x)$ a L menor do que ε.

---

* Já no caso da derivada, temos esta situação:

$$f'(x_0) = \lim_{x \to x_0} \varphi(x), \quad \text{onde} \quad \varphi(x) = \frac{f(x) - f(x_0)}{x - x_0}$$

e φ não está definida em x_0.

Podemos agora refrasear (III) de uma maneira bastante interessante.

(IV) "Dado $\varepsilon > 0$, existe $\delta > 0$ tal que, para todo x satisfazendo $|x - x_0| < \delta$, $x \neq x_0$, verifica-se $|f(x) - L| < \varepsilon$".

Observe que (IV) pressupõe que o domínio de f contém os pontos do intervalo $(x_0 - \delta, x_0 + \delta)$ com eventual exceção de x_0.

Passemos a limpo a nossa discussão, dando precisamente a definição de (I).

Seja x_0 um ponto de um intervalo (a, b) e L, um número. Seja f uma função cujo domínio contém os pontos do intervalo, com a possível exceção de x_0. Dizemos que o *limite de $f(x)$ para x tendendo a x_0 é L*, e escrevemos

$$\lim_{x \to x_0} f(x) = L$$

se dado $\varepsilon > 0$, existe $\delta > 0$ tal que

$$0 < |x - x_0| < \delta \quad \text{implica} \quad |f(x) - L| < \varepsilon.$$

Nota. Caso subsista (I), costuma-se dizer "$f(x)$ tende a L quando x tende a x_0"; ou "$f(x)$ se aproxima de L quando x se aproxima de x_0"; ou "existe o limite de $f(x)$ para x tendendo a x_0" etc.

Vamos examinar um exemplo de construção geométrica que ilustra a noção de limite. Observe a Fig. 2-13, onde são dados, f, x_0, L, ε.

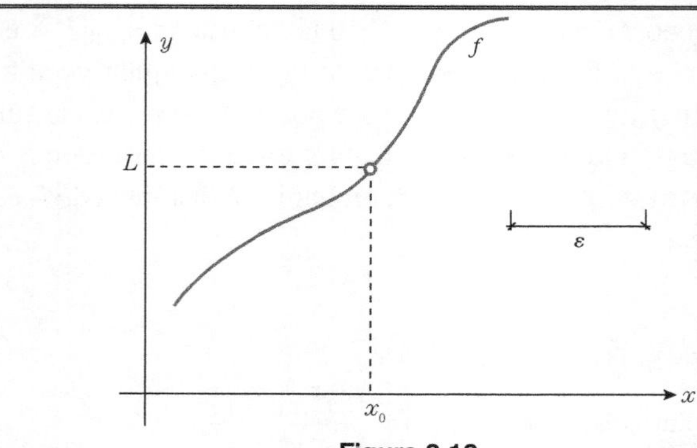

Figura 2.13

É claro que $\lim_{x \to x_0} f(x) = L$. Dado ε, trata-se agora de achar δ como na definição dada. Fazemos o seguinte: marcamos $L + \varepsilon$ e $L - \varepsilon$ no eixo dos y e por esses pontos traçamos paralelas ao eixo dos x, que encontram o gráfico de f em A e B. Traçando paralelas ao eixo dos y por esses pontos, obteremos os pontos C e D, interseções dessas retas com o eixo dos x. Basta tomar $\delta > 0$ tal que $x_0 - \delta$ e $x_0 + \delta$ sejam pontos do segmento CD. Observe que δ não é único. Em geral se toma o maior δ possível, como foi feito na Fig. 2-14.

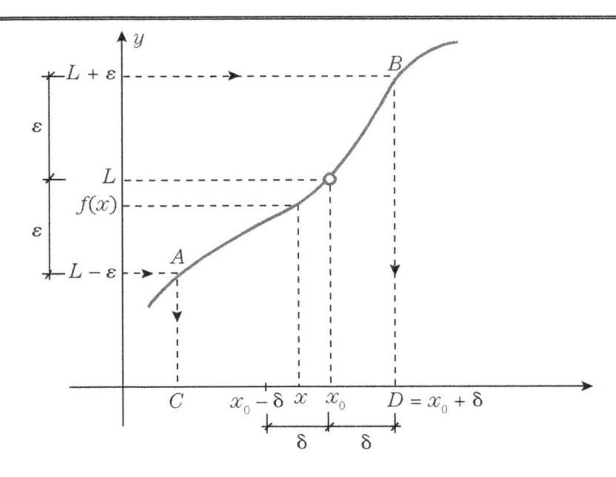

Figura 2.14

Nota. A construção geométrica vista nem sempre é possível, como veremos em exemplos. Às vezes, uma variante da mesma dá resultado, como é o caso ilustrado na Fig. 2-15.

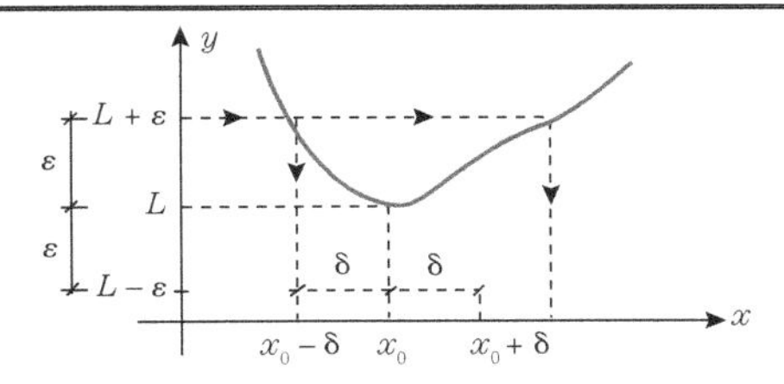

Figura 2.15

Exemplo 2.3.1 $\lim_{x\to 3}(2x - 4) = 2$.

Dado $\varepsilon > 0$, podemos efetuar a construção geométrica que vimos (veja Fig. 2-16).

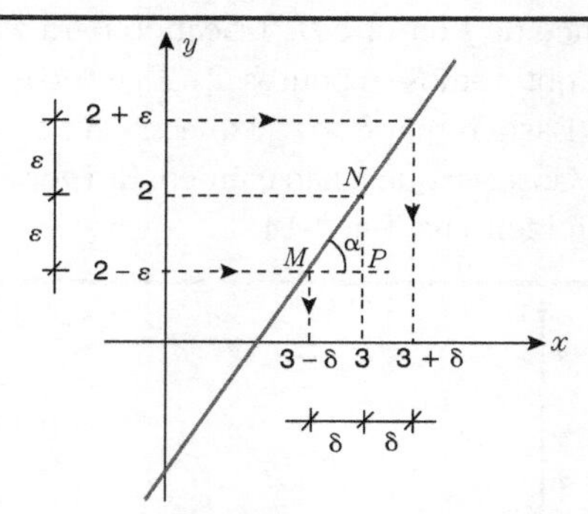

Figura 2.16

Considerando o triângulo *MNP*, temos

$$\delta = \varepsilon \text{ ctg } \alpha$$

e, como tg $\alpha = 2$, resulta $\delta = \frac{\varepsilon}{2}$.

Vejamos o que se deve provar. Dado $\varepsilon > 0$, tomemos $\delta = \frac{\varepsilon}{2}$. Então, supondo que $0 < |x - 3| < \delta = \frac{\varepsilon}{2}$, devemos mostrar que $|2x - 4 - 2| < \varepsilon$, isto é, que $|2x - 6| < \varepsilon$, isto é, que $|x - 3| < \frac{\varepsilon}{2}$. Mas isso nós estamos supondo!

Em seguida, escreveremos a solução de maneira ordenada, para que você fique tranquilo.

Dado $\varepsilon > 0$, tomemos $\delta = \frac{\varepsilon}{2}$. Supondo $0 < |x - 3| < \delta = \frac{\varepsilon}{2}$, resulta

$$2|x - 3| < \varepsilon$$

$$\therefore |2x - 6| < \varepsilon$$

$$\therefore |2x - 4 - 2| < \varepsilon,$$

isto é,

$$\lim_{x\to 3}(2x - 4) = 2.$$

Sabe como adivinhamos as passagens? Basta escrever as desigualdades que estabelecemos no início em ordem inversa da ordem em que aparecem.

Uma outra maneira de resolver o problema é a seguinte: temos, por hipótese,

$$0 < |x - 3| < \frac{\varepsilon}{2}$$

$$\therefore\ 3 - \frac{\varepsilon}{2} < x < 3 + \frac{\varepsilon}{2} \qquad (x \neq 3)$$

$$\therefore\ 6 - \varepsilon < 2x < 6 + \varepsilon \qquad (x \neq 3)$$

$$\therefore\ 2 - \varepsilon < 2x - 4 < 2 + \varepsilon \qquad (x \neq 3)$$

$$\therefore\ -\varepsilon < 2x - 4 - 2 < \varepsilon \qquad (x \neq 3)$$

$$\therefore\ |2x - 4 - 2| < \varepsilon \qquad (x \neq 3).$$

Nota. Seja (Fig. 2-17)

$$g(x) = \begin{cases} 2x - 4 & x \neq 3, \\ 1 & x = 3. \end{cases}$$

Observe que, como supusemos $x \neq 3$ no cálculo anterior, ficou provado que $\lim_{x \to 3} g(x) = 2.$

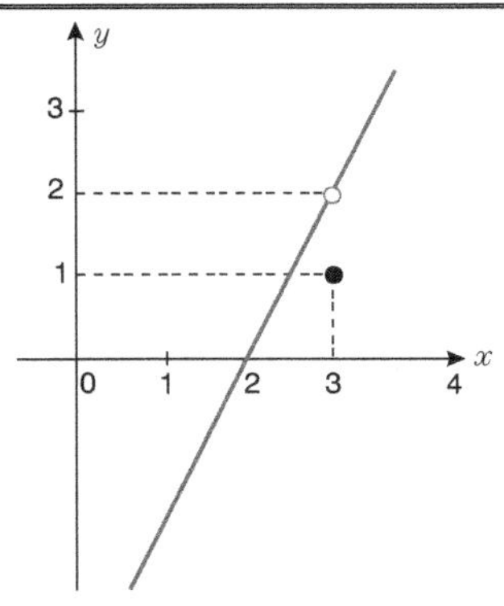

Figura 2.17

Exemplo 2.3.2. $\lim_{x \to 1} \frac{1}{x} = 1.$

Dado $\varepsilon > 0$, efetuamos a construção geométrica referida no exemplo anterior e obtemos o resultado apresentado na Fig. 2-18.

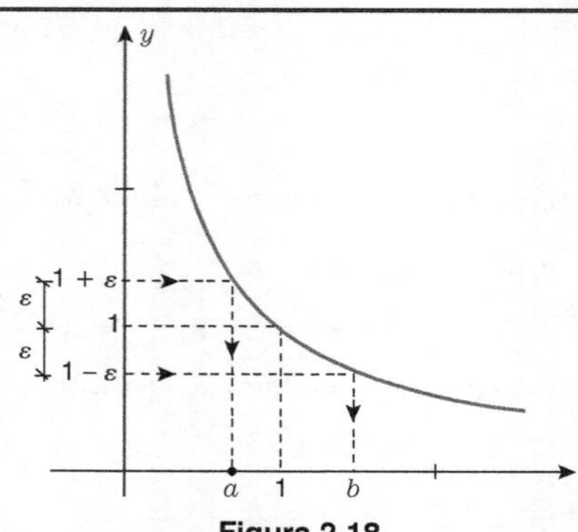

Figura 2.18

Para obter a, observe que $f(a) = 1 + \varepsilon$, isto é, $\frac{1}{a} = 1 + \varepsilon \therefore a = \frac{1}{1+\varepsilon}$.

Do mesmo modo, obtemos $b = \frac{1}{1-\varepsilon}$. Aqui estamos supondo $\varepsilon < 1$, o que não constitui inconveniente (por quê?).

E fácil mostrar que, entre os números $b - 1$ e $1 - a$, o menor é $1 - a = \frac{1}{1+\varepsilon}$. Portanto $\delta = \frac{\varepsilon}{1+\varepsilon}$ deverá servir. De fato, dado $\varepsilon > 0$, tomemos $\delta = \frac{\varepsilon}{1+\varepsilon}$ e suponhamos $0 < |x - 1| < \delta = \frac{\varepsilon}{1+\varepsilon}$. Devemos provar $\left|\frac{1}{x} - 1\right| < \varepsilon$; ou seja, que

$$\frac{1}{1+\varepsilon} < x < \frac{1}{1-\varepsilon}.$$

Mas temos, por hipótese, que (Fig. 2-19)

$$0 < |x - 1| < \frac{\varepsilon}{1+\varepsilon}.$$

ou seja, que

$$\frac{1}{1+\varepsilon} < x < 1 + \frac{\varepsilon}{1+\varepsilon} \quad (x \neq 1)$$

e, como $1 + \dfrac{\varepsilon}{1+\varepsilon} < \dfrac{1}{1-\varepsilon}$ (prove!), resulta da hipótese que

$$\frac{1}{1+\varepsilon} < x < \frac{1}{1-\varepsilon},$$

que é a tese.

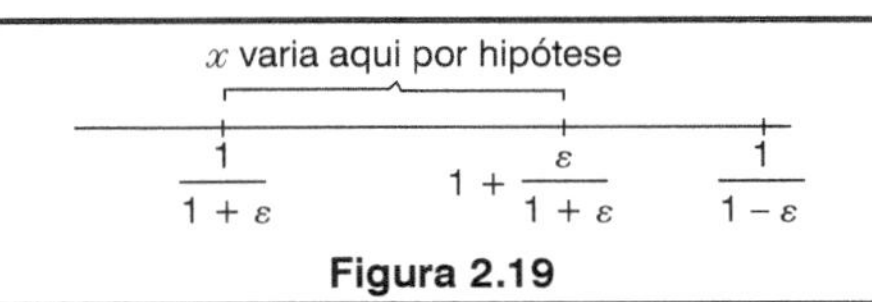

Figura 2.19

Esse exemplo já faz prever que o procedimento baseado na construção geométrica deve oferecer, para funções relativamente simples, dificuldades de ordem algébrica. Existem expedientes que evitam isso em certos casos, mas exigem mais raciocínio. Veja, por exemplo, a solução que segue.

Dado $\varepsilon > 0$, seja δ o mínimo entre $\frac{1}{2}$ e $\frac{\varepsilon}{2}$. Então, supondo $0 < |x - 1| < \delta$, virá

$$\left|\frac{1}{x} - 1\right| = \left|\frac{1-x}{x}\right| < 2\delta \leq 2 \cdot \frac{\varepsilon}{2} = \varepsilon.$$

Usamos o fato de que, se $|x - 1| < \delta \leq \frac{1}{2}$, então $x > \frac{1}{2}$, como é fácil provar; logo, $\frac{1}{x} < 2$.

Nessa segunda solução, a escolha de δ não cai do céu. Observe: queremos que $\left|\frac{1}{x} - 1\right| = \left|\frac{1-x}{x}\right|$ seja menor que ε. Suponha que você já tenha δ. Então $\left|\frac{1-x}{x}\right| < \frac{\delta}{|x|}$. Como x está em denominador, devemos conseguir um número c tal que $|x| > c$. Nesse caso,

$$\left|\frac{1-x}{x}\right| < \frac{\delta}{|x|} < \frac{\delta}{c}.$$

Finalmente, se você tomar $\frac{\delta}{c} \leq \varepsilon$, isto é, $\delta \leq c\varepsilon$, a história está terminada. No caso, tomamos $\delta < \frac{1}{2}$, garantindo, assim, que $x = |x| > \frac{1}{2}$ (veja Fig. 2-20).

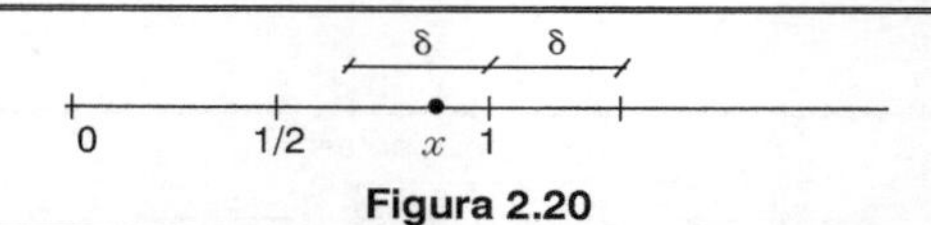

Figura 2.20

Exemplo 2.3.3. $\lim_{x \to 2} x^2 = 4.$

Tente o procedimento como no Ex. 2.3.2 e verá como a coisa se complica. Em vista disso, tentaremos uma solução nas mesmas linhas que a anterior.

Dado $\varepsilon > 0$, queremos achar $\delta > 0$ tal que $|x^2 - 4| < \varepsilon$. Suponha que já tenhamos δ. Então

$$|x^2 - 4| = |(x-2)(x+2)| < \delta|x+2|,$$

e vemos que precisamos achar um número c tal que $|x+2| \leq c$. Daí, se δ for escolhido de modo que $\delta c \leq \varepsilon$, isto é, $\delta \leq \frac{\varepsilon}{c}$, então teremos provado a asserção (Fig. 2-21).

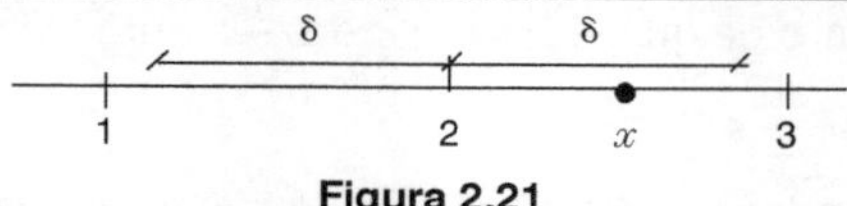

Figura 2.21

Vemos que, se tomarmos $\delta \leq 1$, teremos $|x+2| \leq |x| + |2| \leq 3 + 2 = 5$, e poderemos tomar $c = 5$. Impomos também

$$\delta \leq \frac{\varepsilon}{c} = \frac{\varepsilon}{5}.$$

Apenas para pôr ordem na casa, vamos recapitular:

Dado $\varepsilon > 0$, seja $\delta > 0$ tal que $\delta \leq 1$ e $\delta \leq \frac{\varepsilon}{5}$ (por exemplo, seja δ o mínimo entre 1 e $\frac{\varepsilon}{5}$). Então, se $0 < |x - 2| < \delta$, temos

$$|x^2 - 4| = |(x-2)(x+2)| \leq \delta \cdot 5 \leq \frac{\varepsilon}{5} \cdot 5 = \varepsilon.$$

Exemplo 2.3.4. $\lim\limits_{x \to x_0} c = c$.*

Pela Fig. 2-22, vemos que, dado $\varepsilon > 0$, podemos tomar *qualquer* $\delta > 0$. De fato, $|c - c| = 0 < \varepsilon$ para todo número x; em particular para todo x tal que $0 < |x - x_0| < \delta$.

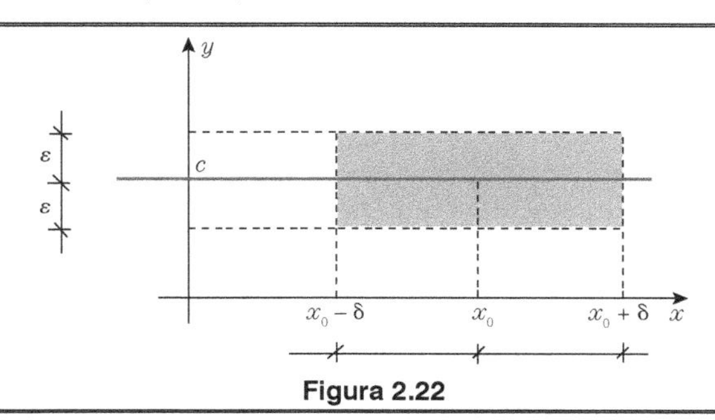

Figura 2.22

Observe que, nesse caso, não se pode efetuar a construção geométrica vista no Ex. 2.3.1.

Exemplo 2.3.5. (para introduzir a noção de limite lateral).

Considere a função $f(x) = \frac{x}{|x|}$ $(x \neq 0)$.

Pergunta: existe $\lim\limits_{x \to} f(x)$?

A resposta é não, e é dada por simples inspeção do gráfico da função, que se acha na Fig. 2-23.

* Queremos dizer $\lim\limits_{x \to x_0} f(x) = c$, onde f é a função definida por $f(x) = c$ para todo x.

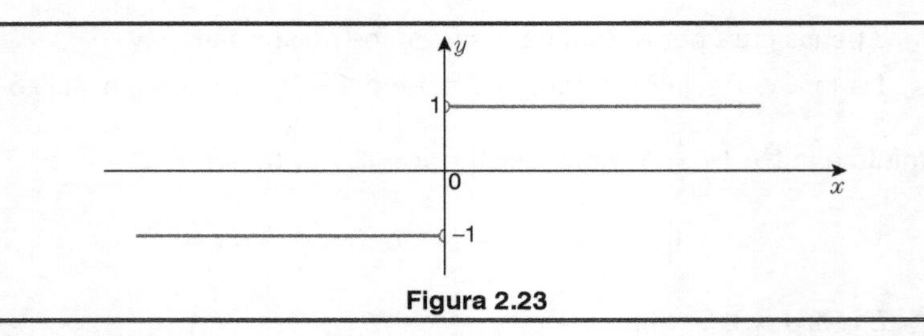

Figura 2.23

Observe que, quando x se aproxima de 0 pela direita, $f(x)$ se aproxima de 1 e, quando x se aproxima de 0 pela esquerda, $f(x)$ se aproxima de –1.

O número 1 é chamado limite de $f(x)$ para x tendendo a 0 pela direita, e –1 é chamado limite de $f(x)$ para x tendendo a 0 pela esquerda. (Esse conceito já foi usado na definição de função derivável num intervalo e no Ex. 2.2.2.) Os números –1 e 1 são chamados limites laterais de $f(x)$ em 0.

Deixamos para você a tarefa de definir limites laterais de uma função f. E já que vai fazê-lo, aproveite para mostrar que existe o limite de $f(x)$ para x tendendo a x_0 se, e somente se, existem e são iguais os limites laterais de $f(x)$ em x_0.

Notação para os limites laterais:

$\lim\limits_{x \to x_0^+} f(x)$ (x tendendo a x_0 pela direita);

$\lim\limits_{x \to x_0^-} f(x)$ (x tendendo a x_0 pela esquerda).

Exemplo 2.3.6. $\lim\limits_{x \to 0^+} \sqrt{x} = 0.$

Dado $\varepsilon > 0$, marcamos os pontos sobre o eixo dos y correspondentes a ε e $-\varepsilon$. (Fig. 2-24). Queremos achar δ como está indicado na figura. Então $\sqrt{\delta} = \varepsilon$, e $\delta = \varepsilon^2$.

Formalmente: dado $\varepsilon > 0$, tomamos $\delta = \varepsilon^2$. Então, supondo $0 < x < \delta = \varepsilon^2$, vem $0 < \sqrt{x} < \varepsilon$, e, portanto, $\left|\sqrt{x} - 0\right| < \varepsilon$, o que mostra a afirmativa.

Uma vez discutido o conceito de limite, faremos agora uma relação de suas propriedades, que serão utilizadas no estabelecimento das fórmulas dc derivação. As provas dessas propriedades serão dadas no Apêndice B. Não se preocupe com isso. Procure se convencer geometricamente dos resultados e guardá-los de memória.

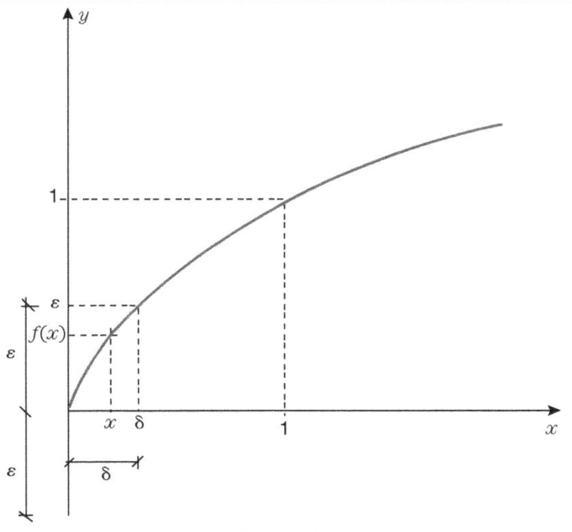

Figura 2.24

L1 – (Unicidade do limite). Se $f(x)$ tende a L quando x tende a x_0, e $f(x)$ tende a M quando x tende a x_0, então $L = M$.

Suponha $L \neq M$: $f(x)$ deve se aproximar *simultaneamente* de L e de M quando x se aproxima de x_0 e, nesse caso, como mostra a Fig. 2-25, f deixaria de ser função.

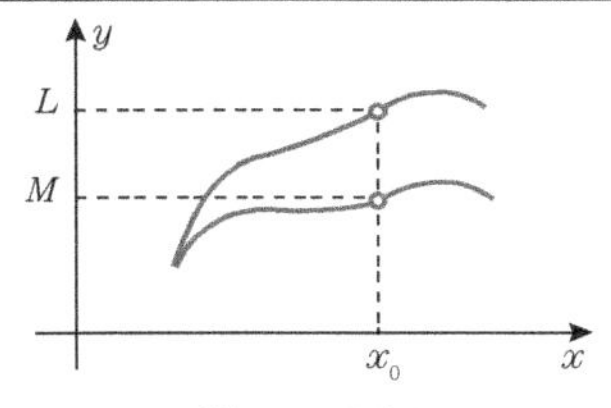

Figura 2.25

L2 – (Conservação do sinal). Se $\lim_{x \to x_0} f(x) = L \neq 0$, então existe um intervalo aberto contendo x_0 tal que para todo $x \neq x_0$ do mesmo $f(x)$ tem o mesmo sinal de L.

A interpretação geométrica desse resultado é óbvia; a demonstração é tão simples que vamos fazê-la aqui.

Prova. Tomemos $\varepsilon = \frac{|L|}{2} > 0$. Então existe $\delta > 0$ tal que $0 < |x - x_0| < \delta$ implica $|f(x) - L| < \frac{|L|}{2}$, isto é, $L - \frac{|L|}{2} < f(x) < L + \frac{|L|}{2}$. Dessa relação obtemos, se L > 0, que $0 < \frac{L}{2} < f(x) < \frac{3L}{2}$ e, se L < 0, que $\frac{3L}{2} < f(x) < \frac{L}{2} < 0$.

Gostaríamos muito que você descobrisse por que a escolha $\varepsilon = \frac{|L|}{2}$ funcionou na prova. Comece por fazer uma figura.

Se f e g são funções de domínio A e k é um número, indicaremos por $f + g$, $-g$, kf, fg, $\frac{f}{g}$, funções de domínio A dadas por

$$(f + g)(x) = f(x) + g(x);$$
$$(-g)(x) = -g(x);$$
$$(kf)(x) = kf(x);$$
$$(fg)(x) = f(x)g(x);$$
$$\left(\frac{f}{g}\right)(x) = \frac{f(x)}{g(x)}$$

onde supomos, no último caso, $g(x) \neq 0$. Define-se também $f - g = f + (-g)$ e, portanto, $(f - g)(x) = f(x) - g(x)$.*

L3 – Se $\lim_{x \to x_0} f(x) = L$, $\lim_{x \to x_0} g(x) = M$, então

1) $\lim_{x \to x_0} (f + g)(x) = \lim_{x \to x_0} f(x) + \lim_{x \to x_0} g(x) = L + M$;

---

* Às vezes, a função que a x associa $f(x) + g(x)$ será referida como "a função $f(x) + g(x)$", por simplicidade. Da mesma forma, para $f(x)g(x)$, $kf(x)$ etc.

2) $\lim_{x \to x_0} (fg)(x) = \lim_{x \to x_0} f(x) \lim_{x \to x_0} g(x) = LM$;

3) $\lim_{x \to x_0} \left(\frac{f}{g}\right)(x) = \frac{\lim_{x \to x_0} f(x)}{\lim_{x \to x_0} g(x)} = \frac{L}{M}$, supondo, nesse caso, $M \neq 0$.

Corolários. Nas hipóteses de L3. temos

1) $\lim_{x \to x_0} kf(x) = k \lim_{x \to x_0} f(x) = kL$;

2) $\lim_{x \to x_0} (f - g)(x) = \lim_{x \to x_0} f(x) - \lim_{x \to x_0} g(x) = L - M$.

L4 – (Teorema do confronto). Se $\lim_{x \to x_0} g(x) = \lim_{x \to x_0} h(x) = L$ e se f é tal que $g(x) \leq f(x) \leq h(x)$ para todo x de um intervalo que contém x_0, com eventual exceção de x_0, então $\lim_{x \to x_0} f(x) = L$ (Fig. 2-26).

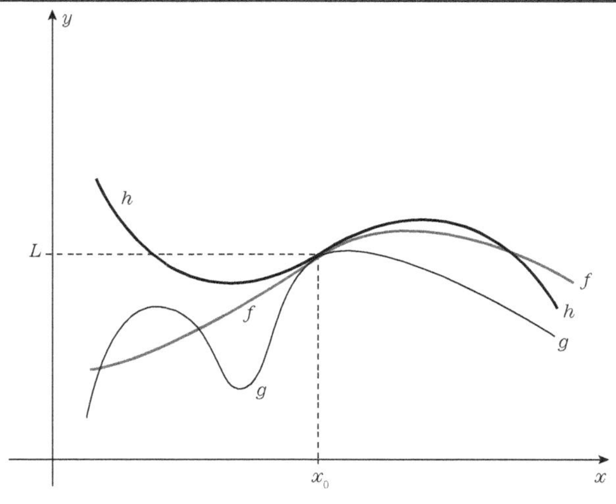

Figura 2.26

Intuitivamente, o resultado é evidente: $h(x)$ e $g(x)$ se aproximam de L quando x se aproxima de x_0 e, como f é espremida entre h e g à medida que x se aproxima de x_0, não há outra saída senão $f(x)$ se aproximar de L.

L5 – Seja f uma função, e x_0, um número. Suponha que, num intervalo aberto contendo x_0, verifica-se $f(x) \geq 0$ para todo x desse intervalo, com a possível exceção de x_0; então, supondo $\lim_{x \to x_0} f(x) = L$, temos $L \geq 0$.

Corolário. Sejam f e g funções, e x_0, um número. Suponha que, num intervalo aberto contendo x_0, verifica-se $f(x) \geq g(x)$ para todo x desse intervalo, com a possível exceção de x_0. Então, se

$$\lim_{x \to x_0} f(x) = L \quad \text{e} \quad \lim_{x \to x_0} g(x) = M,$$

tem-se $L \geq M$.

Com essas propriedades, você pode agora justificar os cálculos de 2.2.

Exemplo 2.3.5. Se p é um polinômio, então

$$\lim_{x \to x_0} p(x) = p(x_0).$$

Seja $p(x) = a_n x^n + a_{n-1} x^{n-1} + \ldots + a_1 x + a_0$. Como $\lim_{x \to x_0} x = x_0$ [veja Exer. 2.3.1(a)], temos, por L3(2), que

$$\lim_{x \to x_0} x^2 = \lim_{x \to x_0} x \cdot x = \lim_{x \to x_0} x \lim_{x \to x_0} x = x_0^2;$$

repetindo-se o argumento, vem que

$$\lim_{x \to x_0} x^i = x_0^i \quad (i = 0, 1, 2, \ldots)$$

e daí, ainda por L3(2)

$$\lim_{x \to x_0} a_i x^i = a_i x_0^i.$$

Então, usando L3, temos:

$$\lim_{x \to x_0} p(x) = \lim_{x \to x_0} \left(a_n x^n + a_{n-1} x^{n-1} + \ldots + a_1 x + a_0\right) =$$

$$= \lim_{x \to x_0} a_n x^n + \lim_{x \to x_0} a_{n-1} x^{n-1} + \cdots + \lim_{x \to x_0} a_1 x + \lim_{x \to x_0} a_0 =$$

$$= a_n x_0^n + a_{n-1} x_0^{n-1} + \cdots + a_1 x_0 + a_0 = p(x_0).$$

Exemplo 2.3.6. Se r é uma função racional, isto é, quociente de dois polinômios, digamos,

$$r(x) = \frac{p(x)}{q(x)},$$

e x_0 não é raiz de q, então

$$\lim_{x \to x_0} r(x) = r(x_0).$$

Isso é imediato de L3(3):

$$\lim_{x \to x_0} r(x) = \lim_{x \to x_0} \frac{p(x)}{q(x)} = \frac{\lim_{x \to x_0} p(x)}{\lim_{x \to x_0} q(x)} = \frac{p(x_0)}{q(x_0)} = r(x_0).$$

Exemplo 2.3.7. (Um exemplo importante; veja a nota feita após o Ex. 2.3.1.) Calcular

$$\lim_{x \to 2} \frac{x^2 - 4}{x - 2} \quad (x \neq 2).$$

Em primeiro lugar, $\lim_{x \to 2}(x - 2) = 0$, e então [L3(3)] *não se aplica*.

Chamemos de f a função definida por

$$f(x) = \frac{x^2 - 4}{x - 2} \quad (x \neq 2).$$

Temos $f(x) = \dfrac{x^2 - 4}{x - 2} = \dfrac{(x-2)(x+2)}{x - 2} = x + 2$, pois $x \neq 2$.

Consideremos agora a função $g(x) = x + 2$ definida no conjunto de todos os números (Fig. 2-27).

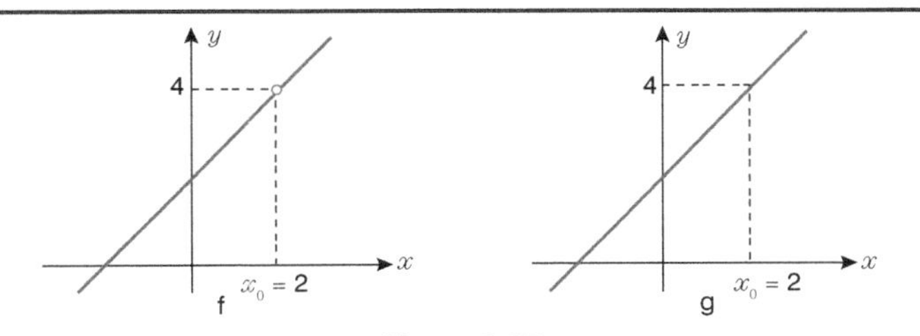

Figura 2.27

Temos $f \neq g$ claramente (elas estão definidas em conjuntos diferentes).

Sabemos, pelo Ex. 2.3.5, que $\lim_{x\to 2} g(x) = g(2) = 4$. Isso quer dizer o seguinte: dado $\varepsilon > 0$, existe $\delta > 0$ tal que $0 < |x-2| < \delta$ implica $x+2-4| < \varepsilon$.

Mas o que está escrito acima é exatamente isto:

$$\lim_{x\to 2} f(x) = 4$$

(lembre-se de que $0 < |x-2|$ implica $x \neq 2$).

Na prática, procede-se assim:

$$\lim_{x\to 2} \frac{x^2-4}{x-2} = \lim_{x\to 2} \frac{(x-2)(x+2)}{x-2} = \lim_{x\to 2}(x+2) = 2+2 = 4.$$

O estudante estranha esse procedimento porque em $\dfrac{x^2-4}{x-2}$ deve-se ter $x \neq 2$, mas, na terceira passagem, substitui-se x por 2. O que está escrito é uma abreviação do seguinte:

$$\lim_{x\to 2} f(x) = \lim_{x\to 2} \frac{x^2-4}{x-2} = \lim_{x\to 2} g(x) = g(2) = 2+2 = 4.$$

Não se costuma detalhar o cálculo assim, mas é importante saber o que está se fazendo.

Exemplo 2.3.8. Calcular $(x^n)'$, onde $n \geq 1$ é inteiro. (A indicação $(x^n)'$ é uma forma abreviada de $f'(x)$, onde $f(x) = x^n$.) Temos

$$\frac{f(x+h)-f(x)}{h} = \frac{(x+h)^n - x^n}{h} =$$

$$= \frac{\left(x^n + C_{n,1}\, x^{n-1}\, h + C_{n,2}\, x^{n-2}\, h^2 + \ldots + h^n\right) - x^n}{h} =$$

$$= C_{n,1}\, x^{n-1} + C_{n,2}\, x^{n-2}\, h + \cdots + h^{n-1}$$

$$\therefore f'(x) = \lim_{h\to 0} \frac{f(x+h)-f(x)}{h} = C_{n,1}\, x^{n-1} = nx^{n-1}$$

Logo, $(x^n)' = nx^{n-1}$.

Mais tarde (no 2.° volume), provaremos que $(x^\alpha)' = \alpha x^{\alpha-1}$ para qualquer número α (memorize e use nos exercícios!).

Nota. Subsistem propriedades referentes a limites laterais análogas às propriedades L1-L5, cujos enunciados e demonstrações requerem apenas simples adaptações do que foi feito para essas últimas.

Por exemplo, um enunciado que corresponde à L3(1) fica assim:

Se $\lim\limits_{x\to x_0+} f(x) = L, \quad \lim\limits_{x\to x_0+} g(x) = M,$

então $\lim\limits_{x\to x_0+} \big(f(x) + g(x)\big) = L + M.$

EXERCÍCIOS

2.3.1. Calcular pela definição:

a) $\lim\limits_{x\to x_0} x;$ b) $\lim\limits_{x\to x_0} f(x)$, onde $f(x) = \begin{cases} x \text{ se } x \neq x_0, \\ 0 \text{ se } x = x_0; \end{cases}$

c) $\lim\limits_{x\to x_0} 2x;$ d) $\lim\limits_{x\to x_0} (ax + b);$

e) $\lim\limits_{x\to 1} f(x)$, onde $f(x) = \begin{cases} 2x & \text{se } x < 1, \\ 4x - 2 & \text{se } x \geq 1; \end{cases}$

f) $\lim\limits_{x\to 0} x^2;$ g) $\lim\limits_{x\to 0} f(x)$, onde $f(x) = \begin{cases} x^2 & \text{se } x \geq 0, \\ x & \text{se } x < 0; \end{cases}$

h) $\lim\limits_{x\to 0} f(x)$, onde $f(x) = \begin{cases} x^2 & \text{se } x \geq 0, \\ 0{,}01x & \text{se } x < 0; \end{cases}$

i) $\lim\limits_{x\to 0} x^3;$ j) $\lim\limits_{x\to 0} x^n$ (n natural);

l) $\lim\limits_{x\to 0} \sqrt{|x|};$ *m) $\lim\limits_{x\to x_0} \dfrac{1}{x}$ $(x_0 \neq 0);$

*n) $\lim\limits_{x\to x_0} \sqrt{x}$ $(x_0 > 0)$

1ª *Sugestão.* $\left|\sqrt{x} - \sqrt{x_0}\right| < \varepsilon$ se, e somente se, (supondo $\varepsilon < \sqrt{x_0}$) $x_0 - 2\varepsilon\sqrt{x_0} + \varepsilon^2 < x < x_0 + 2\varepsilon\sqrt{x_0} + \varepsilon^2$.

$\bar{\delta}$

$x_0 - 2\varepsilon\sqrt{x_0} + \varepsilon^2$ x_0 $x_0 + 2\varepsilon\sqrt{x_0} + \varepsilon^2$

Tomar $\delta = 2\varepsilon\sqrt{x_0} - \varepsilon^2$.

2.ª *Sugestão.* $\left|\sqrt{x} - \sqrt{x_0}\right| = \dfrac{|x - x_0|}{\sqrt{x} + \sqrt{x_0}}$.

*o) $\lim\limits_{x \to x_0} \sqrt[n]{x}$.

2.3.2. Prove que $\lim\limits_{x \to x_0} f(x) = L$ se, e somente se, $\lim\limits_{x \to x_0} \left(f(x) - L\right) = 0$, usando apenas a definição de limite.

2.3.3. Calcular a derivada das seguintes funções, justificando cada passagem:

a) $f(x) = ax + b$;
b) $f(x) = \dfrac{1}{x}$;
c) $f(x) = \dfrac{1}{x+1}$;
d) $f(x) = \dfrac{x}{x+1}$;
e) $f(x) = x^3$;
f) $f(x) = x^3 - x^2$;
g) $f(x) = (x + 1)(x - 4)$;
h) $f(x) = \sqrt{x}$ $(x > 0)$;
i) $f(x) = \dfrac{1}{\sqrt{x}}$ $(x > 0)$;
j) $f(x) = \sqrt[3]{x}$ $(x \neq 0)$.

2.3.4. Este exercício tem a finalidade de mostrar a utilidade do teorema do confronto. Prove que

a) $\lim\limits_{x \to 0} x \text{ sen } \dfrac{1}{x} = 0$.

(Observe que não existe $\lim\limits_{x \to 0} \text{sen } \dfrac{1}{x}$. Isso pode ser provado, mas procure entender o resultado intuitivamente Fig. 2-28.)

Solução.

$$\left|x \text{ sen } \frac{1}{x}\right| = |x| \left|\text{sen } \frac{1}{x}\right| \leq |x|.$$

Logo

$$-|x| \leq x \,\text{sen}\, \frac{1}{x} \leq |x|.$$

Como $\lim\limits_{x \to 0} |x| = 0$ e $\lim\limits_{x \to 0} \left(-|x|\right) = 0$, segue-se a afirmação por L4.

b) $\lim\limits_{x \to 0} x^2 \,\text{sen}\, \dfrac{1}{x} = 0$;

c) $\lim\limits_{x \to 0} x^n \,\text{sen}\, \dfrac{1}{x} = 0$ $(n = 1, 2, \cdots)$;

d) Se f é restrita (isto é, existe M tal que $|f(x)| \leq M$) e $\lim_{x \to x_0} g(x) = 0$, então $\lim_{x \to 0} f(x) g(x) = 0$.

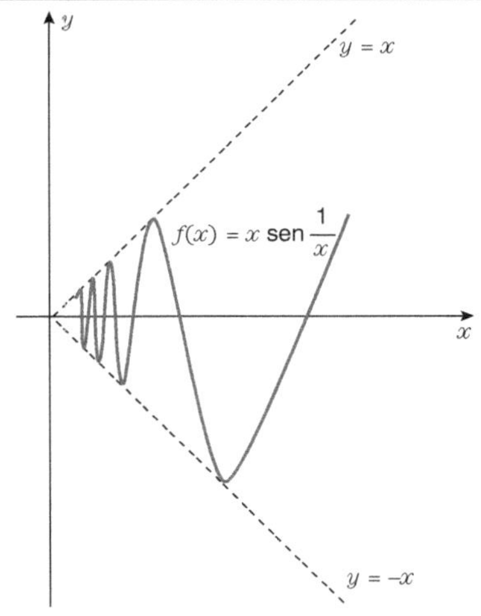

Figura 2.28A

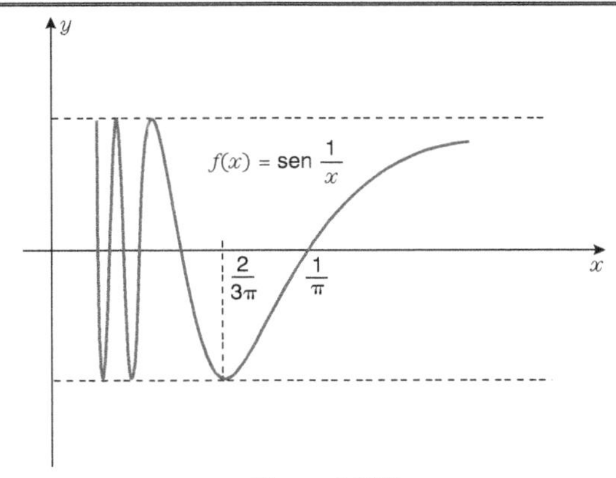

Figura 2.28B

Sugestão. O resultado generaliza a), b), c):

$$|f(x)g(x)| = |f(x)||g(x)| \leq M|g(x)|$$

e

$$\lim_{x \to x_0} |g(x)| = \left| \lim_{x \to x_0} g(x) \right| = 0,$$

pela Proposição B.1 do Apêndice B.

2.3.5. Calcule

a) $\lim_{x \to 2} \frac{1}{x^2}$; b) $\lim_{x \to 0} \frac{-x^6 + 2}{10x^7 - 2}$;

c) $\lim_{x \to 2} (x^3 + 2x^2 - 3x + 4)$; d) $\lim_{x \to 2} \sqrt{15x}$;

e) $\lim_{x \to 1} \frac{2x^2 - 3x + 1}{x - 1}$; f) $\lim_{h \to 0} \frac{(t + h)^2 - t^2}{h}$;

g) $\lim_{x \to 0} \frac{x^2 - a^2}{x^2 + 2ax + a^2}$; h) $\lim_{x \to 2} \frac{2 - x}{2 - \sqrt{2x}}$;

i) $\lim_{x \to 3} \frac{x^2 - 9}{x^2 - 5x + 6}$; j) $\lim_{x \to 0} \frac{4x^3 - 2x^2 + x}{3x^2 + 2x}$;

l) $\lim_{x \to -2} \frac{x^3 + 8}{-x - 2}$; m) $\lim_{x \to 2} \frac{8 - x^3}{x^2 - 2x}$.

2.3.6. a) Defina limite lateral, conforme foi pedido no texto.

b) Existe $\lim_{x \to 1} \frac{x^3 - 1}{|x - 1|}$? c) Existe $\lim_{x \to 0} \frac{x^2}{|x|}$?

d) Existe $\lim_{x \to 0} \frac{x}{|x| + x^2}$? e) Existe $\lim_{x \to -2} \frac{x^3 + 8}{|x| - 2}$?

*2.3.7. Prove que $\lim_{x \to x_0} f(x) = \lim_{h \to 0} f(x_0 + h)$, admitindo que existe $\lim_{x \to x_0} f(x)$.

2.4 CONTINUIDADE

Seja x_0 um ponto do domínio A de uma função f. Dizemos que f é *contínua em* x_0 se $\lim_{x \to x_0} f(x) = f(x_0)$.

É importante que você tenha em mente que, para falar em continuidade num ponto x_0, é preciso que esse ponto pertença ao domínio da função.

Vejamos qual o significado geométrico da noção de continuidade. De acordo com a definição, f é contínua em x_0 se, quando x se aproxima de x_0, $f(x)$ se aproxima de $f(x_0)$. Observe os gráficos da Fig. 2-29.

No gráfico (a), quando x se aproxima de x_0, $f(x)$ se aproxima de $L \neq f(x_0)$; logo, f não é contínua em x_0. Note que, para que f fosse contínua em x_0, seria preciso que $f(x_0) = L$, isto é, que o ponto $(x_0, f(x_0))$ "abaixasse" até se "encaixar" no gráfico de f.

Nos casos (b), (c), (d), f não é contínua em x_0 porque nem existe $\lim_{x \to x_0} f(x)$.

No caso (e), não podemos falar em continuidade no ponto x_0, porque esse ponto não pertence ao domínio de f.

No caso (f), f é contínua em x_0, pois

$$\lim_{x \to x_0} f(x) = f(x_0).$$

O mesmo sucede no caso (g). Aqui convém esclarecer o que sucede. A medida que x se aproxima de x_0, o gráfico "vibra" cada vez mais, ao mesmo tempo que é "amortecido" (veja linhas pontilhadas).

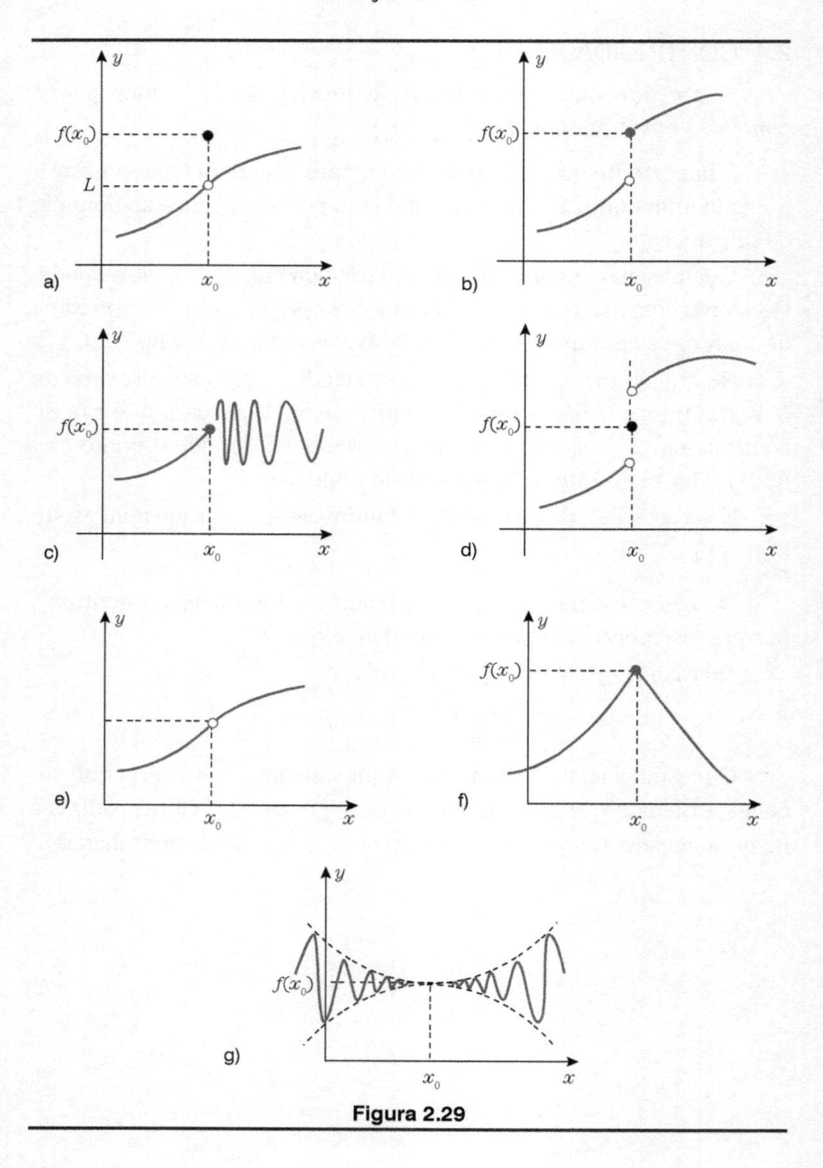

Figura 2.29

Graças aos teoremas sobre limites, fica fácil provar o que segue.

Proposição 2.4.1. Se f e g são contínuas em x_0, então $f + g$, fg e $\frac{f}{g}$ são contínuas em x_0, supondo, nesse último caso, $g(x_0) \neq 0$.

Prova. Como, por hipótese, $\lim_{x \to x_0} f(x) = f(x_0)$ e $\lim_{x \to x_0} g(x) = g(x_0)$, temos, usando L3,

$$\lim_{x \to x_0} (f + g)(x) = \lim_{x \to x_0} f(x) + \lim_{x \to x_0} g(x) = f(x_0) + g(x_0) = (f + g)(x_0);$$

$$\lim_{x \to x_0} (fg)(x) = \lim_{x \to x_0} f(x) \lim_{x \to x_0} g(x) = f(x_0) g(x_0) = (fg)(x_0);$$

$$\lim_{x \to x_0} \left(\frac{f}{g}\right)(x) = \frac{\lim_{x \to x_0} f(x)}{\lim_{x \to x_0} g(x)} = \frac{f(x_0)}{g(x_0)} = \left(\frac{f}{g}\right)(x_0).$$

Exercício. Se f e g são contínuas em x_0 e k é um número, então $-f$, $f - g$, kf são contínuas em x_0.

Exemplo 2.4.1. Pelos Exs. 2.3.5 e 2.3.6, vemos que os polinômios e as funções racionais são contínuas em todos os pontos dos seus domínios.

Exemplo 2.4.2. Achar a de modo que a função

$$f(x) = \begin{cases} \dfrac{x^3 - 1}{x - 1} & \text{se} \quad x \neq 1 \\ a & \text{se} \quad x = 1, \end{cases}$$

seja contínua em todo x.

Para todo $x \neq 1$, f é claramente contínua (*Proposição* 2.4.1). Para que f seja contínua no ponto 1, devemos ter

$$\lim_{x \to 1} f(x) = f(1) = a, \quad \text{ou seja,} \quad \lim_{x \to 1} \frac{x^3 - 1}{x - 1} = a.$$

Mas

$$\lim_{x \to 1} \frac{x^3 - 1}{x - 1} = \lim_{x \to 1} \frac{(x - 1)(x^2 + x + 1)}{x - 1} =$$
$$= \lim_{x \to 1} (x^2 + x + 1) = 3. \quad \text{Logo,} \quad a = 3.$$

Suponha que uma função f seja derivável num ponto x_0. Geometricamente isso significa, como sabemos, que o seu gráfico admite reta tangente no ponto $(x_0, f(x_0))$ e que, portanto, deve ser "suave" nesse ponto. É de se esperar então que, ao se aproximar x de x_0, $f(x)$ se aproxime de $f(x_0)$, isto é, que f seja contínua em x_0. É o que se provará na

Proposição 2.4.2. Se f é derivável em x_0, então f é contínua em x_0.

Prova. Temos, para $x \neq x_0$,

$$f(x) - f(x_0) = \frac{f(x) - f(x_0)}{x - x_0}(x - x_0)$$

$$\therefore \lim_{x \to x_0}\left(f(x) - f(x_0)\right) = \lim_{x \to x_0} \frac{f(x) - f(x_0)}{x - x_0} \lim_{x \to x_0}(x - x_0) =$$

$$= f'(x_0) \cdot 0 = 0$$

$$\therefore \lim_{x \to x_0} f(x) = f(x_0).$$

A recíproca desse resultado não é verdadeira: se uma função é contínua num ponto, ela não tem obrigação de ser derivável nesse ponto. Isso é compreensível, pois pode ocorrer o caso de uma função f tal que, ao se aproximar x de x_0, $f(x)$ se aproxime de $f(x_0)$ e o seu gráfico apresente um bico em $(x_0, f(x_0))$, como se vê na Fig. 2-30.

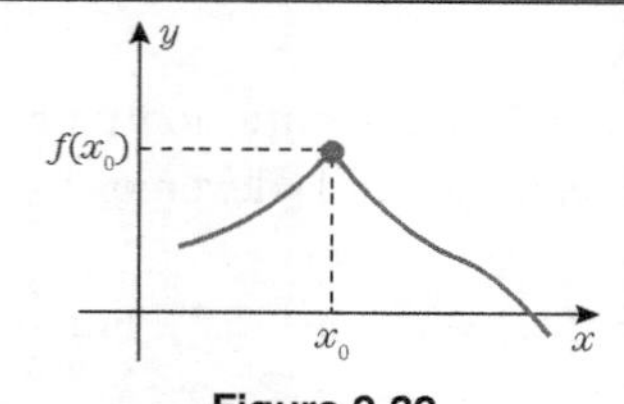

Figura 2.30

Um exemplo concreto dessa situação já é do "folclore": $f(x) = |x|$.

A fim de enunciarmos outro resultado sobre continuidade, é preciso ensinar a você o conceito de função composta (também conhecido como função de função).

Considere a imagem industrial de uma função f de domínio A e a de uma função g de domínio B (Fig. 2-31); ou seja, pense nelas como máquinas (Sec. 1.2).

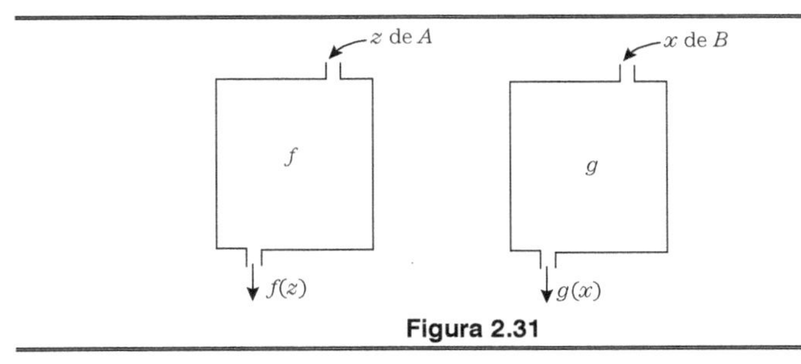

Figura 2.31

Como sabemos, f só aceita na sua entrada elementos de A. Suponha que o conjunto dos valores despejados pela g está contido no conjunto A; isto é, para cada x de B, $g(x)$ pertence a A. Nesse caso, f aceita $g(x)$ na sua entrada. Podemos então construir outra máquina, soldando a saída de g na entrada de f (Fig. 2-32).

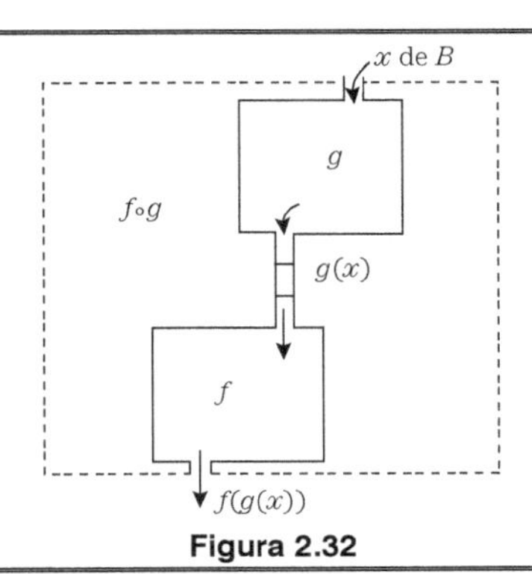

Figura 2.32

Essa máquina, que será batizada de composta de f e g e na qual rotulamos o símbolo $f \circ g$, se receber x de B, despejará $f(g(x))$. Formalizando, sejam f e g funções tais que o conjunto dos valores associados pela g esteja contido no domínio de f. A função $f \circ g$, de mesmo domínio que g, dada por

$$(f \circ g)(x) = f(g(x))$$

chama-se *função composta* de f e g.

$f \circ g$ lê-se "f círculo g" ou "f composta com g".

Exemplo 2.4.3. a) Sejam as funções $g(x) = \cos x$ e $f(x) = x^3$. Temos

$$(f \circ g)(x) = f(g(x)) = f(\cos x) = (\cos x)^3$$

e

$$(g \circ f)(x) = g(f(x)) = g(x^3) = \cos x^3.$$

Observe que, nesse caso, $f \circ g \neq g \circ f$. Portanto, muita atenção na ordem: o número $(f \circ g)(x)$ é obtido primeiro calculando $g(x)$ e, depois, calculando f em $g(x)$.

b) Sejam as funções $g(x) = \dfrac{1}{x^2+1}$ e $f(x) = x^3$. Temos

$$(f \circ g)(x) = f(g(x)) = f\left(\frac{1}{x^2+1}\right) = \left(\frac{1}{x^2+1}\right)^3,$$

e

$$(g \circ f)(x) = g(f(x)) = g(x^3) = \frac{1}{x^6+1}.$$

Podemos agora enunciar a proposição seguinte, cuja prova está dada no Apêndice B, Exer. B.5.

Proposição 2.4.3. Sejam f e g funções tais que existe $f \circ g$. Se g é contínua em x_0 e f é contínua em $g(x_0)$, então $f \circ g$ é contínua em x_0.

Para o próximo resultado, precisamos de algumas definições.

a) Dizemos que uma função f é contínua num intervalo aberto I se for contínua em todos os seus pontos. Se o intervalo não é aberto, digamos, $I = [a, b)$, f será contínua em I se for contínua no interior de I e se $\lim_{x \to a+} f(x) = f(a)$ (costuma-se dizer que f é contínua à direita em a). A definição para os outros casos é semelhante.

b) Se t (s) é um ponto do domínio de uma função f tal que, para todo x desse domínio, se tem

$$f(x) \geq f(t) \quad (f(x) \leq f(s)),$$

então t (s) é chamado *ponto de mínimo* (máximo) de f e $f(t)$ $(f(s))$ é chamado *valor mínimo* (máximo) de f.

Se as desigualdades ocorrem para todo x de uma parte B do domínio de f, $t(s)$ é dito *ponto de mínimo* (máximo) de f em B, e $f(t)$ ($f(s)$) é dito valor *mínimo* (máximo) de f em B.

Proposição 2.4.4. Seja f uma função contínua num intervalo fechado $[a,b]$. Então existem números s, t de $[a,b]$ tais que, para todo x do mesmo, se tem

$$f(t) \leq f(x) \leq f(s).$$

(Diz-se abreviadamente que f assume seu máximo e seu mínimo em $[a, b]$.) Para uma prova, veja o Apêndice C.

Observe que, no primeiro gráfico da Fig. 2-33. existem dois pontos que poderiam servir para t e, no segundo, qualquer ponto do intervalo pode ser t ou s [aqui $f(t) = f(s) = f(x)$].

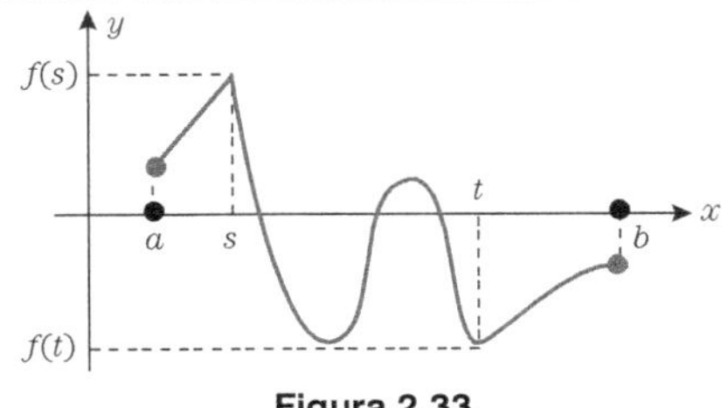

Figura 2.33

As hipóteses feitas no enunciado da proposição são essenciais, isto é, a omissão de alguma condição falseia a conclusão. É o que mostram os gráficos da Fig. 2-34.

Em (a), (b) e (c) não existe nem ponto de mínimo nem ponto de máximo. Em (d), existe ponto de máximo, mas não existe ponto de mínimo. Verifique, em cada caso, quais as hipóteses que não foram cumpridas.

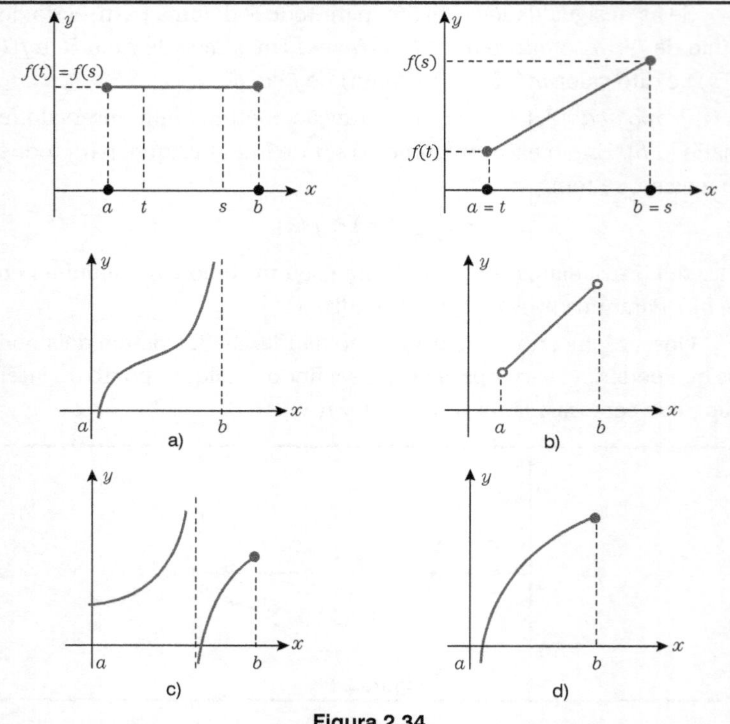

Figura 2.34

Proposição 2.4.5. (Teorema de Bolzano). Se f é uma função contínua num intervalo fechado $[a, b]$ e $f(a) \cdot f(b) < 0$, então existe c de (a, b) tal que $f(c) = 0$.

O resultado é geometricamente evidente como vemos no gráfico da Fig. 2-35.

Como os pontos $(a, f(a))$ e $(b, f(b))$ devem ser ligados pelo gráfico de f, o qual é contínuo, um desses pontos está abaixo do eixo dos x, e o outro, acima, vai chegar uma hora em que o gráfico corta esse eixo. Uma prova está feita no Apêndice C.

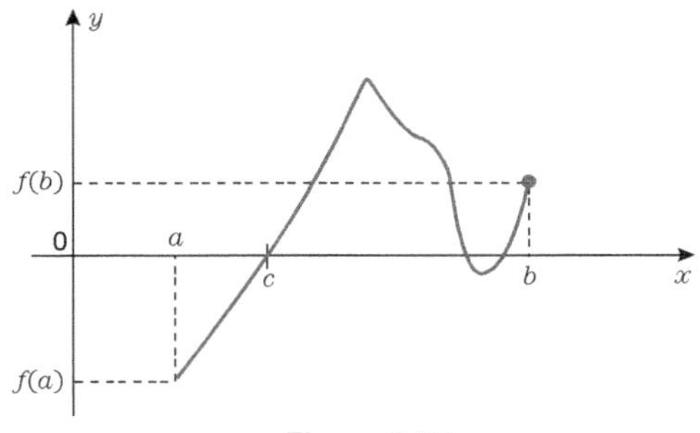

Figura 2.35

Corolário. (Teorema do valor intermediário). Se f é uma função contínua num intervalo fechado $[a, b]$, e z é um número entre $f(a)$ e $f(b)$, então existe c de $[a, b]$ tal que $f(c) = z$ (Fig. 2-36).

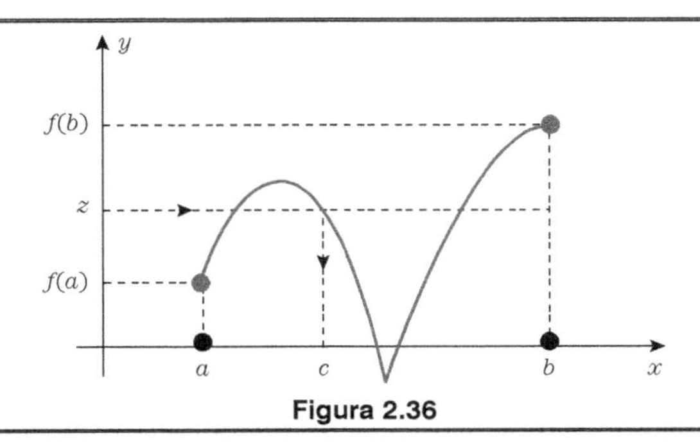

Figura 2.36

Prova. Supondo $f(a) < f(b)$, a função $f(x) - z$ satisfaz às hipóteses do Teorema de Bolzano. De fato, é contínua, $f(a) - z < 0$ e $f(b) - z > 0$. Logo, existe c de $[a, b]$ tal que

$$f(c) - z = 0.$$

Os outros casos são deixados para o leitor.

A ideia da demonstração [na suposição $f(a) < f(b)$] foi deslocar o gráfico de f de modo que sua extremidade da esquerda ficasse abaixo do eixo dos x, e a da direita, acima, a fim de possibilitar o uso do teorema de Bolzano. Isso foi conseguido pelo uso da função $f(x) - z$.

Exemplo 2.4.4. Mostre que a função $f(x) = \text{sen}^2 x - x$ tem uma raiz entre $-\frac{\pi}{4}$ e $\frac{\pi}{2}$.

Como $$f\left(-\frac{\pi}{4}\right) = \text{sen}^2\left(-\frac{\pi}{4}\right) - \left(-\frac{\pi}{4}\right) = \frac{1}{2} + \frac{\pi}{4} > 0$$

e $$f\left(\frac{\pi}{2}\right) = \text{sen}^2\frac{\pi}{2} - \frac{\pi}{2} = 1 - \frac{\pi}{2} < 0,$$

segue-se, pelo teorema de Bolzano,* que existe c de $\left(-\frac{\pi}{4}, \frac{\pi}{2}\right)$ tal que $f(c) = 0$.

Nota. A exigência da continuidade da função f no teorema de Bolzano é essencial como se pode ver na Fig. 2-37.

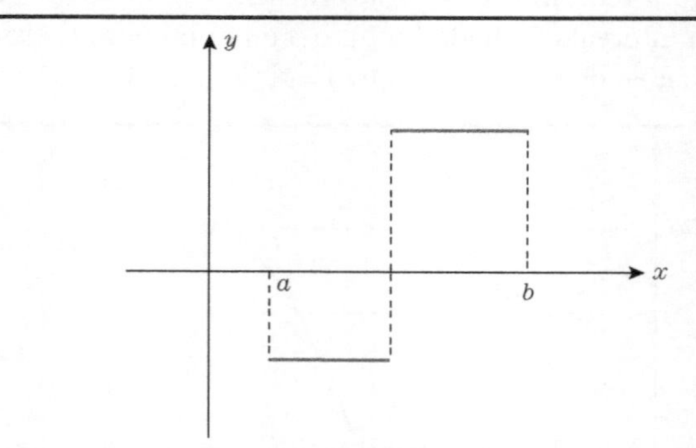

Figura 2.37

Antes de encerrar esta seção, daremos uma tabela de funções contínuas. Algumas delas não foram definidas neste livro, como é o caso do seno, co-seno. logaritmo, exponencial. Seria, portanto, difícil para nós que não conhecemos magia, provarmos a continuidade dessas funções agora. Por outro lado, não podemos ficar apresentando exercícios só com polinômios e funções racionais. Desse modo, damos o fato sem demonstração, prometendo-a para mais tarde, no segundo volume.**

---

*Veja a tabela à pág. 61.

**Essa promessa será cobrada por muito poucos.

A essa altura, você deve estar dizendo a si mesmo que sabe a definição do seno. Mas o que nós estamos querendo dizer é que você não sabe definir seno usando exclusivamente a noção de número, sem fazer apelo à Geometria. Mas o logaritmo só requer números para defini-lo, retrucará você. De fato, sendo $a > 0$, $a \neq 1$, e $x > 0$, você aprendeu que $\log_a x$ é um número b tal que $a^b = x$. Está certo, mas agora perguntamos: o que é a^b? Mais concretamente você é capaz de dizer como se define $\left(\sqrt{3}\right)^{\sqrt{2}}$? Aqui temos dois caminhos para resolver a questão. Podemos partir dos números naturais axiomaticamente, construir os números inteiros, racionais e, daí. os números reais. O outro caminho é desenvolvermos o Cálculo Diferencial e Integral até um certo ponto, onde tenhamos elementos suficientes para definir não só tais números, mas também o seno, o co-seno etc. Nós vamos optar por esse segundo caminho, mais objetivo e conveniente dentro do espírito deste livro.

Funções contínuas em todos os pontos dos seus domínios	
Função	Justificativa
polinômios	Veja Ex. 2.4.1
funções racionais	Veja Ex. 2.4.1
logaritmo ($\ln x$)	A ser provado no Vol. 2.
exponencial a) e^x b) $a^x = e^{x \ln a}$	A ser provado no Vol. 2.
seno ($\operatorname{sen} x$)	A ser provado no Vol. 2.
co-seno ($\cos x$)	A ser provado no Vol. 2.
tangente ($\operatorname{tg} x$)	Decorre de $\operatorname{tg} x = \dfrac{\operatorname{sen} x}{\cos x}$ e da Proposição 2.4.1
cotangente ($\operatorname{ctg} x$)	Decorre de $\operatorname{ctg} x = \dfrac{\cos x}{\operatorname{sen} x}$ e da Proposição 2.4.1
secante ($\sec x$)	Decorre de $\sec x = \dfrac{1}{\cos x}$ e da Proposição 2.4.1
co-secante ($\operatorname{cossec} x$)	Decorre de $\operatorname{cossec} x = \dfrac{1}{\operatorname{sen} x}$ e da Proposição 2.4.1
$\sqrt[n]{x}$	Veja Exer. 2.3.1 (o).

Usando essa tabela e as Proposições 2.4.1 e 2.4.3, você pode construir funções contínuas à vontade.

EXERCÍCIOS

2.4.1. Dos gráficos dados na Fig. 2-38, quais são os de funções contínuas em todos os pontos de seus domínios?

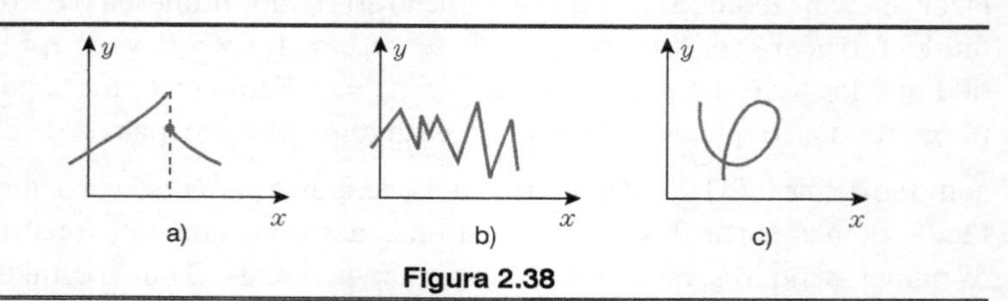

Figura 2.38

2.4.2. Quais das seguintes funções são contínuas em todos os pontos de seus domínios? Justifique.

a) $f(x) = [x]$;

b) $f(x) = \dfrac{1 + (-1)^{[x]}}{2}$;

c) $f(x) = |x|$;

d) $f(x) = |x - 1|$;

e) $f(x) = \dfrac{1}{|x|}\ (x \neq 0)$;

f) $f(x) = |x^2 - 1|$;

g) $f(x) = \text{sen}\, x + \cos x$;

h) $f(x) = e^x \ln x\ (x > 0)$;

i) $f(x) = \text{tg}\, x \left(x \neq \dfrac{\pi}{2} + k\pi \right)$;

j) $f(x) = |x - 1| + |x + 3|$;

l) $f(x) = [x] + \text{sen}\, x$;

m) $f(x) = \sqrt[3]{x}$;

*n) $f(x) = \dfrac{1 + (-1)^{[x]}}{2} \cdot \text{sen}\, \pi x$;

o) $f(x) = \sec x\, \text{tg}\, x$;

p) $f(x) = x^2 + x - 1$;

q) $f(x) = \dfrac{x^2 - 1}{x^4 + 7}$;

r) $f(x) = x^2 - |x| - 1$.

2.4.3. Se f é contínua em x_0, mostre que $|f|$ também é contínua em x_0, onde $|f|(x) = |f(x)|$. A recíproca é verdadeira?

2.4.4. Para que valores de a a função f é contínua em todo x?

a) $f(x) = \begin{cases} x\, \text{sen}\dfrac{1}{x} & \text{se } x \neq 0, \\ a & \text{se } x = 0; \end{cases}$

b) $f(x) = \begin{cases} \dfrac{x^3 - 8}{x - 2} & \text{se } x \neq 2, \\ a & \text{se } x = 2; \end{cases}$

c) $f(x)=\begin{cases} x^2-x+1 & \text{se} \quad x<0, \\ 2x^2+x+a & \text{se} \quad x\geq 0; \end{cases}$ d) $f(x)=\begin{cases} ax^2+1 & \text{se} \quad x<1, \\ x-4 & \text{se} \quad x\geq 1; \end{cases}$

e) $f(x)=\begin{cases} a^2x^2+1 & \text{se} \quad x<1, \\ x-4 & \text{se} \quad x\geq 1; \end{cases}$ f) $f(x)=\begin{cases} a^2e^x+1 & \text{se} \quad x\geq 0, \\ a & \text{se} \quad x<0; \end{cases}$

g) $f(x)=\begin{cases} e^{a^2x} & \text{se} \quad x\geq 0, \\ \cos x & \text{se} \quad x<0. \end{cases}$

2.4.5. Diga quais afirmações dadas a seguir são verdadeiras e quais são falsas.

a) Se *f* é derivável em x_0, então *f* é contínua em x_0.

b) Se *f* é contínua em x_0 , então *f* é derivável em x_0.

c) Existem funções *f* e *g* que não são contínuas em x_0 tais que *fg* é contínua em x_0.

d) Existem funções *f* e *g* que não são contínuas em x_0 tais que $f + g$ é contínua em x_0.

e) Vale sempre que $\lim\limits_{h\to 0} f(x+h)=f(x)$.

2.4.6. Prove que, se *f* é contínua em x_0, existem $\delta > 0$ e $M > 0$ tais que $|f(x)| < M$ para todo x de $(x_0 - \delta, x_0 + \delta)$.

2.4.7. (A) Achar $f \circ g$ e $g \circ f$ nos casos

a) $f(x) = \operatorname{sen} x$, $g(x) = \cos x$;

b) $f(x) = x^2 - 3x$, $g(x) = 1 - x$;

c) $f(x) = \ln x$ $(x > 0)$, $g(x) = e^x$;

d) $f(x) = x^x$, $g(x) = x^x$ $(x > 0)$;

e) $f(x) = x^2$, $g(x)=\dfrac{x}{x^2+1}$.

(B) Dada h, achar *f* e *g* tais que $h = f \circ g$ nos casos

a) $(\operatorname{sen} x + x)^3$; b) $\dfrac{1}{x^4+1}$;

c) $\sqrt{1+x^2}$; d) $2^{\ln x}$.

(C) Dar o domínio de $f \circ g$ sendo

a) $f(x) = \sqrt{x}\,(x \geq 0),\ g(x) = x;$

b) $f(x) = \dfrac{1}{x}(x \neq 0)\quad g(x) = x^2 - 1;$

c) $f(x) = \ln x\,(x > 0),\quad g(x) = \operatorname{sen} x\left(-\dfrac{\pi}{2} < x < 0\right);$

d) $f(x) = \sqrt{\dfrac{x-1}{x+1}},\quad g(x) = |\ln x|\quad (x > 0).$

2.4.8. Diga por que as funções seguintes são contínuas em todos os pontos de seus domínios.

a) $f(x) = \operatorname{sen}(x^2 + 1);$

b) $f(x) = \ln(e^x + 1);$

c) $f(x) = 2^{\sqrt{x^2 - x + 1}};$

d) $f(x) = \operatorname{tg} x^2\left(0 < x < \sqrt{\dfrac{\pi}{2}}\right);$

e) $f(x) = \sqrt{\ln(1 + x^2)};$

f) $f(x) = \sqrt{\left|\dfrac{x-1}{x+1}\right|}\quad (x \neq -1).$

2.4.9. Seja $f(x) = x^2 - 1$, $1 \leq x \leq 2$, e A o ponto de coordenadas (3.1). Mostre que existe um ponto do gráfico de f cuja distância a A é mínima. Existe algum para o qual essa distância é máxima?

Sugestão. Considere a função-distância

$$d(P, A) = \sqrt{(x-3)^2 + (x^2 - 2)^2},\qquad 1 \leq x \leq 2, \text{ onde }\quad P = (x, x^2 - 1).$$

2.4.10 Mostre que as equações a seguir possuem pelo menos uma raiz (real).

a) $x^3 - 3x + 1 = 0;$

b) $x^5 - 1 = 0;$

c) $\operatorname{sen} x + x = 0;$

d) $\cos x - x = 0;$

e) $x^7 + x^6 - 4x + 4 = 0;$

f) $2^x + x = 0.$

2.5 REGRAS DE DERIVAÇÃO

Proposição 2.5.1. Se f e g são derivaveis em x, então

a) $(f + g)'(x) = f'(x) + g'(x);$

b) $(fg)'(x) = f'(x)g(x) + f(x)g'(x);$

c) $\left(\dfrac{f}{g}\right)'(x) = \dfrac{g(x)f'(x) - f(x)g'(x)}{g^2(x)}$, onde $g^2(x) = (g(x))^2, g(x) \neq 0$.

Prova.

a) Temos

$$\frac{(f+g)(x+h) - (f+g)(x)}{h} = \frac{f(x+h) + g(x+h) - (f(x) + g(x))}{h} =$$

$$= \frac{f(x+h) - f(x)}{h} + \frac{g(x+h) - g(x)}{h}.$$

Basta passar ao limite para h tendendo a 0 e usar L3(1).

b) Temos

$$\frac{(fg)(x+h) - (fg)(x)}{h} = \frac{f(x+h)g(x+h) - f(x)g(x)}{h} =$$

$$= \frac{[f(x+h) - f(x) + f(x)]g(x+h) - f(x)g(x)}{h} =$$

$$= \frac{[f(x+h) - f(x)]g(x+h) + f(x)g(x+h) - f(x)g(x)}{h} =$$

$$= \frac{f(x+h) - f(x)}{h} \cdot g(x+h) + f(x) \cdot \frac{g(x+h) - g(x)}{h}.$$

Passando ao limite para h tendendo a 0, usando L3(1) e (2) e notando que $\lim_{h \to 0} g(x+h) = g(x)$, segue-se o resultado. O último fato é válido porque g, sendo derivável em x, é contínua nesse ponto (Proposição 2.4.2).

O truque da demonstração foi forçar o aparecimento de $\dfrac{f(x+h) - f(x)}{h}$, o que se obteve ao se somar e subtrair $f(x)$ na segunda passagem.

c) Mostremos inicialmente que

$$\left(\frac{1}{g}\right)'(x) = -\frac{g'(x)}{g^2(x)}.^*$$

* $\left(\dfrac{1}{g}\right)(x) = \dfrac{1}{g(x)}$.

Temos

$$\frac{\left(\frac{1}{g}\right)(x+h)-\left(\frac{1}{g}\right)(x)}{h}=\frac{\frac{1}{g(x+h)}-\frac{1}{g(x)}}{h}=$$

$$=\frac{\frac{g(x)-g(x+h)}{g(x+h)g(x)}}{h}=-\frac{g(x+h)-g(x)}{h}\cdot\frac{1}{g(x+h)g(x)}.$$

Basta passar ao limite para h tendendo a 0, usar L3 e que $\lim_{h\to 0} g(x+h)=g(x)$ (por quê?).

Agora, para o caso $\frac{f}{g}$, aplicaremos o resultado (b), pois $\frac{f}{g}=f\cdot\frac{1}{g}$:

$$\left(\frac{f}{g}\right)'(x)=\left(f\cdot\frac{1}{g}\right)'(x)=f'(x)\cdot\left(\frac{1}{g}\right)(x)+f(x)\cdot\left(\frac{1}{g}\right)'(x)=$$

$$=\frac{f'(x)}{g(x)}-f(x)\cdot\frac{g'(x)}{g^2(x)}=\frac{g(x)f'(x)-f(x)g'(x)}{g^2(x)}.$$

Corolários. Sendo f e g deriváveis em x, e k, um número,

1) $(kf)'(x)=kf'(x)$; 2) $(-f)'(x)=-f(x)$; 3) $(f-g)'(x)=f'(x)-g'(x)$.

Prova. Exercício.

Exemplo 2.5.1.

a) $\left(4\sqrt{2}x^3\right)'=4\sqrt{2}\left(x^3\right)'=4\sqrt{2}\cdot 3x^2=12\sqrt{2}x^2$;

b) $$\left(\pi\sqrt{x}+\frac{6}{x^3}\right)'=\left(\pi\sqrt{x}\right)'+\left(\frac{6}{x^3}\right)'=\pi\left(\sqrt{x}\right)'+6\left(x^{-3}\right)'=$$

$$=\pi\cdot\frac{1}{2\sqrt{x}}+6\cdot(-3)x^{-4}=\frac{\pi}{2\sqrt{x}}-\frac{18}{x^4};$$

c) $$\left((x+5)x^2\right)'=(x+5)'x^2+(x+5)\left(x^2\right)'=$$

$$=(x'+5')x^2+(x+5)\cdot 2x=(1+0)x^2+(x+5)2x=$$

$$=x^2+(x+5)2x=3x^2+10x;$$

d)

$$\left(\frac{x+5}{x^2}\right)'=\frac{x^2(x+5)'-(x+5)\left(x^2\right)'}{\left(x^2\right)^2}=\frac{x^2-(x+5)2x}{x^4}=\frac{-x^2-10x}{x^4}.$$

Vamos adiantar as derivadas de algumas funções para que possamos dar mais variedade aos exemplos. Procure memorizá-las.

$$(\operatorname{sen} x)' = \cos x \qquad (e^x)' = e^x$$

$$(\cos x)' = -\operatorname{sen} x \quad (\ln x)' = \frac{1}{x}(x > 0).$$

Exemplo 2.5.2.

$$(tg\, x)' = \left(\frac{\operatorname{sen} x}{\cos x}\right)' = \frac{(\cos x)(\operatorname{sen} x)' - (\operatorname{sen} x)(\cos x)'}{\cos^2 x} =$$

$$= \frac{\cos x \cdot \cos x - (\operatorname{sen} x)(-\operatorname{sen} x)}{\cos^2 x} = \frac{\cos^2 x + \operatorname{sen}^2 x}{\cos^2 x} = \frac{1}{\cos^2 x} = \sec^2 x.$$

Exemplo 2.5.3.

$$(\ln x \operatorname{sen} x)' = (\ln x)' \operatorname{sen} x + \ln x (\operatorname{sen} x)' = \frac{1}{x} \operatorname{sen} x + \ln x \cos x.$$

Exemplo 2.5.4.

$$(e^x + x \ln x)' = (e^x)' + (x \ln x)' = e^x + x' \ln x + x(\ln x)' =$$

$$= e^x + 1 \cdot \ln x + x \cdot \frac{1}{x} = e^x + \ln x + 1.$$

Vamos aprender agora como se deriva função composta. Isso vai ser extremamente útil, pois, com os recursos que temos até aqui, para derivar $y = \operatorname{sen} x^2$, temos de apelar para a definição de derivada. Obteremos antes um resultado auxiliar.

Suponha uma função f derivável em x (Fig. 2-39).

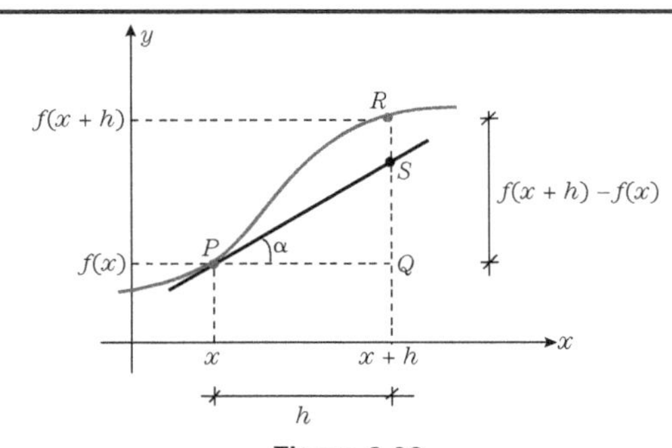

Figura 2.39

Nesse caso, o gráfico de f é suave em P, admitindo reta tangente. Seja h suficientemente pequeno de modo que $x + h$ pertença ao domínio de f. Pela figura, vemos que

$$RQ = SQ + SR.$$

Mas

$$\overline{RQ} = f(x+h) - f(x);$$

$$\overline{SQ} = h \operatorname{tg} \alpha = h \cdot f'(x).$$

Vamos chamar $\overline{RS}$ de $h\varphi(h)$. Então

$$f(x+h) - f(x) = f'(x) \cdot h + \varphi(h) \cdot h.$$

Pela figura, vemos que $\lim_{h \to 0} \varphi(h)h = 0.$ No entanto pode-se garantir, conforme se verá, que $\lim_{h \to 0} \varphi(h) = 0.$

Vamos provar esse resultado, que foi conjecturado geometricamente.

Proposição 2.5.2. Seja f uma função derivável num ponto x. Então existe uma função φ (definida num intervalo que contém 0) tal que

$$f(x+h) - f(x) = f'(x)h + \varphi(h)h,$$

com $\lim_{h \to 0} \varphi(h) = \varphi(0) = 0$ ($\therefore$ φ é contínua em 0).

Prova. Vamos definir φ inspirando-nos na tese:

$$\varphi(h) = \begin{cases} \dfrac{f(x+h) - f(x)}{h} - f'(x) & \text{se} \quad h \neq 0, \\ 0 & \text{se} \quad h = 0. \end{cases}$$

Aqui h é tomado num intervalo contendo 0. (Prove que existe!) Então, para $h \neq 0$, temos, pela definição de φ,

$$f(x+h) - f(x) = f'(x)h + h\varphi(h).$$

Observe, no entanto, que essa relação também é verificada para $h = 0$, pois $\varphi(0) = 0$ por definição. Então tal relação se verifica para todo h (do intervalo referido acima). Além disso,

$$\lim_{h \to 0} \varphi(h) = \lim_{h \to 0} \frac{f(x+h) - f(x)}{h} - \lim_{h \to 0} f'(x) =$$

$$= f'(x) - f'(x) = 0 = \varphi(0).$$

Proposição 2.5.3. (*Regra da cadeia*).

Sejam f e g funções tais que se pode considerar $f \circ g$. Se g é derivável em x e f é derivável em $g(x)$, então

$$(f \circ g)'(x) = f'(g(x))g'(x).$$

Prova. Temos

$$\frac{(f \circ g)(x+h) - (f \circ g)(x)}{h} = \frac{f\left(g(x+h) - f(g(x))\right)}{h}$$

Ponhamos $u = g(x)$ e definamos a função k por

$$k(h) = g(x+h) - g(x)$$

(aqui h varia num intervalo contendo 0). Então $g(x + h) = u + k$. Substituindo na expressão da razão incremental acima

$$\frac{(f \circ g)(x+h) - (f \circ g)(x)}{h} = \frac{f(u+k) - f(u)}{h} =$$

$$= \frac{kf'(u) + k\varphi(k)}{h} = \frac{k}{h}\left(f'(u) + \varphi(k)\right),$$

onde φ é contínua em 0 e $\varphi(0) = 0$ (usamos a Proposição 2.5.2).

Passando ao limite para h tendendo a 0, vem

$$\lim_{h \to 0} \frac{(f \circ g)(x+h) - (f \circ g)(x)}{h} = \left(\lim_{h \to 0} \frac{k}{h}\right)\left(f'(u) + \lim_{h \to 0} \varphi(k)\right) = g'(x) \cdot f'(u),$$

pois

$$\lim_{h \to 0} \frac{k}{h} = \lim_{h \to 0} \frac{g(x+h) - g(x)}{h} = g'(x)$$

e, por serem φ e k contínuas em 0, também o é $\varphi \circ k$ (Proposição 2.4.3) e então

$$\lim_{h \to 0} \varphi(k) = \lim_{h \to 0} \varphi(k(h)) = \varphi(k(0)) = \varphi(0) = 0.$$

Aqui cabe uma observação importante com relação à notação. A notação $\frac{df}{dx}$ para f' é muito interessante no caso da regra da cadeia.

Chamando, como fizemos na prova do teorema $u = g(x)$, temos $y = f(g(x)) = f(u)$. Então

$$\frac{dy}{dx} = \frac{dy}{du} \cdot \frac{du}{dx},$$

é a expressão da regra da cadeia, que fica, assim, com aparência de identidade algébrica.

Exemplo 2.5.5. Calcular a derivada de $y = (x^2 + x + 1)^3$.

Pondo $u = x^2 + x + 1$, temos

$$y = u^3$$

$$\therefore \frac{dy}{dx} = \frac{dy}{du} \cdot \frac{du}{dx} = \frac{du^3}{du} \cdot \frac{d\left(x^2 + x + 1\right)}{dx} =$$

$$= 3u^2 \cdot (2x + 1) = 3\left(x^2 + x + 1\right)^2 \cdot (2x + 1),$$

Exemplo 2.5.6. Idem para $y = \operatorname{sen} x^2$.

Seja $u = x^2$. Então $y = \operatorname{sen} u$ e

$$\frac{dy}{dx} = \frac{dy}{du} \cdot \frac{du}{dx} = \cos u \cdot 2x = \cos x^2 \cdot 2x.$$

Exemplo 2.5.7. Idem para $y = e^{\operatorname{sen} x}$.

Pondo $u = \operatorname{sen} x$, temos $y = e^u$

$$\therefore \frac{dy}{dx} = \frac{dy}{du} \cdot \frac{du}{dx} = e^u \cdot \cos x = e^{\operatorname{sen} x} \cdot \cos x.$$

Exemplo 2.5.8. Idem para $y = \dfrac{1}{x^3 + \ln x}$.

Pondo $u = x^3 + \ln x$, temos $y = \dfrac{1}{u}$ e

$$\therefore \frac{dy}{dx} = \frac{dy}{du} \cdot \frac{du}{dx} = \frac{1}{u^2} \cdot \left(3x^2 + \frac{1}{x}\right) = -\frac{1}{\left(x^3 + \ln x\right)^2}\left(3x^2 + \frac{1}{x}\right).$$

Com um pouco de prática, você pode dispensar a substituição indicada, tendo presente o que é u, sem, porém, escrevê-lo.

Reexaminemos o Ex. 2.5.6 desse ponto de vista. Desejamos calcular $(\operatorname{sen} x^2)'$.

a) Derivamos o seno no ponto x^2:

$$\cos x^2.$$

O que fizemos foi calcular $\frac{d(\operatorname{sen} u)}{du} = \cos u$, onde $u = x^2$, sem escrever u.

b) Derivamos x^2, que é $2x$ (estamos calculando u').

c) Multiplicamos os resultados:

$$\cos x^2 \cdot 2x,$$

Vejamos como fica o Ex. 2.5.7: $(e^{\operatorname{sen} x})'$.

a) Derivamos a exponencial no ponto sen x:

$$e^{\operatorname{sen} x},$$

$$\left(\text{calculamos } \frac{de^u}{du} = e^u\right).$$

b) Derivamos sen x: cos x.

c) Multiplicamos os resultados:

$$e^{\operatorname{sen} x} \cdot \cos x.$$

Mais um exemplo para você pegar o jeito da coisa; o Ex. 2.5.5:

$$\left[\left(x^2 + x + 1\right)^3\right]'.$$

a) Derivamos $(\ )^3$, no ponto $x^2 + x + 1$:

$$3(\ )^2 = 3\left(x^2 + x + 1\right)^2$$

$$\left(\text{Estamos calculando } \frac{du^3}{du} = 3u^2\right).$$

b) Derivamos $x^2 + x + 1$:

$$2x + 1$$

(estamos calculando u').

c) Multiplicamos os resultados:

$$3\left(x^2 + x + 1\right)^2 \cdot (2x + 1).$$

A regra da cadeia pode ser usada repetidamente. Se y é função de υ, υ é função de w, e w é função de x, a regra fica:

$$\frac{dy}{dx} = \frac{dy}{d\upsilon} \cdot \frac{d\upsilon}{dw} \cdot \frac{dw}{dx}.$$

Exemplo 2.5.9. Calcular a derivada de

$$y = \ln\sqrt{1 + \operatorname{tg}^2(\cos x)}.$$

Se você entendeu as explicações anteriores, será capaz de escrever diretamente a resposta, que é

$$\frac{1}{\sqrt{1 + \operatorname{tg}^2 \cos x}} \cdot \frac{1}{2\sqrt{1 + \operatorname{tg}^2(\cos x)}} \cdot \left(0 + 2\operatorname{tg}(\cos x)\right) \cdot \sec^2(\cos x) \cdot (-\operatorname{sen} x).$$

Como achamos que você não entendeu, vamos explicar em detalhes.

a) Calculamos a derivada do logaritmo no ponto $\sqrt{1 + \operatorname{tg}^2 \cos x}$:

$$\frac{1}{\sqrt{1 + \operatorname{tg}^2(\cos x)}}.$$

b) Calculamos a derivada da raiz quadrada no ponto $1 + \operatorname{tg}^2 (\cos x)$:

$$\frac{1}{2\sqrt{1 + \operatorname{tg}^2(\cos x)}}.$$

c) Calculamos a derivada de $1 + \operatorname{tg}^2 \cos x$:

$$0 + \left(\operatorname{tg}^2(\cos x)\right)'.$$

Aqui usaremos novamente a regra da cadeia:

$$\left(\operatorname{tg}^2(\cos x)\right)' = 2\operatorname{tg}(\cos x) \cdot \sec^2(\cos x) \cdot (-\operatorname{sen} x).$$

d) Multiplicamos os resultados obtidos.

Exemplo 2.5.10. A regra da cadeia é frequentemente usada em problemas de Física.

a) Suponha que se despeje água num recipiente cilíndrico de raio $r = 0{,}25$ metros, à razão constante de 10^{-3} litros por segundo (Fig. 2-40). Deseja-se saber a velocidade de subida do nível da água.

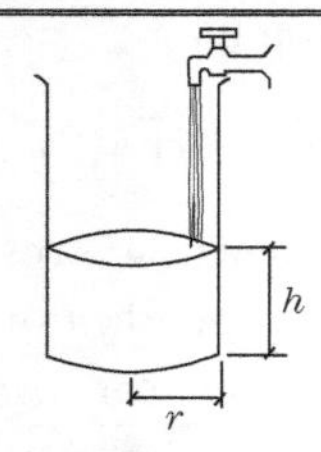

Figura 2.40

Seja V o volume de água no recipiente no instante t. O enunciado deu $\frac{dV}{dt} = 10^{-3}$, e o que se pede é $\frac{dh}{dt}$, onde h é altura do nível da água no instante t.

Sabemos que V é função de h, a saber,

$$V = \pi r^2 h = \pi(0,25)^2 h,$$

e h é função de t. Pela regra da cadeia,

$$\frac{dV}{dt} = \frac{dV}{dh} \cdot \frac{dh}{dt}$$

$$\therefore \frac{dh}{dt} = \frac{\frac{dV}{dt}}{\frac{dV}{dh}} = \frac{10^{-6}}{\pi(0,25)^2} \cong 0,00000509 \text{ m / s.}$$

b) O movimento de um ponto P é tal que sua trajetória está contida no gráfico da função $y = f(x) = \ln x$. A projeção de P sobre o eixo dos x tem velocidade escalar 3 m/s constante (Fig. 2-41). Achar, quando P tem abscissa 3 m, a velocidade escalar da projeção de P sobre o eixo dos y.

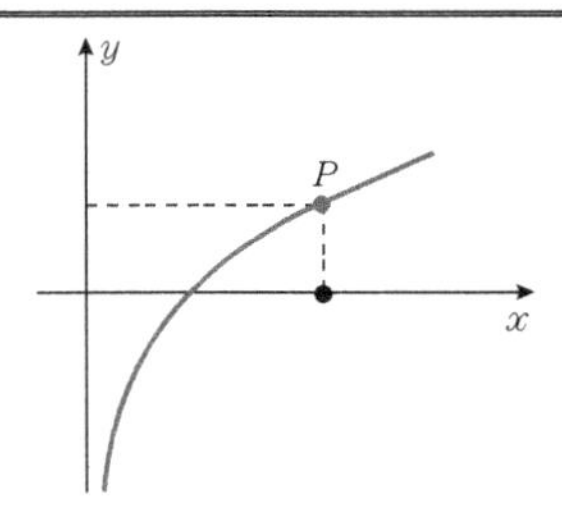

Figura 2.41

Pondo $P = (x, y)$, x e y são funções de t. Foi dado $\frac{dx}{dt} = 3$, queremos $\frac{dy}{dt}$. Mas

$$\frac{dy}{dt} = \frac{dy}{dx} \cdot \frac{dx}{dt}$$

$$\therefore \frac{dy}{dt} = \frac{d \ln x}{dx} \cdot 3 = \frac{3}{x}.$$

Quando $x = 3$, resulta $\dfrac{dy}{dt} = 1$ m / s.

Nota. Seja f uma função definida num intervalo aberto. Suponhamos que o conjunto de pontos desse intervalo nos quais f é derivável ainda é um intervalo. Nesse caso, f' está definida nesse intervalo e pode suceder que exista a função derivada de f', a qual será denotada por f'', ou por $f^{(2)}$ (nesse caso, consistentemente, f' também se denota por $f^{(1)}$), e chamada *derivada segunda de* f; ou *derivada de* f *de segunda ordem* etc. Em geral, designa-se por $f^{(n)}$ a derivada de $f^{(n-1)}$ chamada derivada de f de ordem n.

Exemplo 2.5.11.

a) $f(x) = \operatorname{sen} x,\ f'(x) = \cos x,\ f''(x) = -\operatorname{sen} x,\ f'''(x) = -\cos x$.

b) $f(x) = \ln x,\ f'(x) = \dfrac{1}{x},\ f''(x) = -\dfrac{1}{x^2}$.

c) $f(x) = 3x^2 + 1,\ f'(x) = 6x,\ f''(x) = 6,\ f'''(x) = 0$; em geral, $f^{(n)}(x) = 0$ se $n \geq 3$.

Por simplicidade, costuma-se escrever

$$\left(3x^2 + 1\right)'' = 6;$$

$$\left(\operatorname{sen} x\right)'' = -\operatorname{sen} x.$$

Antes de encerrar esta seção, daremos uma tabela de derivadas, que você deve ter de memória. Algumas das derivadas foram provadas, outras só o serão no segundo volume.

Função	Derivada	Justificativa
x^{α}	$\alpha x^{\alpha - 1}$	A ser provado no Vol. 2.
$\sqrt{x}$	$\dfrac{1}{2\sqrt{x}}$	Decorre da anterior.
$\operatorname{sen} x$	$\cos x$	A ser provado no Vol. 2.
$\cos x$	$-\operatorname{sen} x$	A ser provado no Vol. 2.
$\operatorname{tg} x$	$\sec^2 x$	Veja Ex. 2.5.2.
$\operatorname{ctg} x$	$-\operatorname{cossec}^2 x$	Veja Exer. 2.5.37.
e^x a^x $(a > 0)$	e^x $a^x \ln a$	A ser provado no Vol. 2. Vem de $a^x = e^{x \ln a}$ e da Prop. 2.5.3.

$\ln x = \log_e x$	$\dfrac{1}{x}$	A ser provado no Vol. 2.
$\log_a x$	$\dfrac{1}{x\ln a}$	Vem de $\log_a x = \dfrac{1}{\ln a}\cdot \ln x$
$\operatorname{senh} x = \dfrac{e^x - e^{-x}}{2}$	$\cosh x = \dfrac{e^x + e^{-x}}{2}$	Veja Exer. 2.5.13
$\cosh x$	$\operatorname{senh} x$	Veja Exer. 2.5.14

EXERCÍCIOS

Achar $f'(x)$* nos Exers. 2.5.1 a 2.5.70, sendo dada $f(x)$.

A) Soma, Produto, Quociente

2.5.1. $x^2 + 2x + 4$.

2.5.2. $ax^2 + bx + c$.

2.5.3. $\dfrac{1}{x} + \sqrt{x}$.

2.5.4. $\operatorname{sen} x + \cos x$.

2.5.5. $\dfrac{4}{x^3} + 5x^4 - \dfrac{7}{x^5} + 3$.

2.5.6. $x^{-\pi} + 2x^{\sqrt{2}} + \sqrt{7}$.

2.5.7. $2\sqrt{x} + 6\sqrt[3]{x} - x^{3/2}$.

2.5.8. $\dfrac{1}{\sqrt[3]{x^2}} - \dfrac{\sqrt{2}}{x\sqrt[3]{x}}$.

2.5.9. $2x^{4/3} - 3x^{2/3}$.

2.5.10. $x^3 + \operatorname{sen} x + \operatorname{tg} x$.

2.5.11. $\sqrt[7]{x} + 2\sqrt[9]{x} + \operatorname{sen} 3$.

2.5.12. $9^x + e^x + x^3$.

2.5.13. $\operatorname{senh} x = \dfrac{e^x - e^{-x}}{2}$. (seno hiperbólico de x).

2.5.14. $\cosh x = \dfrac{e^x + e^{-x}}{2}$. (co-seno hiperbólico de x).

2.5.15. $(x + 2)(x + 3)$.

2.5.16. $x^3 \ln x + 3$.

2.5.17. $\sqrt{x}\operatorname{sen} x$.

2.5.18. $e^x \cos x + e^x \ln x$.

2.5.19. $x^{3/2} \ln x + 2^x$.

2.5.20. $(x^2 + 2x - 1)\operatorname{sen} x \cos x$.

2.5.21. $\operatorname{sen} x \cos x + \operatorname{tg} x$.

2.5.22. $\dfrac{x + \operatorname{sen} x \cos x}{2}$.

2.5.23. $\dfrac{2x^2 + 1}{x}$.

2.5.24. $\dfrac{2 + x}{x - 3}$.

2.5.25. $\dfrac{x}{x^2 + 1}$.

2.5.26. $\dfrac{x^2 + 2x - 1}{3x^2 - x + 2}$.

---

* Não se preocupe com as restrições sobre x. Apenas derive.

2.5.27. $\dfrac{x}{\sqrt{x}+1}$.

2.5.28. $\dfrac{x^2}{1+\sqrt{x}}$.

2.5.29. $\dfrac{\operatorname{sen} x+\cos x}{\operatorname{sen} x-\cos x}$.

2.5.30. $\dfrac{x^2+x+1}{\operatorname{sen} x+\cos x}$.

2.5.31. $\operatorname{tgh} x=\dfrac{\operatorname{senh} x}{\cosh x}$.

(tangente hiperbólica de x)

2.5.32. $\dfrac{\operatorname{sen} x}{x}$.

2.5.33. $\dfrac{e^x}{\ln x}$.

2.5.34. $\dfrac{\ln x}{x}$.

2.5.35. $\dfrac{\operatorname{tg} x}{1+(x+1)\operatorname{tg} x}$.

2.5.36. $\dfrac{e^x}{\sqrt{x}}$.

2.5.37. $\operatorname{ctg} x$.

2.5.38. $\sec x$.

2.5.39. $\operatorname{cossec} x$.

2.5.40. $\dfrac{\operatorname{sen} x}{x+\cos x}$.

B) Função composta

2.5.41. $(3x^4-6)^{100}$.

2.5.42. $(2x^2-3x+4)^5$.

2.5.43. $\dfrac{1}{(2-x-x^4)^3}$.

2.5.44. $\sqrt{x^3+2x-10}$.

2.5.45. $\dfrac{1}{\sqrt{1-x^2}}$.

2.5.46. $\dfrac{x}{\sqrt{1-x^2}}$.

2.5.47. $\sqrt{\dfrac{1-x}{1+x}}$.

2.5.48. $\sqrt[3]{1+x^3}$.

2.5.49. $\sqrt[3]{x+\sqrt{x}}$.

2.5.50. $\sqrt{x+\sqrt{1+x^2}}$.

2.5.51. $\sqrt{1+x^2}$.

2.5.52. $\cos 2x$.

2.5.53. $\operatorname{sen} 2x-4\operatorname{sen} x$.

2.5.54. $(2-x^2)\cos x^2$.

2.5.55. $(\operatorname{sen} x+\cos 3x)^4$.

2.5.56. $(\operatorname{senh} x)^3$.

2.5.57. $\sqrt[3]{2e^x - 2^x + 1}$.

2.5.58. $\ln \operatorname{sen} x$.

2.5.59. $\ln^3 x + \ln(\ln x)$.

2.5.60. $\ln\left(e^x + \sqrt{1 - x^2}\right)$.

2.5.61. $e^{\operatorname{sen}^2 x}$.

2.5.62. $\operatorname{sen}(\cos x)$.

2.5.63. $\operatorname{sen}(\cos^2 x)$.

2.5.64. $\operatorname{sen}(\operatorname{sen}(\operatorname{sen} x))$.

2.5.65. $\frac{1}{2}\ln\frac{x-1}{x+1}$.

2.5.66. $\operatorname{sen}^{10} 2x + \cos^6 x$.

2.5.67. $\left(1 + \operatorname{tg}\frac{x}{2}\operatorname{tg} x\right)\cos x$.

2.5.68. $\ln\frac{1-\cos x}{1+\cos x}$.

2.5.69. $3^{\operatorname{sen} x} + \frac{1}{3}\operatorname{sen}^3 x$.

2.5.70. $\operatorname{sen}\sqrt{x} + \sqrt{\operatorname{sen} x}$.

2.5.71. Calcular $f'(x)$ supondo conhecida a função g, nos casos $f(x) =$

a) $g(x^3)$;

b) $g(x^2)x$;

c) $g(g(x)) + g(\operatorname{sen} x)$;

d) $g\left(x^2 - 1\right) + g\left(\sqrt{x}\right)$.

2.5.72. Calcular

a) $f'''(x)$, sendo $f(x) = x^3 - 1$;

b) $f''(x)$, sendo $f(x) = x^4 + 2x^3$;

c) $f''(x)$, sendo $f(x) = x - 1$;

d) $f^{(n)}(x)$, sendo f um polinômio de grau n;

*e) $f^{(n)}(x)$, sendo $f(x) = \operatorname{sen} x$ e $f(x) = \cos x$;

f) $f^{(n)}(x)$, sendo $f(x) = a^x$ e $f(x) = \ln x$;

g) $f''(x)$, sendo $f(x) = \sqrt{4 - x}$.

2.5.73. Mostre que a derivada em x de

$$\begin{vmatrix} f_1 & f_2 & f_3 \\ g_1 & g_2 & g_3 \\ h_1 & h_2 & h_3 \end{vmatrix} \text{ é } \begin{vmatrix} f'_1 & f'_2 & f'_3 \\ g_1 & g_2 & g_3 \\ h_1 & h_2 & h_3 \end{vmatrix} + \begin{vmatrix} f_1 & f_2 & f_3 \\ g'_1 & g'_2 & g'_3 \\ h_1 & h_2 & h_3 \end{vmatrix} + \begin{vmatrix} f_1 & f_2 & f_3 \\ g_1 & g_2 & g_3 \\ h'_1 & h'_2 & h'_3 \end{vmatrix},$$

calculada em x (supondo todas as funções deriváveis em x).

2.5.74. Enuncie precisamente e prove que

$$(fgh)' = f'gh + fg'h + fgh'.$$

2.5.75. (Derivada logarítmica).

Suponha que você quer derivar uma função da forma $[f(x)]^{g(x)}$. Lembrando que $a^b = e^{b \ln a}$, você pode usar a regra da cadeia normalmente. No entanto, o procedimento dado a seguir é, em geral, mais prático.

Seja

$$y = [f(x)]^{g(x)}$$
$$\therefore \ln y = g(x) \ln f(x).$$

Derivando,

$$\frac{y'}{y} = g'(x) ln\, f(x) + g(x) \cdot \frac{1}{f(x)} \cdot f'(x)$$
$$\therefore y' = [f(x)]^{g(x)} \left(g'(x) \ln f(x) + \frac{g(x) f'(x)}{f(x)} \right).$$

Não decore a fórmula, mas, sim, o procedimento!

Calcule $f'(x)$ nos casos $f(x) =$

a) x^x; b) $(\operatorname{sen} x)^x$; c) $x^{\operatorname{sen} x}$; d) $(\cos x)^{\operatorname{sen} x}$; e) $x^{1/x}$.

2.5.76. a) Despeja-se água num tanque cônico de raio R e altura H a razão constante de a m³ por segundo (Fig. 2-42). Dar a velocidade de subida do nível da água no tanque, em função de sua altura h.

b) Um balão esférico é enchido com gás à razão constante de a metros cúbicos por segundo. Supondo que o balão mantenha sempre sua forma esférica, achar quão rápido varia seu raio, no instante em que este vale r metros. (Supor a pressão do gás constante.)

c) Um ponto P se move de modo tal que sua trajetória está contida no gráfico da função $f(x) = \ln x$. Sabe-se que, num certo instante, as projeções de P nos eixos coordenados têm mesma velocidade escalar $\neq 0$. Achar as coordenadas de P nesse instante.

d) Observe a Fig. 2-43.

O ponto P se move em direção ao ponto B. Sabendo que, quando P dista a de B, a velocidade de variação de α é b radianos por segundo, achar, nesse instante, a velocidade de P. É dado d.

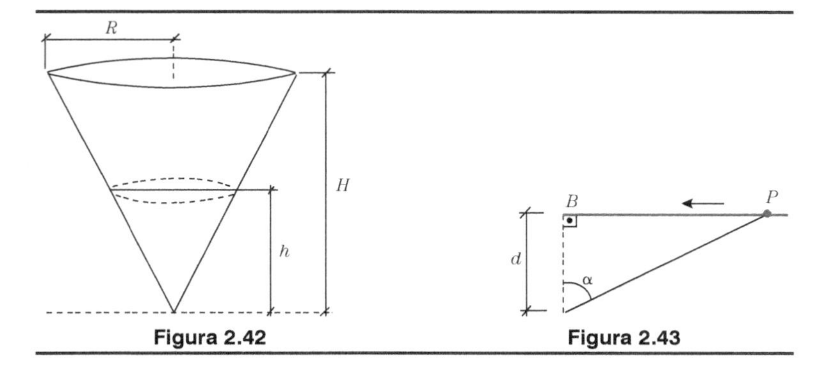

Figura 2.42 Figura 2.43

2.6 DERIVAÇÃO IMPLÍCITA

Considere a relação $x^2 + y^2 = 1$ (veja Fig. 2-44). O conjunto dos pontos de coordenadas (x, y) que a satisfazem é uma circunferência, como sabemos.

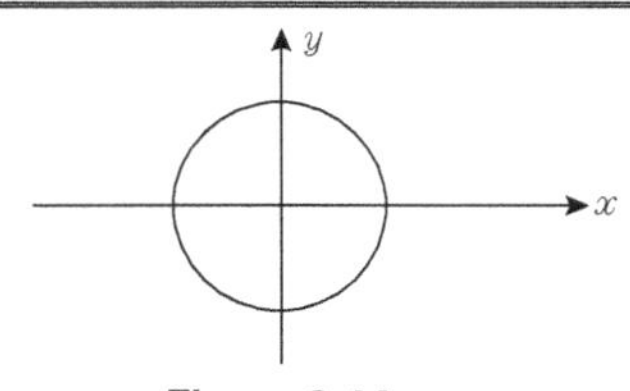

Figura 2.44

Não temos aqui uma função, pois, por exemplo, para $x = 0$, temos dois valores para y: +1 e –1. Acontece que, se impusermos $y \geq 0$, então teremos uma função, pois aí

$$y = \sqrt{1 - x^2} \quad (-1 \leq x \leq 1).$$

Chamando de f tal função, temos

$$f'(x) = \frac{-x}{\sqrt{1 - x^2}} \quad (-1 < x < 1),$$

Da mesma forma, impondo $y \leq 0$, obteremos uma função g, com

$$g(x) = -\sqrt{1 - x^2} \quad \text{e} \quad g'(x) = \frac{x}{\sqrt{1 - x^2}} \quad (-1 < x < 1).$$

Veja agora como o cálculo das derivadas acima é facilitado encarando o problema de outra maneira. Na relação

$$x^2 + y^2 = 1$$

lembre que y é função de x [ou $y = f(x)$ ou $y = g(x)$]. Derivando ambos os membros (use a regra da cadeia), vem

$$2x + 2y \cdot y' = 0$$

$$\therefore y' = -\frac{x}{y} \quad (y \neq 0),$$

que resume as duas derivadas f' e g', obtidas.

Acontece que, para o procedimento ser válido, é preciso que se saiba de antemão que a relação $x^2 + y^2 = 1$ define y como função de x, e que essa função é derivável. Existe um critério, porém este envolve conhecimentos da teoria das funções de diversas variáveis.

Em geral, uma relação do tipo $f(x, y) = 0$ pode definir várias funções. No entanto pode suceder que a relação seja por demais complicada para que se possa escrever y como função de x. Por exemplo,

$$f(x, y) = y^6 + 4xy + x^3 = 0.$$

Exemplo 2.6.1. Suponha que a relação

$$y^6 + 4xy + x^3 = 0.$$

defina uma função $y = f(x)$ derivável num certo intervalo. Ache f' em termos de $f(x)$. Temos

$$f(x)^6 + 4x\,f(x) + x^3 = 0$$

Derivando, vem

$$6(f(x))^5 f'(x) + 4[xf'(x) + 1 \cdot f(x)] + 3x^2 = 0$$

$$\therefore \left[6(f(x))^5 + 4x\right] f'(x) + 4f(x) + 3x^2 = 0$$

$$\therefore f'(x) = -\frac{4f(x) + 3x^2}{6(f(x))^5 + 4x}.$$

Exemplo 2.6.2. Considere a função $y = f(x) = x^{2/3}$. Queremos obter sua derivada. (Você tem obrigação de saber qual é! Desejamos apenas ilustrar o processo de derivação em questão.)

Suponha que a função seja derivável. Temos

$$y^3 = x^2 \quad \therefore \quad y^3 - x^2 = 0.$$

Portanto $(f(x))^3 - x^2 = 0$.

Derivando:

$$3(f(x))^2 \cdot f'(x) - 2x = 0$$

$$\therefore f'(x) = \frac{2}{3}\frac{x}{(f(x))^2},$$

isto é,

$$f'(x) = \frac{2}{3}\frac{x}{\left(x^{2/3}\right)^2} = \frac{2}{3}x^{-1/3}.$$

EXERCÍCIOS

Admita nos exercícios a seguir que a relação dada define uma função derivável $y = f(x)$.

Achar $f'(x)$ nos Exers. 2.6.1 a 2.6.5.

2.6.1. $x^3 + y^3 - 3xy + 1 = 0$.

2.6.2. $y = 1 + xe^y$.

2.6.3. $\frac{x^2}{a^2} + \frac{y^2}{b^2} = 1 \quad (a, b > 0)$.

2.6.4. sen x sen $y = 1$.

2.6.5. $x^y = y^x$.

2.6.6. Achar $f''(x)$ no caso do Exer. 2.6.3.

2.7 DIFERENCIAL

Na seção 2.5, vimos (Proposição 2.5.2) que, se f é uma função derivável num ponto x, então podemos escrever (para h suficientemente pequeno)

$$f(x+h) - f(x) = f'(x)h + h\varphi(h),$$

onde φ é contínua em 0 e $\lim_{h \to 0} \varphi(h) = 0$.

Chamaremos de *acréscimo de f no ponto x relativamente ao acréscimo h* ao número

$$\Delta f(x,h) = f(x+h) - f(x),$$

o qual também se escreve abreviadamente Δf.

O produto $f'(x)h$ será chamado *diferencial de f no ponto x relativamente ao acréscimo h* e será indicado por $df(x, h)$, ou, abreviadamente, por df. Assim,

$$df(x,h) = f'(x)h.$$

Com essas notações, o resultado acima fica

$$\Delta f(x,h) = df(x,h) + h\varphi(h).$$

O significado geométrico das definições vistas é ilustrado na Fig. 2-45.

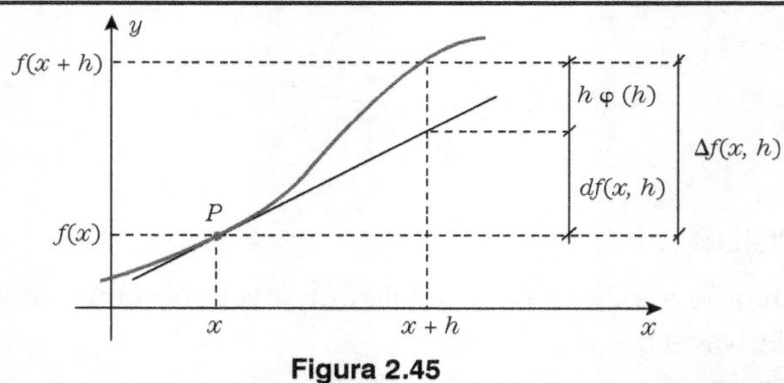

Figura 2.45

A figura mostra que, quando h se aproxima de 0, Δf se aproxima de df, o que facilmente se comprova:

$$\lim_{h\to 0}\left(\Delta f(x,h) - df(x,h)\right) = \lim_{h\to 0} h\varphi(h) = 0$$

(aqui consideramos x fixo e h variável).

Portanto, para um x fixo, df é uma aproximação de Δf tanto melhor quanto menor for h.

Muito bem, mas para que tudo isso?, perguntará você. A origem básica dessas considerações é um problema de aproximação. Queremos aproximar uma função f, em torno do ponto x, por uma outra função g, mais simples. Então, se quisermos calcular $f(x + h)$, poderemos usar a função g, calculando $g(x + h)$.

Todavia o erro cometido, a saber, $|f(x+h) - g(x+h)|$, deve ser o menor possível. É bom ressaltar aqui que não desejamos aproximar $f(x + h)$ para um valor fixo de h, mas para todo h de um intervalo (conveniente, a determinar).

Uma função simples sem dúvida é uma função linear, isto é, cujo gráfico é uma reta. Portanto é razoável procurar uma função g linear que aproxime f da melhor forma possível. É claro que devemos impor que f e g tenham mesmo valor em x, o que é a mesma coisa que dizer que a reta gráfico de g deve passar por $P = (x, f(x))$.

Em princípio, qualquer reta que passa por P nos dá uma aproximação de f. Basta olhar para a Fig. 2-46 para se convencer disso.

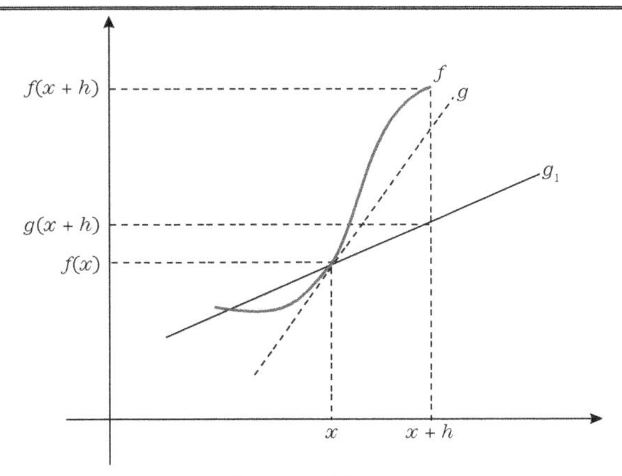

Figura 2.46

De fato, $\left|f(x+h)-g_1(x+h)\right|$ tende a 0 quando h tende a zero. Sucede, no entanto, que a reta tangente é aquela que dá o menor erro, desde que h varie num intervalo suficientemente pequeno. Precisamente, existe $h_0 > 0$ tal que, se $0 < |h| < h_0$,

$$\left|f(x+h)-g(x+h)\right| < \left|f(x+h)-g_1(x+h)\right|,$$

onde g é a função cujo gráfico é a reta tangente ao gráfico de f em $(x, f(x))$ e $g_1 \neq g$ é qualquer função linear cujo gráfico passa por $(x, f(x))$.

A prova dessa afirmação está dada no Apêndice E.

Em vista do que dissemos, conclui-se que, dentro do critério da melhor aproximação linear, o valor aproximado de $f(x + h)$, para h suficientemente pequeno, deve ser

$$f(x)+df(x,h)$$

(veja a Fig. 2-45) que é precisamente $g(x + h)$.

Exemplo 2.7.1. Calcular $\sqrt{36,3}$.

Nesse caso, $f(x)\sqrt{x}$ e, como $\sqrt{36} = 6$, convém tomar $x = 36$, $h = 0,3$.

$$df(x,h) = f'(x)h = \frac{1}{2\sqrt{x}} \cdot h$$

$$\therefore df(36;\ 0,3) = \frac{1}{2\sqrt{36}} \cdot 0,3.$$

O valor aproximado de $\sqrt{36,3}$ será

$$f(x)+df(x,h) = \sqrt{36} + \frac{1}{2\sqrt{36}} \cdot 0,3 = 6,025.$$

Exemplo 2.7.2. Calcular $(1,0012)^2$.

Tomamos $f(x) = x^2$, $x = 1$, $h = 0,0012$

$$df(x,h) = f'(x)h = 2xh$$

$$\therefore df(1;\ 0,0012) = 2 \cdot 1 \cdot 0,0012 = 0,0024$$

$$\therefore (1,0012)^2$$

será aproximadamente igual a $f(x) + df(x, h) = 1^2 + 0,0024 = 1,0024$

O leitor deve se precaver de que não sabemos a ordem de grandeza do erro cometido. Dessa forma, não sabemos se os resultados obtidos são convenientes. Essa conveniência depende naturalmente do grau de precisão que exigimos. Por exemplo, o valor exato de $(1,0012)^2$ é 1,00240144. O erro cometido foi, portanto, 1,00240144 – 1,0024 = 0,00000144. Será pequeno? A resposta dependerá do grau de precisão que for exigido. Felizmente pode-se obter uma estimativa do erro cometido, o que será feito no Apêndice G.

EXERCÍCIOS

2.7.1. Calcular $\Delta f(x, h)$ e $df(x, h)$ nos casos

a) $f(x) = x^2 + 4x - 3$; $x = 1$; $h = 1$;

b) idem para $h = 0{,}1$ e $h = 0{,}01$;

c) $f(x) = x^3 - \sqrt{\pi}$; $x = 2$; $h = -1$.

2.7.2. Prove que

a) $d(f+g)(x, h) = df(x, h) + dg(x, h)$;

b) $d(fg)(x, h) = f(x)\, dg(x, h) + g(x)\, df(x, h)$;

c) $d\left(\dfrac{f}{g}\right)(x,h) = \dfrac{g(x)df(x,h) - f(x)dg(x,h)}{g^2(x)}$.

2.7.3. a). Um quadrado de lado x se expande (mantendo-se quadrado). Calcular a variação $\Delta S(x, h)$ de sua área S em função da variação h de seu lado. Calcule $dS(x, h)$. Interprete o resultado geometricamente.

Solução. $S = x^2$

$$\Delta S(x,h) = (x+h)^2 - x^2 = 2xh + h^2$$
$$dS(x,h) = 2xh.$$

Vemos pela Fig. 2-47 que a área das regiões II e III vale $2xh = dS(x, h)$, e que o quadrado (I) tem área $h^2 = \Delta S(x, h) - dS(x, h)$. Portanto

$$\Delta S(x,h) = \underbrace{\text{área (II)} + \text{área (III)}}_{dS(x,h)} + \underbrace{\text{área (I)}}_{h^2}.$$

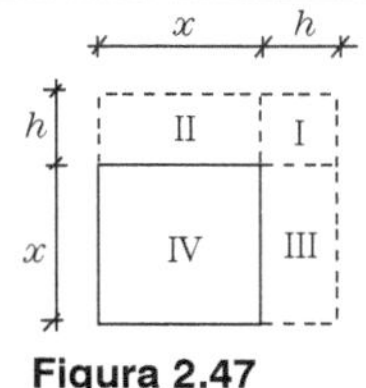

Figura 2.47

b) Idem para o volume de um cilindro de raio r fixo e altura x, havendo variação h de sua altura.

2.7.4. Calcular aproximadamente

a) $\sqrt{4{,}1}$; b) sen 31°; c) $\sqrt[4]{15{,}9}$; d) ln 1,01.

2.7.5. Calcule $(1{,}0012)^2$ tomando $x = 2$, e compare com o resultado exato (dado no texto). Explique a causa da discrepância.

O teorema do valor médio e suas aplicações

3.1 O TEOREMA DE ROLLE

Um teorema central do Cálculo Diferencial é o teorema do valor médio, do qual estudaremos nesta seção um caso particular, o teorema de Rolle.

Suponha uma função contínua num intervalo fechado $[a,b]$ e derivável em (a,b) tal que $f(a) = f(b)$. Um exemplo típico dessa situação é mostrado através da Fig. 3-1.

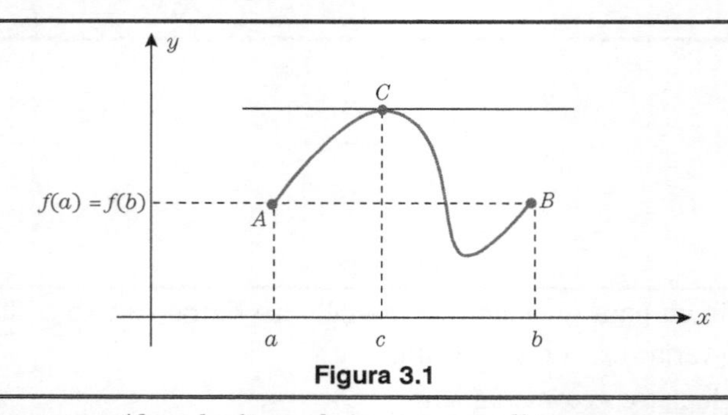

Figura 3.1

Como o gráfico de f tem de ser suave e ligar os pontos A e B de mesma ordenada, é intuitivo que deve existir pelo menos um ponto C do mesmo tal que a tangente ao gráfico nesse ponto seja paralela à reta AB; logo, paralela ao eixo dos x. (No caso da figura, existem dois pontos nessas condições). A afirmação feita é equivalente à existência de um ponto c de (a,b) tal que $f'(c) = 0$. Esse é o conteúdo geométrico do teorema de Rolle. A fim de prová-lo, usaremos o lema seguinte.

Lema. Seja c ponto de máximo ou de mínimo de uma função f, a qual se supõe derivável nesse ponto. Então $f'(c) = 0$.

Prova. Por f ser derivável em c, podemos dizer que existe $h_0 > 0$ tal que os pontos de $(-h_0, h_0)$ pertencem ao domínio de f.

Supondo c ponto de máximo de f, temos

$$f(c) \geq f(c + h) \text{ para } -h_0 < h < h_0.$$

Logo,

$$\frac{f(c+h) - f(c)}{h} \leq 0 \quad \text{se} \quad 0 < h < h_0$$

e

$$\frac{f(c+h) - f(c)}{h} \geq 0 \quad \text{se} \quad -h_0 < h < 0.$$

Pelo análogo da L5 para limites laterais (veja nota no final da Sec. 2.3), podemos escrever

$$\lim_{h \to 0+} \frac{f(c+h) - f(c)}{h} \leq 0$$

e

$$\lim_{h \to 0-} \frac{f(c+h) - f(c)}{h} \geq 0,$$

ou seja, por f ser derivável em c,

$$f'(c) \geq 0$$

e

$$f'(c) \leq 0$$

$$\therefore \; f'(c) = 0.$$

Se c for ponto de mínimo de f, será ponto de máximo de $-f$ e, pelo que provamos, deve valer

$$(-f)'(c) = 0.$$

$$\therefore \; f'(c) = 0.$$

A recíproca não é verdadeira: se $f'(c) = 0$, c não é necessariamente ponto de máximo ou de mínimo de f, como pode facilmente ser verificado para $f(x) = x^3$ e $c = 0$.

Nota. A argumentação da prova pode ser interpretada geometricamente. Pelo fato de c ser ponto de máximo, ao tomarmos $h > 0$, as retas por $(c, f(c))$ e $(c + h, f(c + h))$ têm coeficientes angulares ≤ 0, isto é, inclinam-se "para a direita"; e, ao tomarmos $h < 0$, elas se inclinam "para a esquerda" (Fig. 3-2). Como, para h tendendo a 0, elas devem tender à tangente em $(c, f(c))$, o único jeito é essa tangente ser paralela ao eixo dos x.

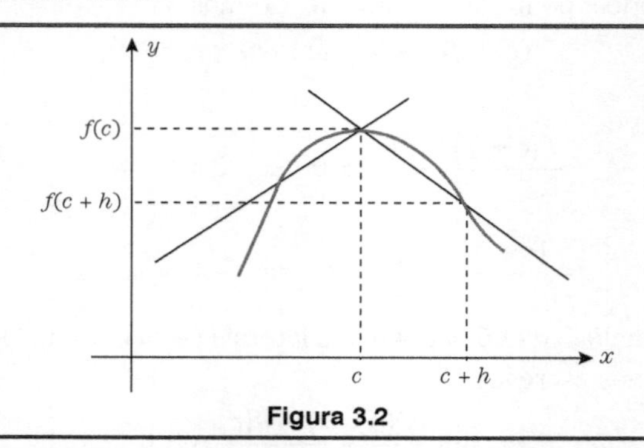

Figura 3.2

Proposição 3.1.1. (Teorema de Rolle). Seja f uma função contínua no intervalo fechado $[a,b]$ e derivável no intervalo aberto (a,b), tal que $f(a) = f(b)$. Então existe c de (a,b) tal que $f'(c) = 0$.

Prova. Os pontos de mínimo e de máximo de f em $[a,b]$ (os quais existem pela Proposição 2.4.4) ou ocorrem, ambos, nos extremos do intervalo ou, então, um deles pertence a (a,b).

No primeiro caso, como $f(a) = f(b)$ os valores máximo e mínimo são iguais e f é constante. Então, para qualquer ponto x de (a,b), temos $f'(x) = 0$.

No segundo caso, chamando de c o ponto que pertence a (a,b), temos, pelo lema anterior, $f'(c) = 0$.

Nota. As hipóteses do teorema de Rolle são essenciais, conforme ilustra a Fig. 3-3.

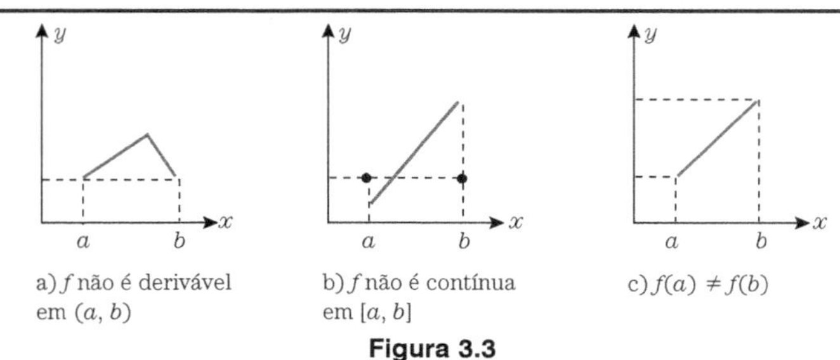

Figura 3.3

Exemplo 3.1.1. Achar c como no teorema de Rolle para $f(x) = x^2 + 1$, sendo o intervalo $[-1,1]$ (veja Fig. 3-4).

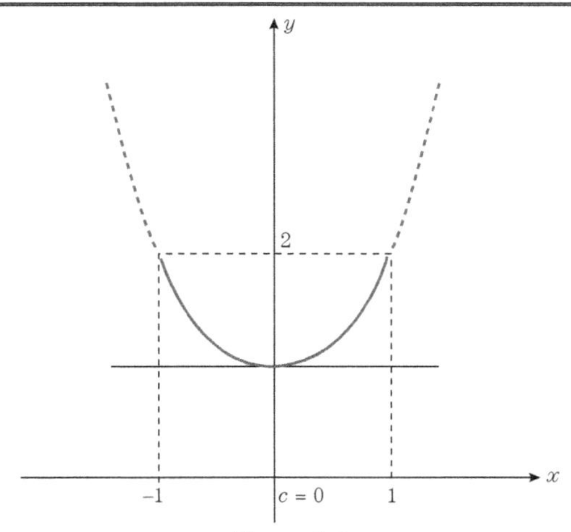

Figura 3.4

Aqui $a = -1$, $b = 1$. E fácil ver que f satisfaz às condições do teorema de Rolle; o número c procurado é tal que

$$f'(c) = 0, \qquad -1 < c < 1;$$

logo,

$$2c = 0, \qquad -1 < c < 1;$$

e portanto

$c = 0.$

Exemplo 3.1.2. Idem para $f(x) = \frac{2x}{1+x^2}$, sendo o intervalo $\left[\frac{1}{\sqrt{3}}, \sqrt{3}\right]$.

Devemos ter $f'(c) = 0$, $\frac{1}{\sqrt{3}} < c < \sqrt{3}$;
isto é,

$$\frac{2(1-c^2)}{(1+c^2)^2} = 0, \quad \frac{1}{\sqrt{3}} < c < \sqrt{3},$$

e portanto $c = 1$, uma vez que -1 não pertence ao intervalo $\left(\frac{1}{\sqrt{3}}, \sqrt{3}\right)$.

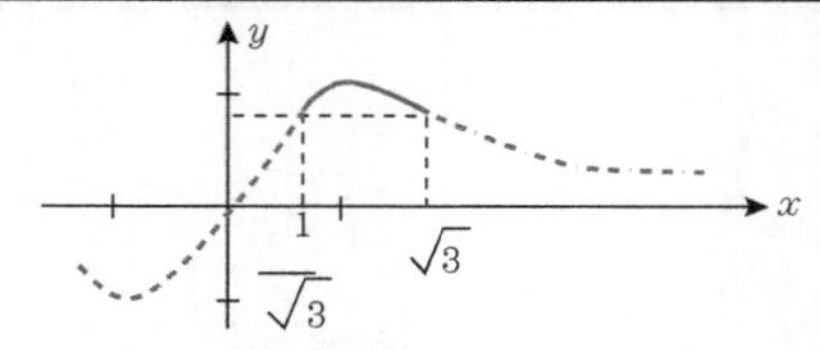

Figura 3.5

EXERCÍCIOS

3.1.1. Achar c como no teorema de Rolle nos casos:

a) $f(x) = x^3 - x + 2$, $[0,1]$; b) $f(x) = x^2 - 3x + 10$, $[1,2]$;

c) $f(x) = \frac{1}{x^2+1}$, $[-1,1]$; d) $f(x) = \frac{2x^2 - 3x - 3}{x^2 - 2x - 3}$, $[0,1]$;

e) $f(x) = x\sqrt{\frac{1-x}{1+x}}$, $[0,1]$.

3.1.2. O teorema de Rolle é aplicável à função $f(x) = \sqrt[3]{x^2}$ no intervalo $[-1.1]$?

3.1.3. O teorema de Rolle não é aplicável no caso em que f é dada por

$$f(x) = \begin{cases} \frac{1}{x^4 - 1} & \text{se} \quad x \neq \pm 1, \\ 0 & \text{se} \quad x = 1 \quad \text{ou} \quad x = -1, \end{cases}$$

e o intervalo é $[-2,2]$, pois f não é contínua em 1. No entanto $f'(0) = 0$. Existe alguma contradição?

*3.1.4. Seja f uma função contínua num intervalo fechado $[a,b]$ e derivável em (a,b). Sejam $c_1, c_2, ..., c_n$ os pontos de (a,b), onde f' se anula. Mostre que o valor máximo (mínimo) de f em $[a,b]$ é o máximo (mínimo) entre $f(a), f(b), f(c_1) ..., f(c_n)$. Generalize para o caso em que a derivada não existe em um número finito de pontos de $[a,b]$.

Sugestão. Use a Proposição 2.4.4 e o lema desta seção.

3.1.5. Ache o valor máximo e o valor mínimo de f no intervalo $[a,b]$ nos casos

a) $f(x) = x^3 - 3x + 2, \quad a = -3, \quad b = \frac{3}{2};$

b) $f(x) = \sqrt{x(1-x)}, \quad a = 0, \quad b = 1;$

c) $f(x) = \left|x^2 - x\right|, \quad a = -\frac{1}{4}, \quad b = \frac{1}{2};$

d) $f(x) = \left|x^2 - x\right|, \quad a = -\frac{1}{16}, \quad b = 1;$

e) $f(x) = e^x \text{ sen } x, \quad a = 0, \quad b = 2\pi.$

*3.1.6. Se um polinômio de grau 4 tem 4 raízes (reais) distintas, então sua derivada tem 3 raízes (reais) distintas. Generalize.

Sugestão. Se x_1, x_2, x_3, x_4 são as raízes, aplique o teorema de Rolle nos intervalos $[x_i, x_{i+1}]$, $i = 1, 2, 3$.

3.2 O TEOREMA DO VALOR MÉDIO

Seja f uma função contínua no intervalo fechado $[a,b]$ e derivável no intervalo aberto (a,b). Um exemplo típico é o ilustrado na Fig. 3-6.

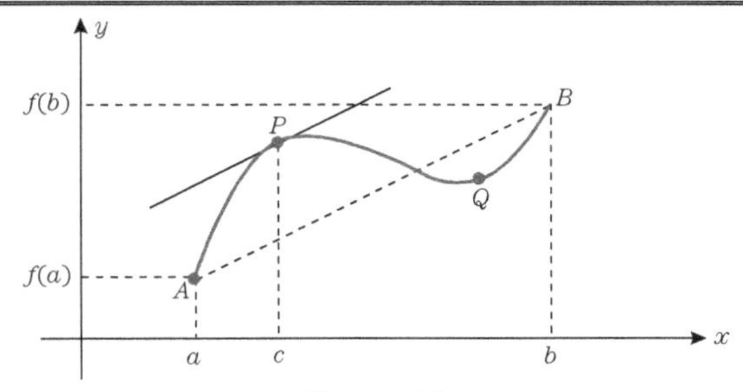

Figura 3.6

Observe que existe um ponto P do gráfico da função tal que a tangente em P é paralela à reta AB. Se AB fosse paralela ao eixo dos x, teríamos o teorema de Rolle. Note que, no caso da figura existe outro ponto, a saber, Q, nas mesmas condições. O fato de a tangente ao gráfico de f em P ser paralela à reta AB significa que elas possuem mesmo coeficiente angular. O coeficiente angular da tangente é $f'(c)$ e o da reta AB é

$$\frac{f(b)-f(a)}{b-a}.$$

Então

$$f'(c)=\frac{f(b)-f(a)}{b-a}.$$

Proposição 3.2.1. (*Teorema do valor médio*). Se f é uma função contínua no intervalo fechado $[a,b]$ e derivável no intervalo aberto (a,b), então existe c de (a,b) tal que

$$f'(c)=\frac{f(b)-f(a)}{b-a}.$$

Antes de provarmos o teorema, vamos dar a ideia da demonstração. Observando a figura anterior, vemos que a "distância vertical" do gráfico de f até a reta AB tem o aspecto que é apresentado na Fig. 3-7.

Veja que o teorema de Rolle é aplicável e que, justamente nos pontos c e e, a derivada se anula, e esses pontos correspondem, na figura que dá o gráfico de f, aos pontos P e Q, onde a tangente é paralela à reta AB.

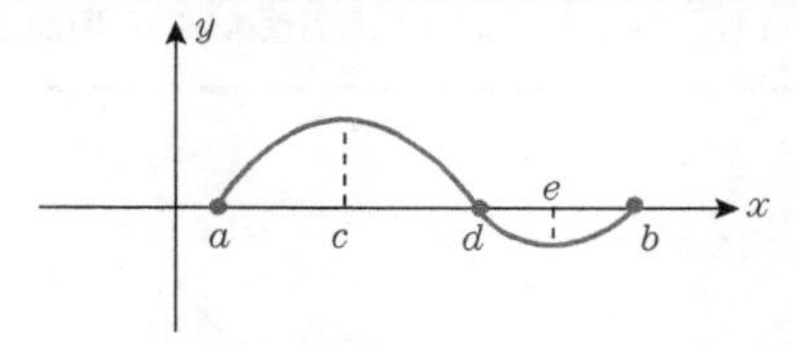

Figura 3.7

A "distância vertical" será obtida através da função $g=f-h$, onde h é a função cujo gráfico é o segmento AB.

Prova. Seja h a função cujo gráfico é o segmento de extremidades $A=(a,f(a))$ e $B=(b,f(b))$, e seja

$$g = f - h.$$

É claro que $(g(a) = g(b) = 0$ e que g é contínua em $[a,b]$ e derivável em (a,b). Pelo Teorema de Rolle, existe c de (a,b) tal que $g'(c) = 0$. Então

$$f'(c) - h'(c) = 0.$$

mas $h'(c)$ é o coeficiente angular da reta AB, e portanto

$$h'(c) = \frac{f(b) - f(a)}{b - a}.$$

Substituindo na relação anterior, resulta

$$f'(c) - \frac{f(b) - f(a)}{b - a} = 0.$$

Exemplo 3.2.1. Achar c como no teorema do valor médio para

$$f(x) = x^2, \qquad a = 0, \qquad b = 1 \text{ (Fig. 3-8).}$$

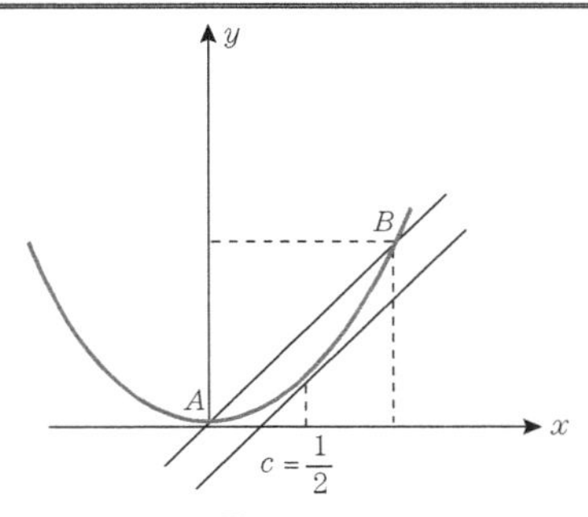

Figura 3.8

Temos

$$f'(c) = \frac{f(b) - f(a)}{b - a} = \frac{f(1) = f(0)}{1 - 0} = 1$$

$$\therefore\ 2c = 1$$

$$\therefore\ c = \frac{1}{2}.$$

Exemplo 3.2.2. Mostre que $|\text{sen } a - \text{sen } b| \leq |a - b|$.

Aplicando o teorema do valor médio a $f(x) = \text{sen } x$, $a \leq x \leq b$, temos

$$\text{sen } b - \text{sen } a = \cos c(b-a) \quad (a < c < b)$$

$$\therefore \ |\text{sen } b - \text{sen } a| = |\cos c||b-a| \le |b-a|,$$

pois $$|\cos c| \le 1.$$

Nota. Existe uma interpretação cinemática muito interessante do teorema do valor médio. Suponha um ponto P movendo-se sobre uma curva, e seja $s = f(t)$ a lei horária do movimento (Fig. 3-9).

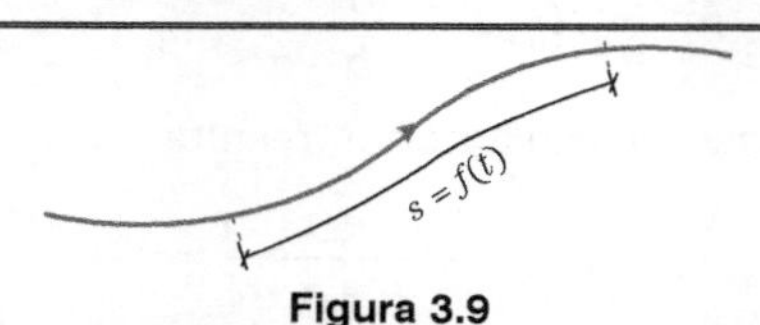

Figura 3.9

No intervalo de tempo $[a,b]$, a velocidade média de P será $\upsilon_m = \dfrac{f(b) - f(a)}{b-a}$. O teorema do valor médio afirma (sob hipóteses apropriadas) que a velocidade instantânea de P assume em (a,b) a referida velocidade média: $\upsilon_m = f'(c)$, $a < c < b$.

EXERCÍCIOS

3.2.1. Achar c, como no teorema do valor médio, nos casos:

a) $f(x) = x^3, \quad a = 2, \quad b = 3;$

b) $f(x) = \dfrac{x-1}{x+1}, \quad a = 0, \quad b = 3;$

c) $f(x) = \ln x + 3, \quad a = 3, \quad b = 5;$

d) $f(x) = x^3 - 2x^2 + 3x, \quad a = 0, \quad b = 2.$

3.2.2. Mostre que a corda pelos pontos $(a, f(a))$ e $(b, f(b))$ do gráfico de $f(x) = x^2 + mx + n$ é paralela à reta tangente a esse gráfico no ponto

$$\left(\frac{a+b}{2}, f\left(\frac{a+b}{b}\right)\right).$$

3.2.3. Verificar se o teorema do valor médio se aplica às seguintes funções, determinando c, se for o caso,

a) $f(x) = \dfrac{1}{1-x^2}$, $x \neq \pm 1$, $a = 0$, $b = 5$;

*b) $f(x) = \begin{cases} -x^2 + x & \text{se } \dfrac{1}{2} \leq x \leq 1 \\ x^2 - 3x + 2 & \text{se } 1 < x \leq 2 \end{cases}$ $a = \dfrac{1}{2}$, $b = 2$.

3.2.4. Prove que

*a) $\dfrac{b-a}{b} \leq \ln \dfrac{b}{a} \leq \dfrac{b-a}{a}$, $0 < a \leq b$.

Sugestão. $\ln \dfrac{b}{a} = \ln b - \ln a$. Aplique o teorema do valor médio para $f(x) = \ln x$, $a \leq x \leq b$.

b) $e^a(b-a) < e^b - e^a < e^b(b-a)$, $a < b$: aqui você pode usar o gráfico de e^x (Fig. 3-10).

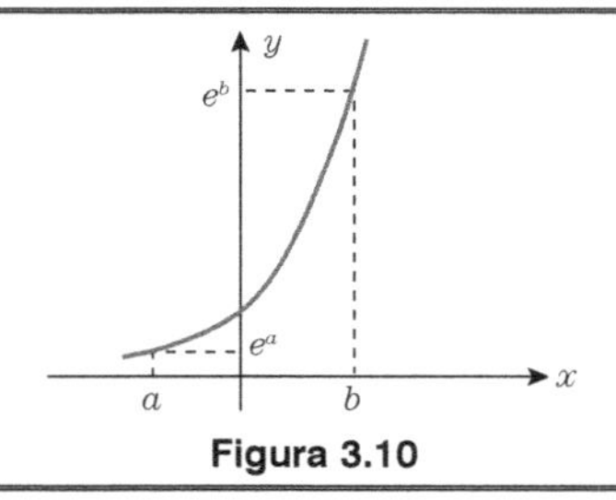

Figura 3.10

3.3 APLICAÇÃO DO TEOREMA DO VALOR MÉDIO: INTERVALOS ONDE UMA FUNÇÃO CRESCE OU DECRESCE

Observe o gráfico da Fig. 3-11. Imaginando um ponto percorrendo a curva "da esquerda para a direita", você vê que ele sobe de A até B e depois desce de B até C. Dizemos que a função é crescente no intervalo $[a,b]$ e decrescente no intervalo $[b,c]$. A fim de formalizarmos a definição, observe que, no intervalo $[a,b]$, por exemplo, para x e x' *quaisquer* do mesmo, com $x < x'$, temos $f(x) < f(x')$. Passemos à definição.

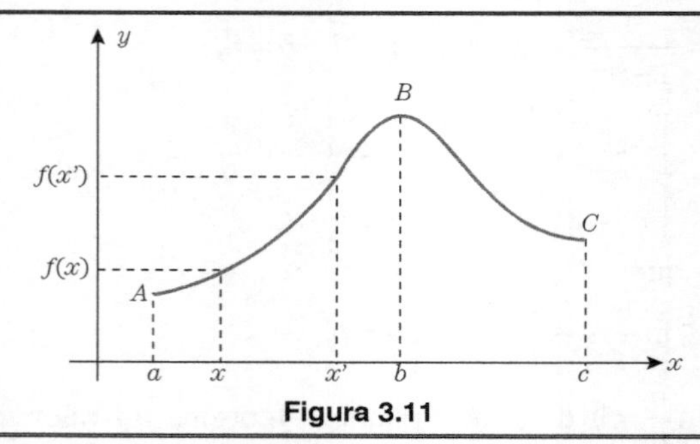

Figura 3.11

Seja f uma função cujo domínio contém os pontos de um intervalo I. Diz-se que f é *crescente* (decrescente) em I se, para *quaisquer* x, x' de I, com $x < x'$, verifica-se $f(x) < f(x')$ ($f(x) > f(x')$). Frequentemente se diz "f é crescente" ("f é decrescente"), caso onde se deve subentender que o domínio de f é um intervalo no qual ela é crescente (decrescente).

Olhe novamente para a Fig. 3-11. Perguntamos se f é crescente ou decrescente. Se você prestou bastante atenção na definição acima, responderá que f não é crescente nem decrescente, mas f é crescente em $[a,b]$, e decrescente em $[b,c]$. Observe que a palavra "quaisquer" na definição é importante. Por exemplo, *não basta verificar só para dois pontos x e x', com $x < x'$, que $f(x) < f(x')$ para concluir que f é crescente.*

A proposição a seguir nos dá um critério para achar os intervalos onde uma função é crescente e os intervalos onde ela é decrescente.

Proposição 3.3.1. Seja f uma função contínua num intervalo I, e derivável no seu interior. Se, para todo ponto x interior, verifica-se

a) $f'(x) > 0$, então f é crescente em I;

b) $f'(x) < 0$, então f é decrescente em I;

c) $f'(x) = 0$, então f é constante em I.*

Os resultados são geometricamente óbvios, como se constata na Fig. 3-12.

---

* Isto é, $f(x) = R$, para todo x de I.

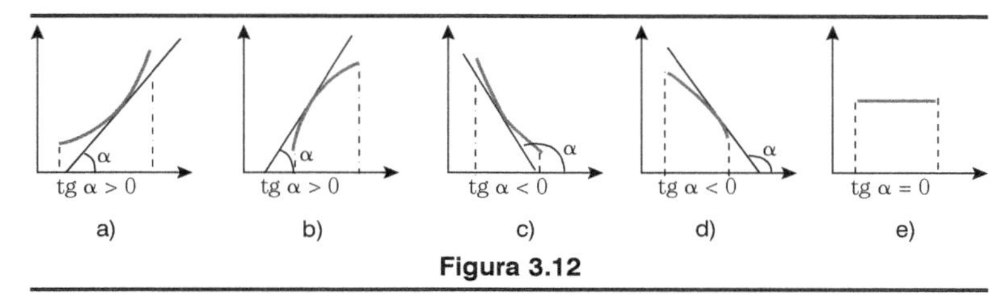

Figura 3.12

Prova. Sejam x e x' pontos quaisquer de I com $x < x'$. Pelo teorema do valor médio, existe c, com $x < c < x'$, tal que

$$f(x') - f(x) = f'(c)(x' - x).$$

a) Se $f'(x) > 0$ para todo x de I que não é extremo de I, então, em particular, $f'(c) > 0$ e como $x' - x > 0$, resulta da relação acima que

$$f(x') - f(x) > 0,$$

o que mostra que f é crescente em I.

b) Deixamos esse caso como exercício.

c) Seja x_0 um ponto de I. Para qualquer x de I pode-se escrever

$$f(x_0) - f(x) = f'(c)(x_0 - x),$$

onde c é um número entre x_0 e x. Como $f'(c) = 0$, por hipótese, resulta

$$f(x_0) = f(x)$$

para todo x de I, o que termina a prova.

Nota. A proposição nos diz que devemos examinar f' somente nos pontos que não são extremos. No entanto, a conclusão vale para I. Considere, por exemplo, $f(x) = x^2$, $I = [0, 1]$, f é contínua em I, e $f'(x) = 2x > 0$ para todo x de $(0,1)$.

Logo, podemos dizer que f é crescente em $I = [0,1]$, muito embora $f'(0) = 2 \cdot 0 = 0$!

Corolário. Sejam f e g funções contínuas num intervalo I e deriváveis no seu interior. Suponha que $f'(x) = g'(x)$ para todo ponto interior x do intervalo. Então existe um número k tal que

$$f(x) = g(x) + k$$

para todo x de I.

Prova. A função $\psi = f - g$ é tal que $\quad \psi'(x) = f'(x) - g'(x) = 0$

para todo ponto interior x de I. Logo, pela Proposição 3.3.1(c), existe k tal que

$$\psi(x) = k \quad \text{para todo } x \text{ de } I,$$

isto é,

$$f(x) - g(x) = k \quad \text{para todo } x \text{ de } I.$$

Notas. 1) Geometricamente, o corolário nos diz que, se os gráficos de f e g possuem retas tangentes paralelas relativas a um mesmo x de I, subsistindo isso para todo x de I, então cada um pode ser obtido do outro por uma translação "vertical".

2) Exprime-se, de maneira abreviada, o resultado do corolário da seguinte maneira: "funções com mesma derivada diferem por uma constante".

Exemplo 3.3.1. Achar os intervalos em que f é crescente e os em que f é decrescente, sendo $f(x) = x^2$.

Como $f'(x) = 2x$, então $f'(x) > 0$ se $x > 0$ e $f'(x) < 0$ se $x < 0$. Então f é decrescente no intervalo $x \leq 0$ e crescente no intervalo $x \geq 0$ (Fig. 3-13).

Se você está pensando que, na conclusão, existe erro de impressão porque escrevemos $x \geq 0$ e $x \leq 0$, está enganado. Se escrevêssemos $x > 0$ no lugar de $x \geq 0$, estaríamos afirmando que f é crescente no intervalo $x > 0$, o que é verdade. Mas a proposição nos permite dizer mais: f é crescente no intervalo $x \geq 0$.

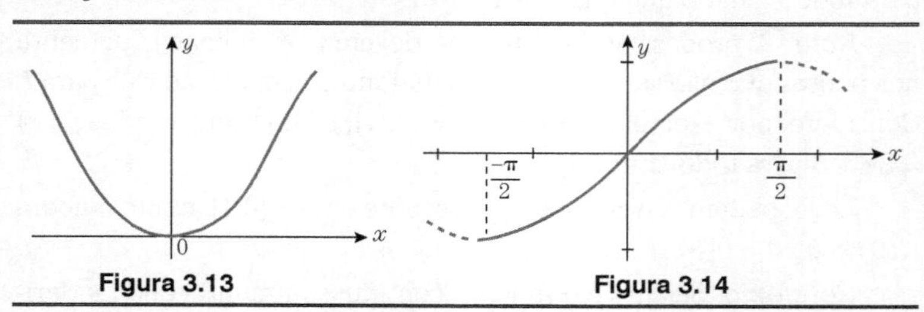

Figura 3.13

Figura 3.14

Exemplo 3.3.2. Idem para $f(x) = \text{sen } x$, $-\dfrac{\pi}{2} \leq x \leq \dfrac{\pi}{2}$ (Fig. 3-14).

Como $f'(x) = \cos x > 0$ para $-\dfrac{\pi}{2} < x < \dfrac{\pi}{2}$, resulta que f é crescente no intervalo $-\dfrac{\pi}{2} \leq x \leq \dfrac{\pi}{2}$.

Exemplo 3.3.3. (Contra-exemplo). Se uma função é contínua num intervalo I, derivável nos pontos x de I que não são extremos de I e é crescente nesse intervalo, é verdade que devemos ter, necessariamente, $f'(x) > 0$ para tais x? A resposta é *não*, como mostra a função $f(x) = x^3$, a qual é crescente, mas $f'(x) = 3x^2$ se anula em 0. (Fig. 3-15).

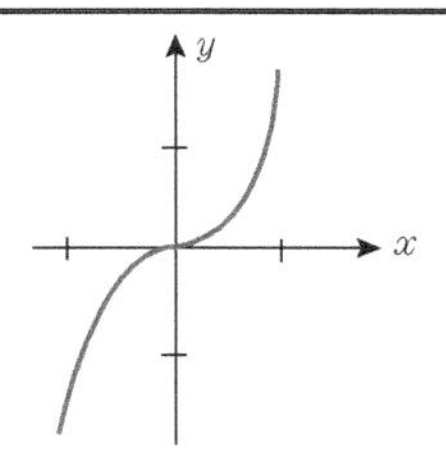

Figura 3.15

Exemplo 3.3.4. Achar os intervalos onde a função $f(x) = x^{2/3}(x + 5)$ é crescente, e aqueles onde é decrescente.

Temos
$$f'(x) = \frac{5}{3}x^{2/3} + \frac{10}{3}x^{-1/3}$$
$$= \frac{5}{3}x^{-1/3}(x+2) \quad (x \neq 0).$$

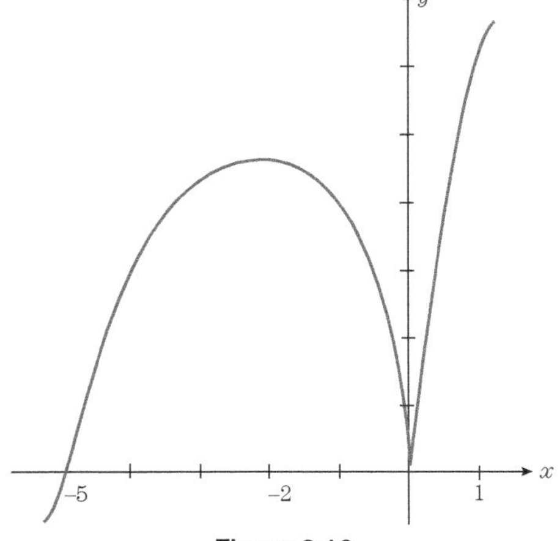

Figura 3.16

Vemos que f não é derivável em 0. Estudando o sinal de f', chega-se facilmente ao seguinte:

$$f'(x) = \begin{cases} > 0 & \text{se} \quad x < -2 \\ < 0 & \text{se} \quad -2 < x < 0, \\ > 0 & \text{se} \quad x > 0. \end{cases}$$

Logo, f é crescente no intervalo $x \leq -2$, decrescente no intervalo $[-2,0]$, e crescente no intervalo $x \geq 0$.

Exemplo 3.3.5. Prove que, se $x \geq -1$, então $x^3 + 6x^2 + 9x \geq -4$. Considere a função $f(x) = x^3 + 6x^2 + 9x + 4$. Como $f'(x) = 3x^2 + 12x + 9$, temos, estudando o sinal dessa função,

$$f'(x) > 0 \quad \text{se} \quad x > -1.$$

Portanto f é crescente no intervalo $x \geq -1$. Logo, por definição de função crescente, teremos

$$x \geq -1 \quad \text{acarreta} \quad f(x) \geq f(-1) = 0,$$

isto é,

$$x \geq -1 \text{ acarreta } x^3 + 6x^2 + 9x + 4 \geq 0.$$

EXERCÍCIOS

3.3.1. Para cada função dada a seguir, dê os intervalos nos quais a função é crescente e aqueles nos quais a função é decrescente. Tente, quando possível, esboçar o gráfico, $f(x) =$

a) $x^2 - x + 1$; b) $x^2 - 1$; c) $ax^2 + bx + c \; (a \neq 0)$;

d) x^3; e) $x^3 - 1$; f) $x^3 - x$;

g) x^4; h) $x^4 - x$; i) x^n, $n = 1, 2, 3....$;

j) $\sqrt{x}\,(x \geq 0)$; l) $\sqrt[3]{x}$; m) $\sqrt[n]{x}$ (se n par, $x \geq 0$);

n) $\dfrac{2x-1}{4x+2}$; o) $\dfrac{1}{(x-1)^2}(x \neq 1)$; p) $\dfrac{x}{(x-8)(x+2)}$ $(x \neq 8, -2)$;

q) $\operatorname{sen} x$, $0 \leq x \leq 2\pi$; r) $\operatorname{sen} x + \cos x$, $0 \leq x \leq \dfrac{\pi}{2}$;

s) $\ln x$, $(x > 0)$; t) $x \ln^2 x$ $(e = 2{,}71 \ldots)$ $(x > 0)$;

u) xe^{-x}; v) $\dfrac{1}{3}(x+1)^3(3x-2)^2$.

3.3.2. Prove que

a) se $x > 0$, então $x - \frac{x^2}{2} < \ln(1+x)$;

b) se $x > 0$, então $\ln(1+x) < x$;

c) se $x > 0$, então $1 + x < e^x$;

*d) se $x > 0$, $x - \frac{x^3}{6} < \operatorname{sen} x < x$.

3.3.3. Derivando $f(x) = -\frac{2}{x^2+1}$ e $g(x) = \frac{x^2-1}{x^2+1}$, chega-se ao mesmo resultado, Explique.

3.3.4. Sejam f e g funções definidas para todo número tais que:

$f'(x) = g_1(x)$, $\quad g'(x) = -f(x)$, $\quad f(0) = 0$, $\quad g(0) = 1$.

a) Prove que $(f(x))^2 + (g(x))^2 = 1$.

Sugestão. Considere a função

$$h(x) = [f(x)]^2 + [g(x)]^2 - 1.$$

Mostre que $h'(x) = 0$; logo, $h(x) = c$. Mostre que $c = 0$.

b) Se f_1, e g_1 são funções definidas para todo número tais que:

$f'_1(x) = g(x)$, $\quad g'_1(x) = -f_1(x)$, $\quad f_1(0) = 0$, $\quad g_1(0) = 1$.

então

$$f = f_1 \quad \text{e} \quad g = g_1.$$

Sugestão. Considere a função

$$s(x) = [f(x) - f_1(x)]^2 + [g(x) - g_1(x)]^2.$$

Mostre que $s'(x) = 0$ e, portanto, $s(x) = k$. Mostre que $k = 0$.

Comentário. Compare f e g com seno e co-seno.

3.3.5. Dado um intervalo aberto I, quantas funções de domínio I existem satisfazendo a

$$\begin{cases} f'(x) = 0, \\ f(x_0) = 3 \quad (x_0 \text{ e um numero de } I)? \end{cases}$$

3.3.6. Seja f uma função definida para todo número tal que

$$f'(x) = f(x),$$
$$f(0) = 1.$$

Mostre que $f(x) = \dfrac{1}{f(-x)}$.

Sugestão. Considere $h(x) = f(x)f(-x)$. Derive e obtenha $h'(x) = 0$.

Comentário. Compare com e^x.

3.3.7. Se f é contínua num intervalo I, derivável em todos os pontos x interiores de I, para os quais se supõe $f'(x) \geq 0$, então, para todo x_1, x_2 de I com $x_1, < x_2$, temos $f(x_1) \leq f(x_2)$.

3.4 MÁXIMOS E MÍNIMOS

Na solução de problemas práticos, frequentemente somos levados a procurar o valor máximo ou o valor mínimo de uma função. Por exemplo, quais devem ser as dimensões de uma caixa sem tampa que se pode construir com uma dada chapa retangular de modo que o volume seja o maior possível? Outro exemplo: dispondo-se de uma quantidade Fixa de aramado, quais devem ser as dimensões de um cercado retangular de modo a englobar maior área possível?

Quando o valor máximo (ou o valor mínimo) procurado se refere a uma função contínua num intervalo fechado e derivável nos pontos interiores do mesmo, já sabemos o que fazer (veja Exer. 3.1.4). Vejamos alguns exemplos de natureza prática, que dão origem a casos como esse.

Exemplo 3.4.1. Considere o circuito da Fig. 3-17. Temos um gerador de força eletromotriz E constante, de resistência interna r, o qual está conectado a uma resistência variável R, que varia de $\frac{r}{2}$ até $4r$. Deseja-se saber qual a máxima e a mínima potência que podem ser despendidas em R.

Pela lei de Ohm, a corrente I que flui no circuito é

$$I = \frac{E}{R + r}.$$

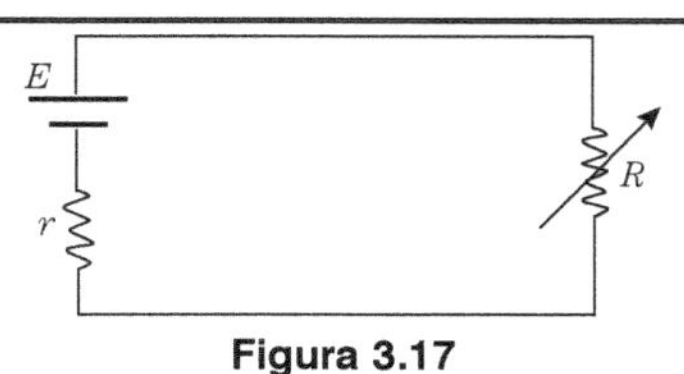

Figura 3.17

Como a potência vale

$$P = RI^2,$$

resulta

$$P = R\left(\frac{E}{R+r}\right)^2 \quad \frac{r}{2} \leq R \leq 4r.$$

Temos

$$\frac{dP}{dR} = E^2 \frac{r-R}{(R+r)^3}.$$

Portanto, igualando a zero, resulta $R = r$, que está no intervalo $[r/2, 4r]$. Temos

$$P(r) = r\left(\frac{E}{r+r}\right)^2 = 0,25\frac{E^2}{r}.$$

Como

$$P\left(\frac{r}{2}\right) \cong 0,22\ \frac{E^2}{r}$$

e

$$P(4r) = 0,16\ \frac{E^2}{r},$$

vem que

$$P(4r) < P\left(\frac{r}{2}\right) < P(r).$$

Então $4r$ é ponto de mínimo de P, e o valor mínimo da potência é

$$P(4r) = 0,16\frac{E^2}{r}.$$

e r é ponto de máximo de P; Logo, a máxima potência será

$$P(r) = 0,25\frac{E^2}{r}.$$

Para você visualizar a situação, utilize o esboço do gráfico de $P(R)$, dado na Fig. 3-18.

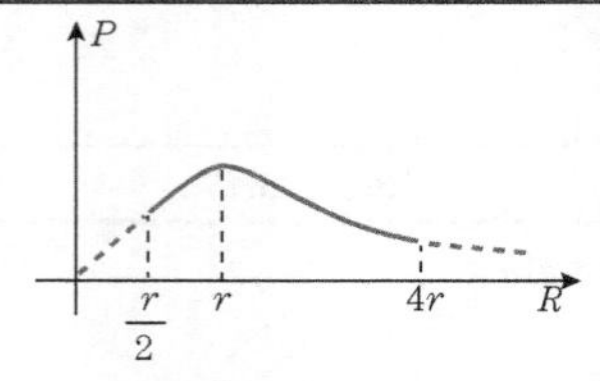

Figura 3.18

Exemplo 3.4.2. Um indivíduo partindo de um ponto A quer chegar a um ponto B (veja Fig. 3-19) no menor tempo possível. Ele caminha a uma velocidade $\nu_1 = 3$ km/h no terreno sombreado, e a $\nu_2 = 4$ km/h na estrada OB. Admita que ele parte de A e caminha em linha reta até chegar em OB. Como deve o indivíduo proceder?

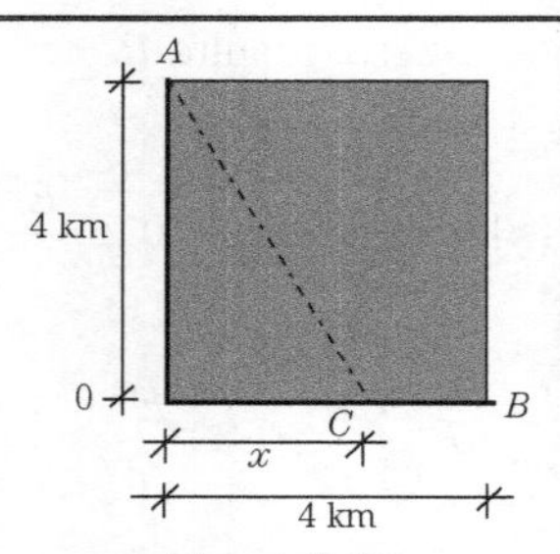

Figura 3.19

Seja C o ponto da estrada, distante x de 0, onde ele chega, para depois se dirigir a B, através da estrada. O tempo total do percurso será

$$T(x) = \frac{\overline{AC}}{\upsilon_1} + \frac{\overline{CB}}{\upsilon_2} = \frac{\sqrt{16 + x^2}}{3} + \frac{4 - x}{4}, \quad 0 \leq x \leq 4.$$

Um cálculo nos fornece

$$T'(x) = \frac{4x - 3\sqrt{16 + x^2}}{12\sqrt{16 + x^2}},$$

que se anula somente em $x = \frac{12}{\sqrt{7}}$, e esse número está fora de [0,4],

Logo, os pontos de máximo e de mínimo devem ocorrer nos extremos. Como

$$T(0) = \frac{7}{3} \cong 2,3.$$

$$T(4) = \frac{4\sqrt{2}}{3} \cong 1,8,$$

resulta que 4 é ponto de mínimo de T e, então, o indivíduo deve ir de A a B em linha reta. O gráfico de T é dado na Fig. 3-19A.

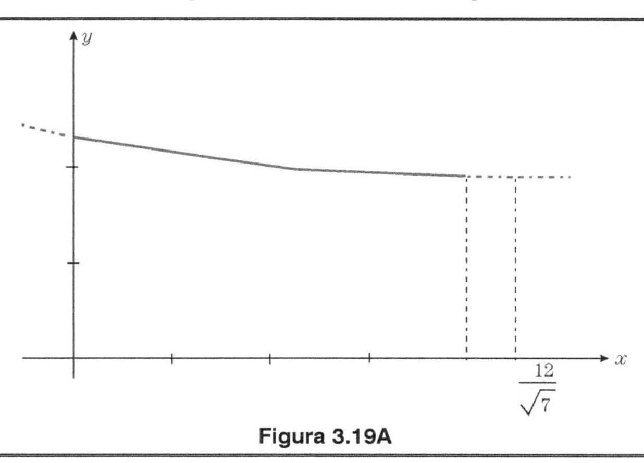

Figura 3.19A

Exemplo 3.4.3. Achar as dimensões de uma caixa sem tampa, de maior volume possível, a ser construída com uma lâmina retangular de zinco de 2 cm por 4 cm (Fig. 3-20).

Sendo x como na figura, resulta, para o volume,

$$V(x) = x(2 - 2x)(4 - 2x), \quad 0 < x < 1.$$

Aqui consideraremos $0 \leq x \leq 1$, para podermos aplicar os resultados. Derivando, chegamos a

$$V'(x) = 4\left(3x^2 - 6x + 2\right),$$

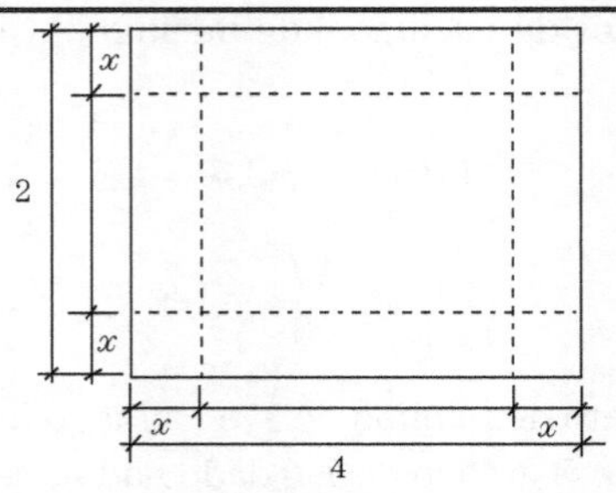

Figura 3.20

cujas raízes são $x = \dfrac{3+\sqrt{3}}{3}$ e $x = \dfrac{3-\sqrt{3}}{3}$, das quais apenas $x = \dfrac{3-\sqrt{3}}{3}$ pertence a $(0,1)$.

Como

$$V(0) = 0, \quad V\left(\frac{3-\sqrt{3}}{3}\right) = \frac{8}{9}\sqrt{3}, \quad V(1) = 0,$$

vemos que $\dfrac{3-\sqrt{3}}{3}$ é o ponto de máximo de V, no intervalo $[0,1]$, logo, será também no intervalo $(0,1)$. As dimensões devem ser $\dfrac{3-\sqrt{3}}{3}, \dfrac{2\sqrt{3}}{3}, \dfrac{2}{3}\left(3+\sqrt{3}\right)$.

O gráfico de V é dado na Fig. 3-21.

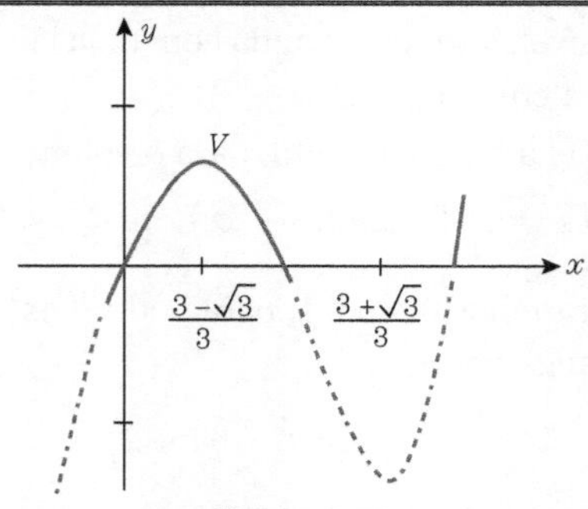

Figura 3.21

Existem problemas que nos conduzem à procura de valores máximos e mínimos de uma função num intervalo que não é fechado. Um critério útil que muitas vezes pode ser utilizado é o dado a seguir.

Proposição 3.4.1. Seja f uma função contínua num intervalo I e derivável no seu interior. Se, para um ponto c desse interior, verificarem-se

a) $f'(x) < 0$ ($f'(x) > 0$) para todo x do interior de I tal que $x < c$ e

b) $f'(x) > 0$ ($f'(x) < 0$) para todo x do interior de I tal que $x > c$,

então c é ponto de mínimo (máximo) de f em I.

Prova. Decorre da Proposição 3.3.1 que f é decrescente (crescente) no intervalo constituído pelos x de I tais que $x \leq c$, e é crescente (decrescente) no constituído pelos x de I tais que $x \geq c$ (Fig. 3-22).

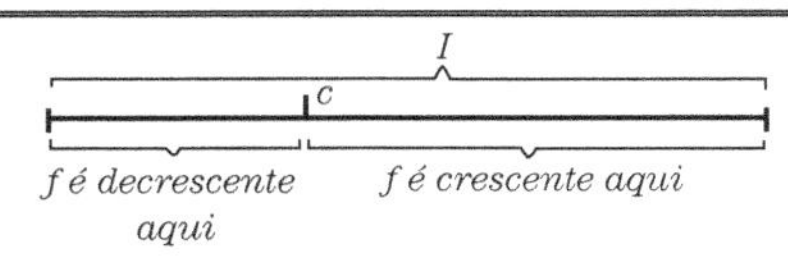

Figura 3.22

Isso quer dizer precisamente que $f(c) \leq f(x)$ ($f(c) \geq f(x)$) para todo x de I, e a afirmação se segue.

Nota. Como se vê pela prova acima, é dispensável ser f derivável em c.

Exemplo 3.4.4. Entre todos os retângulos de mesma área (dada), qual o que tem menor perímetro?

Sendo a a área dos retângulos, e x, um dos lados, o outro será a/x e o perímetro será

$$f(x) = 2\left(x + \frac{a}{x}\right), \quad x > 0.$$

Como estamos procurando um ponto c de mínimo de f no intervalo aberto $x > 0$, devemos ter (Lema da Sec. 3.1)

$$f'(c) = 0$$

$$\therefore \quad 2\left(1 - \frac{a}{c^2}\right) = 0 \quad \therefore c = \pm\sqrt{a}.$$

Só serve $c = \sqrt{a}$, pois $-\sqrt{a}$, não pertence ao intervalo $x > 0$. Como $f'(x) < 0$ para $0 < x < c$ e $f'(x) > 0$ para $x > c$, como é fácil ver, temos que $c = \sqrt{a}$ é ponto de mínimo de f. Logo os lados devem ser $\sqrt{a}$ e $\frac{a}{\sqrt{a}} = \sqrt{a}$, ou seja, o quadrado é o que tem menor perímetro.

Exemplo 3.4.5. (Método dos mínimos quadrados.) Dados n números $a_1, a_2, ..., a_n$, achar x tal que a soma

$$f(x) = \sum_{i=1}^{n} (x - a_i)^2$$

seja mínima.

Aqui x varia no conjunto de todos os números. O número c que minimiza a soma, se existe, é solução de

$$f'(c) = 0.$$

Mas

$$f'(x) = 2[nx - (a_1 + \ldots + a_n)]$$

$$\therefore c = \frac{a_1 + \ldots + a_n}{n}.$$

Como $f'(x) < 0$ se $x < c$ e $f'(x) > 0$ se $x > c$, segue-se que c é ponto de mínimo de f no conjunto de todos os números.

Às vezes, o estudo do sinal de f' é complicado, e um critério utilizando a derivada segunda de f é mais conveniente:

Proposição 3.4.2. Seja f uma função contínua num intervalo I, em cujo interior f' é contínua e $f''(x) > 0$ ($f''(x) < 0$). Se c é um ponto desse interior tal que $f'(c) = 0$, então c é ponto de mínimo (máximo) de f em I.

Prova. Suporemos a condição $f''(x) > 0$, deixando o outro caso para o leitor.

Seja x um ponto qualquer do interior de I. Aplicando o teorema do valor médio a f' no intervalo de extremos c e x, vem

$$f'(x) - f'(c) = f''(d)(x - c),$$

onde d é um número entre x e c. Por hipótese, temos $f'(c) = 0$, de modo que a relação acima fica

$$f'(x) = f''(d)(x - c).$$

Então, como $f''(d) > 0$, temos que

$$f'(x) < 0 \quad \text{se} \quad x < c$$

e

$$f'(x) > 0 \quad \text{se} \quad x > c.$$

Como f é contínua em I, o resultado segue da proposição anterior.

Exemplo 3.4.6. (Reflexão da luz). Um raio luminoso parte de um ponto A, incide sobre a superfície de um espelho, e atinge o ponto B (veja Fig. 3-23). Mostre que o ângulo de incidência i é igual ao ângulo de reflexão r, usando o princípio de Fermat, segundo o qual o tempo gasto pela luz deve ser mínimo.

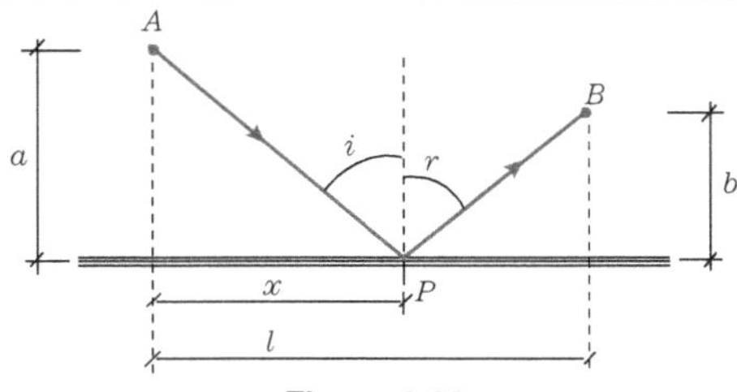

Figura 3.23

Sejam a, b, l, x como na figura (a, b, l positivos). Sendo v a velocidade da luz, temos para o tempo de percurso:

$$T(x) = \frac{\overline{AP}}{v} + \frac{\overline{PB}}{v} = \frac{\sqrt{a^2 + x^2} + \sqrt{(l - x)^2 + b^2}}{v},$$

de onde obtemos

$$T'(x) = \frac{1}{v}\left[\frac{x}{\sqrt{a^2 + x^2}} - \frac{l - x}{\sqrt{b^2 + (l - x)^2}}\right].$$

A equação $T'(x) = 0$ nos dá a raiz

$$c = \frac{a}{a + b} l.$$

Um cálculo desagradável nos fornece

$$T''(x) = \frac{1}{v}\left[\frac{a^2}{\sqrt{\left(x^2+a^2\right)^3}} + \frac{b^2}{\sqrt{\left[(x-l)^2+b^2\right]^3}}\right] > 0,$$

o que mostra, pela proposição anterior, que o tempo mínimo se verifica para $c = \dfrac{a}{a+b}l$.

Pela figura (substituindo x por c), vemos

$$\operatorname{tg} i = \frac{c}{a} = \frac{\frac{a}{a+b}l}{a} = \frac{l}{a+b}$$

$$\operatorname{tg} r = \frac{l-c}{b} = \frac{l-\frac{a}{a+b}l}{b} = \frac{l}{a+b}$$

$$\therefore \operatorname{tg} i = \operatorname{tg} r$$

$$\therefore i = r. \text{ (Por quê?)}$$

O resultado podia ser provado também notando que $T'(c) = 0$ equivale a

$$\frac{c}{\sqrt{a^2+c^2}} = \frac{l-c}{\sqrt{b^2+(l-c)^2}},$$

isto é,

$$\operatorname{sen} i = \operatorname{sen} r$$

$$\therefore \quad i = r.$$

Nota. Para concluir que c é ponto de mínimo de T, podemos evitar o cálculo de T'' da seguinte maneira. Devemos ter $T'(x) \neq 0$ para todo $x < c$, pois c é a única raiz de T', e, por ser T' contínua no intervalo $x < c$, T' não muda de sinal nesse intervalo, senão, pelo teorema de Bolzano, haveria um zero de T' no mesmo. Como

$$T'(0) = -\frac{l}{v\sqrt{b^2+l^2}} < 0,$$

então $T'(x) < 0$ para $x < c$. Do mesmo modo se chega a $T'(x) > 0$ para $x > c$. Basta usar agora a Proposição 3.4.1.

Exemplo 3.4.7. Deseja-se construir um recipiente cilíndrico (sem tampa) de V litros de capacidade. Quais as dimensões do recipiente que requerem o mínimo de material?

Sejam h e r a altura e o raio da base do cilindro, respectivamente. (Fig. 3-24) Devemos ter

$$V = \pi r^2 h$$

Para o mínimo de material, devemos calcular a área da superfície e minimizá-la:

$$A(r) = \pi r^2 + 2\pi rh.$$

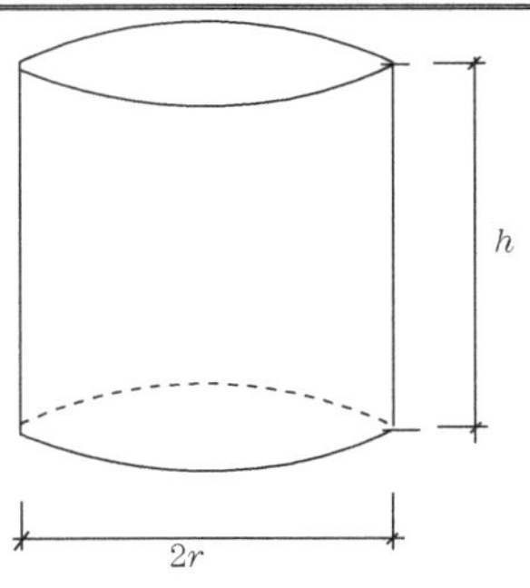

Figura 3.24

Da fórmula do volume, vem

$$h = \frac{V}{\pi r^2}$$

$$\therefore\ A = \pi r^2 + \frac{2V}{r} = A(r), \quad r > 0,$$

de onde

$$A'(r) = 2\pi r - \frac{2V}{r^2}.$$

Igualando a 0, resulta

$$r = \sqrt[3]{\frac{V}{\pi}}.$$

Como $A''(r) = 2\pi + \dfrac{4V}{r^3} > 0\ (r > 0)$, concluímos que $\sqrt[3]{\dfrac{V}{\pi}}$ é ponto de mínimo de A, e é a resposta procurada.

Nota. Problemas como este podem ser resolvidos de uma outra maneira, que, eventualmente, dá menos trabalho. Ao invés de procurar exprimir todas as variáveis em função de uma só (como fizemos, exprimindo A em função de r), apenas consideramos que isso pode ser feito e utilizamos uma expressão que defina tal função implicitamente. Por exemplo, na relação

$$A(r) = \pi r^2 + 2\pi rh,$$

consideramos h como função de r. Derivando,

$$A'(r) = 2\pi r + 2\pi(h + rh'(r)).$$

Precisamos calcular $h'(r)$. Sendo

$$V = \pi r^2 h,$$

considerando novamente h como função de r, vem, derivando,

$$O = V' = 2\pi rh + \pi r^2 h'(r)$$

$$\therefore h'(r) = -\frac{2h}{r}.$$

Substituindo na expressão de $A'(r)$:

$$A'(r) = 2\pi(r - h),$$

que se anula para $r = h$.

Esse valor, levado na fórmula de V, nos dá

$$V = \pi r^2 h = \pi r^3$$

$$\therefore r = \sqrt[3]{\frac{V}{\pi}}.$$

Para o cálculo de $A''(r)$ usamos a expressão encontrada de $A'(r)$:

$$A''(r) = \left[2\pi(r - h)\right]' = 2\pi(1 - h'(r)) = 2\pi\left(1 + \frac{2h}{r}\right) > 0$$

e $\sqrt[3]{\frac{V}{\pi}}$ é ponto de mínimo de A.

Na Fig. 3-25. apresentamos os gráficos de $A(r)$ para $V = 1$, $V = 2$ e $V = 3$.

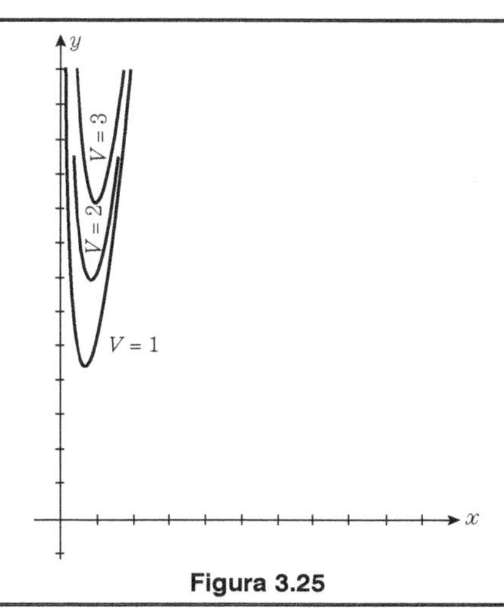

Figura 3.25

Um problema que frequentemente surge na prática é o de determinar o andamento de uma função $y = f(x)$ ao variar x. Isso é obtido, por exemplo, esboçando-se o seu gráfico. Para esse efeito, é bastante importante conhecer os pontos do gráfico nos quais se apresentam "picos" e "vales". Observe a Fig. 3-26, onde se representa o gráfico de uma função.

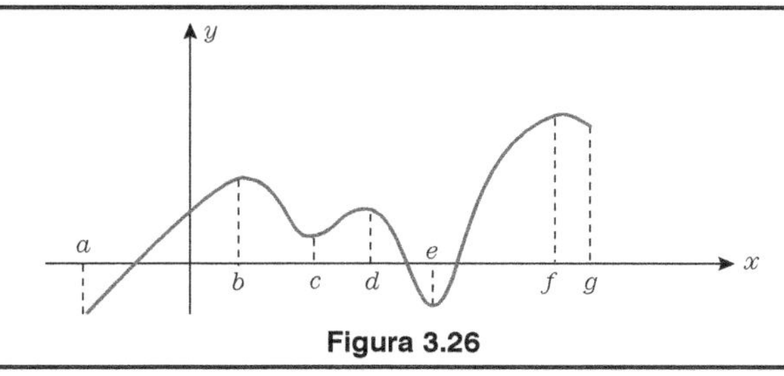

Figura 3.26

Os pontos do gráfico correspondentes a b, d, f são "picos"; e os correspondentes a a, c, e, g, pontos de "vale".

Note que, se consideramos valores de x suficientemente próximos de b, esse ponto fica parecido com ponto de máximo da função, embora não seja isso. Na verdade, ele é ponto de máximo "naquele local vizinho a b". O mesmo sucede com os pontos d e f. Analogamente, os pontos a, c, e, g se parecem com pontos de mínimo da função.

Essas considerações motivam a definição dada a seguir.

Seja f uma função de domínio D,e $c \in D$. Dizemos que c é *ponto de máximo* local de f se existe $r > 0$ tal que

$$x \in D \cap (c - r, c + r) \Rightarrow f(x) \leq f(c),$$

e nesse caso $f(c)$ é dito um *(valor) máximo local de f*. Trocando $\leq$ por $\geq$ teremos *ponto de mínimo local* e *(valor) mínimo local de f*.

Eis duas proposições que reconhecem pontos de máximo e mínimo locais.

Proposição 3.4.3. Seja f uma função contínua num ponto c. Suponha que existe um intervalo (a,b) contendo c tal que $f'(x) < 0$ para $a < x < c$ e $f'(x) > 0$ para $c < x < b$. Então c é ponto de mínimo local de f. Trocando entre si $f'(x) > 0$ e $f'(x) < 0$ no enunciado, a conclusão é que c é ponto de máximo local de f.

Prova. Decorre da Proposição 3.4.1 e da nota após sua prova.

Proposição 3.4.4. Seja c um ponto do domínio de uma função f tal que $f'(c) = 0$. Então

a) se $f''(c) > 0$, c é ponto de mínimo local de f;

b) se $f''(c) < 0$, c é ponto de máximo local de f.

Prova. Por definição,

$$f''(c) = \lim_{h \to 0} \frac{f'(c+h) - f'(c)}{h}.$$

Como

$$f'(c) = 0,$$

$$f''(c) = \lim_{h \to 0} \frac{f'(c+h)}{h}.$$

Suponha que $f''(c) > 0$. Então, para h suficientemente pequeno,*

deve ser $\dfrac{f'(c+h)}{h} > 0$, e, daí,

$$f'(c+h) > 0 \quad \text{se} \quad h > 0;$$

---

* Quer dizer, existe $h_0 > 0$ tal que h varia no intervalo $(-h_0, h_0)$.

$$f'(c + h) < 0 \quad \text{se} \quad h < 0.$$

A conclusão segue da proposição anterior.

Nota. Uma explicação geométrica do fato de aparecer a derivada segunda nesta proposição será possível em termos de concavidade de gráfico, matéria que será vista na próxima seção.

Exemplo 3.4.8. Achar os pontos de máximo local e de mínimo local da função

$$f(x) = x^3 - x + \frac{2\sqrt{3}}{9}.$$

Temos

$$f'(x) = 3x^2 - 1,$$

cujas raízes são $\frac{\sqrt{3}}{3}$ e $-\frac{\sqrt{3}}{3}$.

Como $\quad f''(x) = 6x$, resulta

$$f''\left(\frac{\sqrt{3}}{3}\right) = 2\sqrt{3} > 0$$

e

$$f''\left(-\frac{\sqrt{3}}{3}\right) = -2\sqrt{3} < 0.$$

Então $-\frac{\sqrt{3}}{3}$ é ponto de máximo local e $\frac{\sqrt{3}}{3}$ é ponto de mínimo local de f.

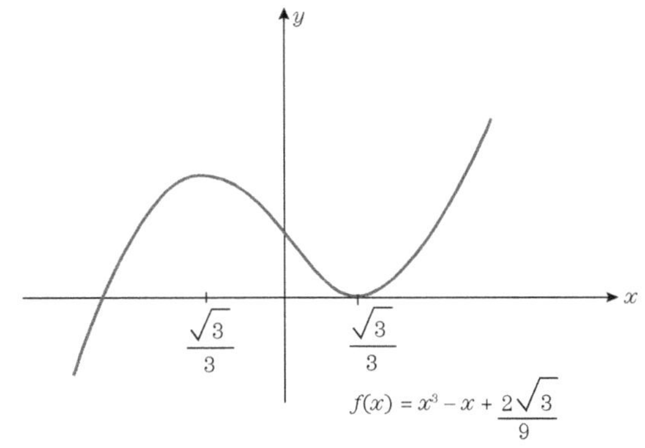

Figura 3.27

Nota. Se $f'(c) = 0$ e $f''(c) = 0$, nada se pode afirmar, pois, se $f(x) = x^4$, 0 é ponto de mínimo local e $f'(0) = 0, f''(0) = 0$: e, se $f(x) = x^3$, $f'(0) = 0, f''(0) = 0$ e 0 não é nem ponto de mínimo local nem de máximo local. Para se decidir que tipo de ponto é c, nesse caso é preciso lançar-se mão de derivadas de ordens mais altas. Veremos isso quando estudarmos a fórmula de Taylor. Veja, porém, o Exer. 3.4.15.

EXERCÍCIOS

3.4.1. Um fazendeiro quer construir um galinheiro retangular de modo que um dos lados seja uma parte de um muro de que ele dispõe. Sabendo que o fazendeiro possui l metros de aramado, dimensionar o galinheiro de modo que as galinhas tenham o maior espaço possível para seus afazeres.

3.4.2. Uma janela deve ter a forma de um retângulo encimado por uma semicircunferência. Sendo seu perímetro fixo, achar a relação entre a base e a altura da parte retangular se se requer área máxima de abertura.

*3.4.3. Um arame de comprimento l deve ser cortado de modo a se obterem dois pedaços, um dos quais é usado para construir um círculo e o outro para construir um quadrado. Como deve ser feito o corte para que a soma das áreas englobadas pelas duas peças seja

a) mínima? b) máxima?

3.4.4. Dentre todos os triângulos retângulos tendo mesma soma dos catetos,

a) qual o de área máxima?

b) qual o de hipotenusa mínima?

3.4.5. Achar o trapézio (isósceles) de maior área inscrito num semicírculo dado, sendo sua base maior o diâmetro desse semicírculo.

3.4.6. Retira-se de um disco um setor e, com a parte restante, constrói-se um cone. Achar o ângulo central do setor removido de modo que o cone tenha volume máximo.

3.4.7. Inscrever numa esfera dada

a) o cilindro de área lateral máxima;

b) o cone de volume máximo;

c) o cone de área lateral máxima.

3.4.8. Escrever um número como soma de dois números de produto máximo.

3.4.9. Sobre um pedestal de altura H coloca-se uma estátua de altura h. A que distância do conjunto deve se postar um observador para que veja a estátua sob ângulo máximo?

3.4.10. No lançamento oblíquo de um projétil no vácuo, qual o ângulo que dá o maior alcance para uma velocidade escalar inicial fixada?

3.4.11. a) Achar o ponto do gráfico de $f(x) = x^2$ que está mais próximo do ponto $P = (0,1)$.

b) Idem para $f(x) = \sqrt{x+1}, \quad P = (0,0)$.

c) Idem para $f(x) = \sqrt{x-1}, \quad P = (0,0)$.

3.4.12. (Lei da refração da luz). Dois meios (I) e (II) estão separados por uma superfície. A velocidade da luz é v_1 no meio (I) e v_2 no meio (II). Se um raio luminoso parte de um ponto A_1 de (I) e atinge A_2 em (II), o caminho é tal que o tempo gasto é mínimo (Fermat). Mostre que o raio cruzará a superfície num ponto B (veja Fig. 3-28) tal que

$$\frac{\operatorname{sen}\theta_1}{\upsilon_1} = \frac{\operatorname{sen}\theta_2}{\upsilon_2}$$

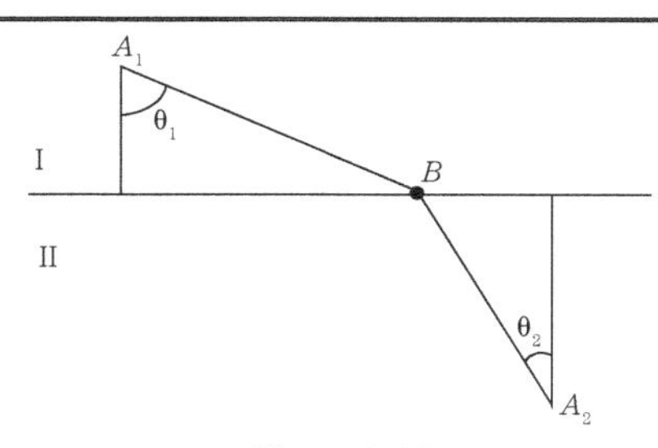

Figura 3.28

3.4.13. Achar os pontos de máximo local e de mínimo local de f, sendo $f(x) =$

a) $\dfrac{x^2+1}{x}$; b) $\dfrac{x}{x^2+1}$; c) $2x^2 - 6x + \sqrt{3}$;

d) $x^4 - 4x^3 + 4x^2 - 1$; e) $\dfrac{x^2-5x+9}{x^2-6x+9}$;

f) $\dfrac{\operatorname{sen} x - \cos x + 2}{1 + \operatorname{sen}^2 x + (\cos x)(\cos x - 1)}$; g) $e^x - x + 3$;

h) $\cosh x$; i) $\operatorname{senh} x$; j) xe^x;

l) $x(1 + x)^2(1 - x)^3$; m) $\dfrac{(2 - x)^3}{2(1 - x)}$; n) 3^x.

3.4.14. Como devem ser a e b para que a função $f(x) = ax - b \ln(1 + x^2)$ tenha

a) 2 como ponto de mínimo local;

b) –2 como ponto de máximo local.

3.4.15. a) Se f é uma função contínua em c e existe um intervalo (a,b) contendo c tal que $f'(x) > 0$ se $a < x < c$ e $f'(x) > 0$ se $c < x < b$, então c não é ponto de máximo local nem de mínimo local de f.

O mesmo resultado vale se no enunciado trocamos $f'(x) > 0$ por $f'(x) < 0$.

b) Mostre que 0 não é ponto de máximo local nem de mínimo local de $f(x) = x^3$.

c) Existem a e b tais que a função do Exer. 3.4.14 tenha 1 como ponto de máximo local? (mínimo local?)

3.4.16. Mostre que 0 é ponto de mínimo local de $f(x) = x^4$. Idem para $f(\mathrm{x}) = x^{2n}$, n natural.

3.4.17. É dado o gráfico da derivada de uma função. Dar os pontos de máximo local e de mínimo local da função nos casos:

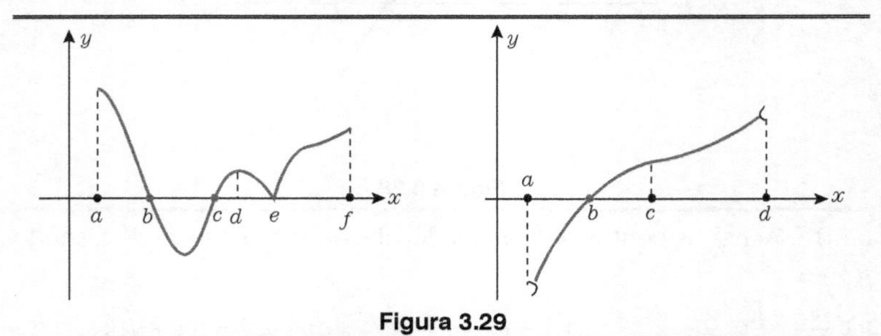

Figura 3.29

O que se pode concluir sobre a existência de pontos de máximo e de mínimo?

3.5 APLICAÇÃO DO TEOREMA DO VALOR MÉDIO: CONCAVIDADE

Nesta seção veremos que informação geométrica é dada pela derivada de segunda ordem de uma função.

Suponha que f seja uma função contínua num intervalo I, em cujo interior esteja definida f'' Suponha também que, para todo ponto x interior de I, verifique-se $f''(x) > 0$. Como f'' é a derivada de f', isso significa que f' é crescente no interior de I. (Veja Proposição 3.3.1). Portanto, à medida que x cresce, o coeficiente angular da tangente deve aumentar, e a reta tangente "roda" no sentido anti-horário. Na Fig. 3-30, é mostrado um caso típico dessa situação.

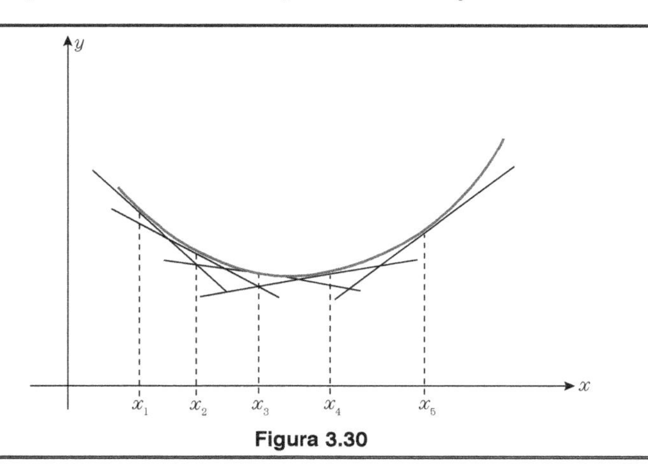

Figura 3.30

Observe: $x_1 < x_2 < x_3 < x_4 < x_5$ e $f'(x_1) < f'(x_2) < f'(x_3) < f'(x_4) < f'(x_5)$.

Quando ocorre um caso como o da figura, dizemos que a função tem concavidade para cima. Se, nas considerações feitas, tivéssemos suposto $f''(x) < 0$, o aspecto do gráfico de um caso típico seria o mostrado na Fig. 3-31 e, nesse caso, diz-se que f tem concavidade para baixo.

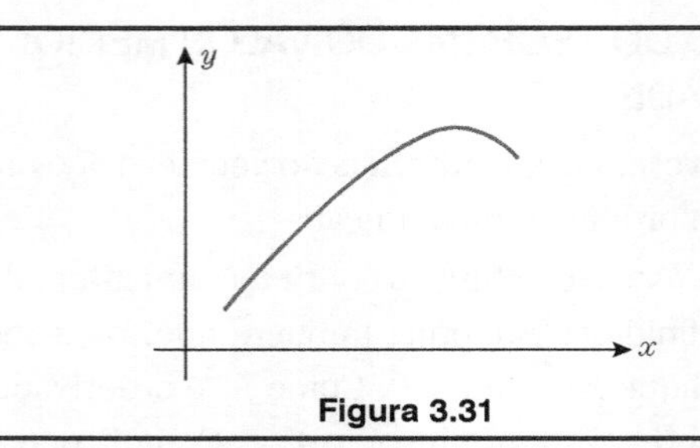

Figura 3.31

A fim de formalizarmos a definição de concavidade para cima e para baixo, observemos que, no primeiro caso, traçando a tangente em qualquer ponto do gráfico, com exceção do ponto de tangência, todos os pontos do gráfico ficam acima da tangente, (no segundo caso, todos ficam abaixo, com exceção do ponto de tangência).* Analiticamente, isso pode ser expresso por (veja Fig. 3-32).

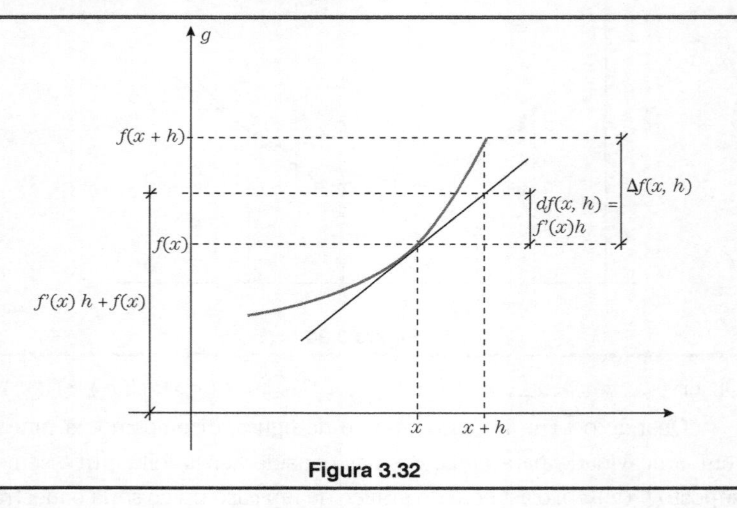

Figura 3.32

$$\Delta f(x,h) > df(x,h),$$

* A matéria a seguir pode ser deixada de lado numa primeira leitura.

isto é,

$$f(x+h)-f(x)>f'(x)h$$

$\therefore f(x+h)>f(x)+f'(x)h$, para certos x e h.

Precisamente, damos a seguinte definição:

Seja f uma função contínua num intervalo I e derivável no seu interior.** Diremos que f *tem concavidade para cima (para baixo) em* I se, para todo x interior de I e $h \neq 0$ com $x+h$ em I, verifica-se

$$\Delta f(x,h) > df(x,h) \qquad (\Delta f(x,h) < df(x,h)).$$

Proposição 3.5.1. Seja f uma função contínua num intervalo I. Suponha que, no interior de I, f' seja contínua e f'' esteja definida. Então, se $f''(x) > 0$ ($f''(x) < 0$) para todo ponto x interior de I, temos que f possui concavidade para cima (para baixo) em I.

Prova. Temos, para todo x do interior de I e $h \neq 0$ tal que $x+h$ pertence a I,

$$\Delta f(x,h)-df(x,h)=f(x+h)-f(x)-hf'(x)=$$
$$=f'(c)h-hf'(x)=h\big(f'(c)-f'(x)\big)=hf''(d)(c-x),$$

onde c é um ponto entre x e $x+h$, e d, um ponto entre c e x. (Aplicamos duas vezes o teorema do valor médio. Uma vez a f e uma vez a f'.)

Temos, por hipótese, que $f''(d) > 0$. Por outro lado, o produto $h(c-x)$ é sempre positivo para $h \neq 0$ (veja Fig. 3-33).

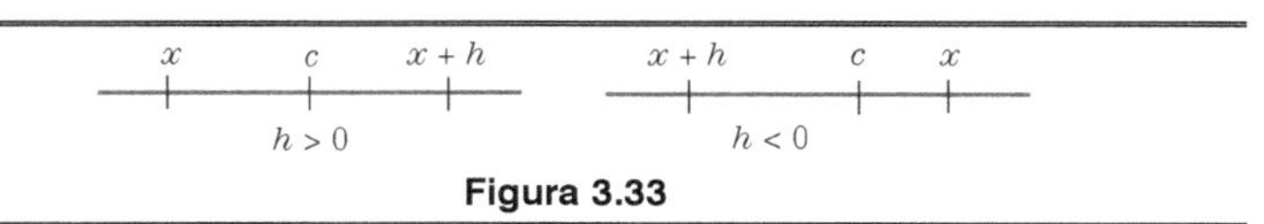

Figura 3.33

Logo, $\Delta f(x,h) - df(x,h) > 0$. O outro caso é deixado como exercício.

Exemplo 3.5.1. Dada $f(x) = \text{sen } x$, $0 \le x \le 2\pi$, achar em quais intervalos a função tem concavidade para cima e em quais tem concavidade para baixo (Fig. 3-34).

** Existe uma definição mais geral, que não exige diferenciabilidade.

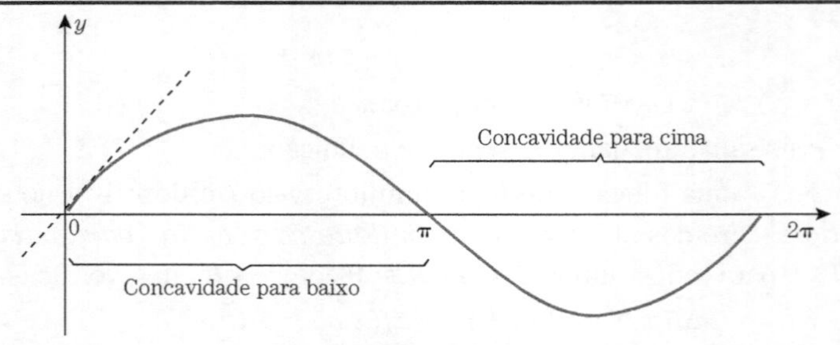

Figura 3.34

Temos $f''(x) = -\text{sen}\, x$. Logo, $f''(x) < 0$ se $0 < x < \pi$ e então f tem concavidade para baixo em $[0,\pi]$.

Se $\pi < x < 2\pi$, $f''(x) > 0$, e então f tem concavidade para cima em $[\pi, 2\pi]$.

Exemplo 3.5.2. Idem para $f(x) = \ln x$, $x > 0$. (Fig. 3-35).

Temos $f''(x) - \dfrac{1}{x^2} < 0$; logo, f tem concavidade para baixo no seu domínio.

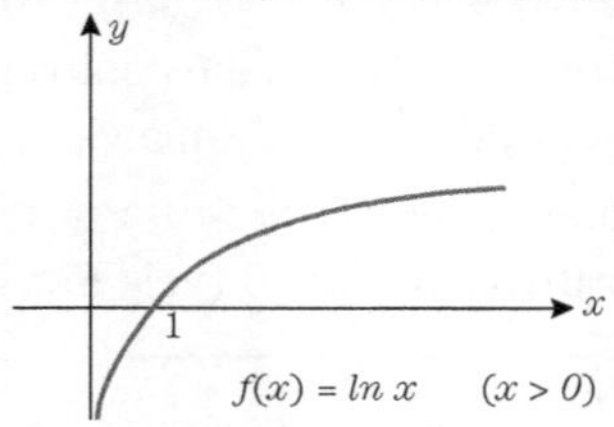

Figura 3.35

Exemplo 3.5.3. Idem para $f(x) = \dfrac{x^2 + x - 3}{x + 1} (x \neq -1)$ (Fig. 3-36).

Através de um cálculo fácil chega-se a que

$$f''(x) = -\frac{6}{(x+1)^3} \quad (x \neq -1).$$

Se $x < -1$, vemos que $f''(x) > 0$, e f tem concavidade para cima no intervalo $x < -1$.

Para todo x do intervalo $x > -1$, temos $f''(x) < 0$, e f tem concavidade para baixo nesse intervalo.

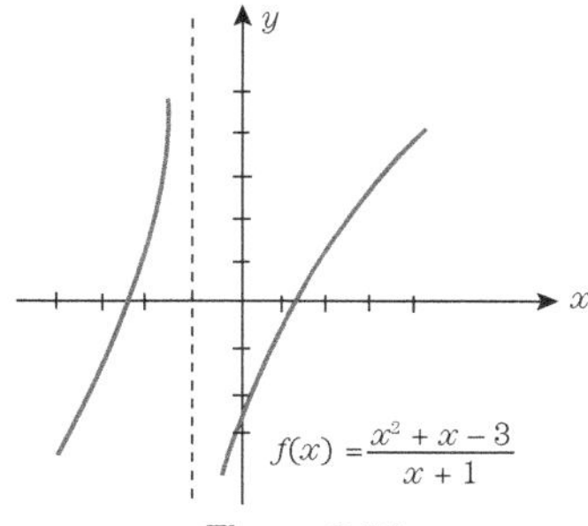

Figura 3.36

Nota. Reexamine agora os enunciados das Proposições 3.4.2 e 3.4.4, tendo presente o que se fez com relação à concavidade Os resultados dessas proposições agora deverão parecer-lhe naturais.

Suponha que f seja derivável num ponto c, e que existam a e b tais que $a < c < b$ e

$$f''(x) > 0 \quad (f''(x) < 0) \quad \text{para} \quad a < x < c,$$
$$f''(x) < 0 \quad (f''(x) > 0) \quad \text{para} \quad c < x < b.$$

Nesse caso, c é chamado *ponto de inflexão de* f.

Sugestivamente, podemos dizer que, num ponto de inflexão, a função muda sua concavidade.

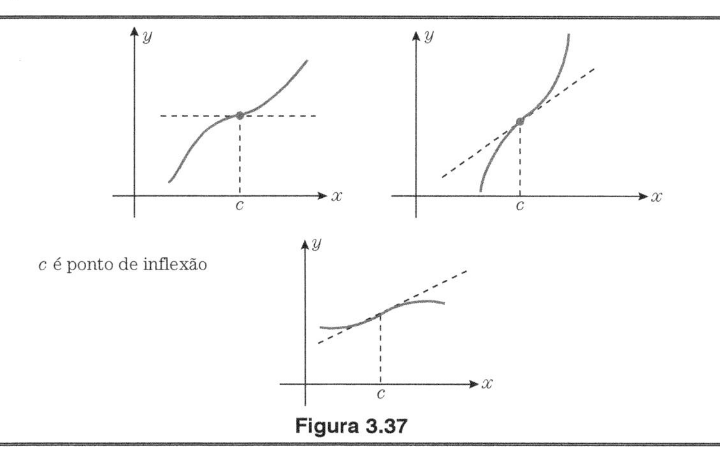

Figura 3.37

Admita que f'' seja contínua em (a,b) (notação e hipóteses como na definição anterior). Tomados um ponto m de (a,c) e um ponto n de (c,b), $f''(m)$ e $f''(n)$ têm sinais contrários, por hipótese. Pelo teorema de Bolzano, existe um ponto de (m,n) no qual f'' se anula, o qual só pode ser c em vista das hipóteses feitas.

Provamos assim, a proposição que segue.

Proposição 3.5.2. Seja c ponto de inflexão de uma função f. Se f'' for contínua em c, então $f''(c) = 0$.

Exemplo 3.5.4. Achar os pontos de inflexão de $f(x) = \text{sen}\, x$, $0 \leq x \leq 2\pi$.

Como $f''(x) = -\text{sen}\, x$ é contínua, se existir ponto de inflexão, deveremos ter $f''(c) = 0$, $0 < c < 2\pi$.

No caso, temos $c = \pi$. Como $f''(x) < 0$ para $x < \pi$ e $f''(x) > 0$ para $x > \pi$, segue-se que $c = \pi$ é ponto de inflexão.

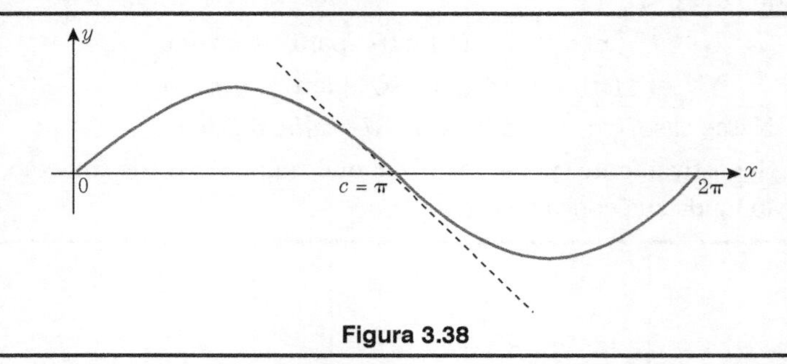

Figura 3.38

Exemplo 3.5.5. (Contra-exemplo). O fato de $f''(c) = 0$ não acarreta que c seja de inflexão. Por exemplo, para $f(x) = x^4$, temos $f''(x) = 12x^2$. Então $f''(0) = 0$, mas 0 não é evidentemente ponto de inflexão de f, pois $f''(x) > 0$ para todo $x \neq 0$.

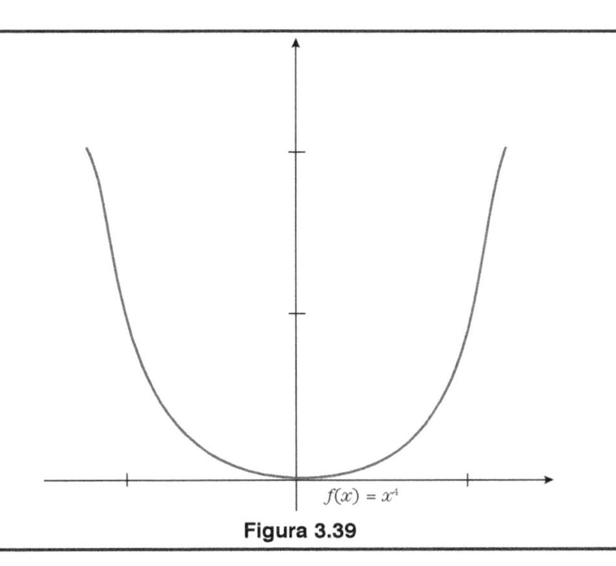

Figura 3.39

EXERCÍCIOS

Nos exercícios a seguir, estudar a concavidade e os pontos de inflexão de $f(x) =$

3.5.1. x^2. 3.5.2. $2x^2$. 3.5.3. $ax^2 + bx + c$ (a $\neq 0$).

3.5.4. x^3. 3.5.5. $x^5 + x$. 3.5.6. e^{-x^2}.

3.5.7. $\dfrac{1}{x}$. 3.5.8. $\dfrac{x^2}{1+x}$. 3.5.9. $\dfrac{1}{1+x^2}$.

3.5.10. $(1 + x^2)e^x$. 3.5.11. $x^2\sqrt{x+1}$. 3.5.12. $\sqrt[3]{x^2}$.

3.5.13. $\dfrac{2\operatorname{sen} x + x}{2}$. 3.5.14. $-\dfrac{3x^3}{\ln x}$.

3.6 ESBOÇO DE GRÁFICOS DE FUNÇÕES

As informações das seções anteriores são de grande valia no traçado de gráficos de curvas, como é claro. No entanto é desejável que se tenha uma ideia do comportamento de uma função para valores de x "muito grandes" e para valores de x "muito negativos". Expliquemos melhor, dando um exemplo. Considere a função $f(x) = 1/x$, $(x \neq 0)$. É intuitivo que, quando x é muito grande, $1/x$ é muito pequeno. Quanto maior x, mais $1/x$ se aproxima de 0 (veja a Fig. 3-40).

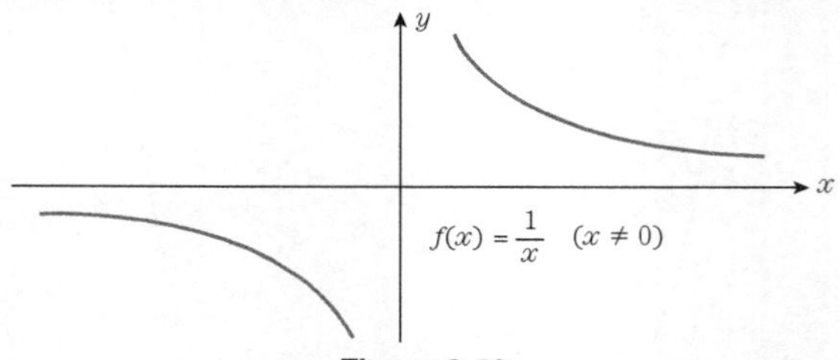

Figura 3.40

Indica-se o fato escrevendo $\lim_{x \to +\infty} \frac{1}{x} = 0$.

Se x se torna muito negativo, por exemplo, $x = -1\,000\,000$, $\frac{1}{x}$ também se aproxima de 0 (no caso, $\frac{1}{x} = \frac{1}{-1\,000\,000} = -0{,}000001$). O fato é indicado assim:

$$\lim_{x \to -\infty} \frac{1}{x} = 0.$$

Veja mais exemplos através da Fig. 3-41.

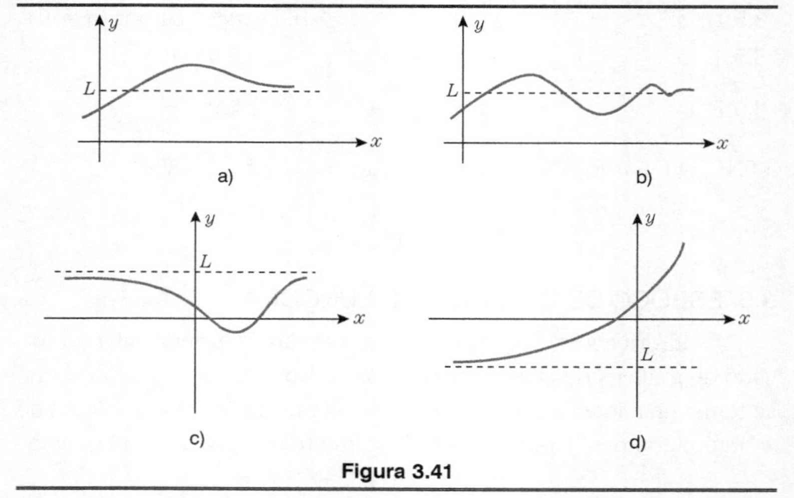

Figura 3.41

Nos casos (a), (b) e (c), temos $\lim_{x \to +\infty} f(x) = L$ e, nos casos (c) e (d), temos $\lim_{x \to -\infty} f(x) = L$.

Formalmente, seja f uma função cujo domínio contém um intervalo da forma $x \geq a$. Então dizemos que *f tende a L para x tendendo a mais infinito* e indicamos $\lim_{x \to +\infty} f(x) = L$ se, dado $\varepsilon > 0$, existe um número b tal que, para todo $x > b$, temos $|f(x) - L| < \varepsilon$.

Na Fig. 3-42, você pode observar que, a partir de b, o gráfico da função fica inteiramente contido na faixa sombreada; e, para cada $\varepsilon > 0$, você encontra um b e constrói uma faixa do mesmo tipo.

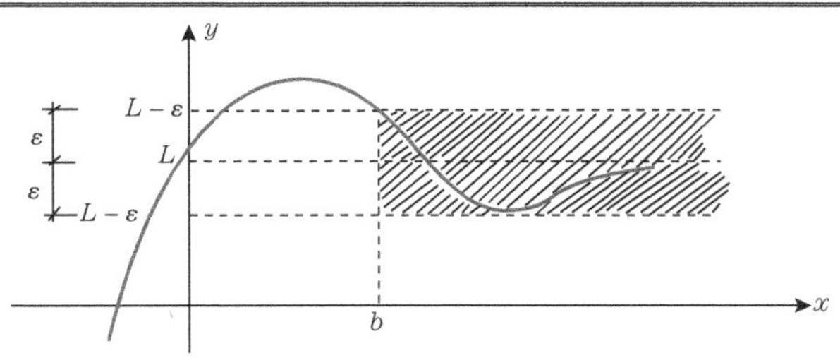

Figura 3.42

Deixamos para você a definição de $\lim_{x \to -\infty} f(x)$, bem como ilustrações gráficas correspondentes.

Os teoremas que existem em conexão com as definições acima são inúmeros e seria bastante desconfortável (tanto para nós como para você) enunciá-los aqui.* Vamos agir na base da intuição.

Exemplo 3.6.1. Calcule o limite de $\dfrac{2x^5 + x - 1}{x^5 + 10x}$ para x tendendo a mais infinito e a menos infinito.

Temos

$$\lim_{x \to +\infty} \frac{2x^5 + x - 1}{x^5 + 10x} = \lim_{x \to +\infty} \frac{2 + \dfrac{1}{x^4} - \dfrac{1}{x^5}}{1 + \dfrac{10}{x^4}},$$

(dividimos numerador e denominador por x^5).

---

* Veja tabela adiante.

Quando x cresce, vemos que $\frac{1}{x^4}, \frac{1}{x^5}, \frac{10}{x^4}$ tendem a zero. Logo,

$$\lim_{x \to \infty} \frac{2x^5 + x - 1}{x^5 - 10x} = \frac{2 + 0 - 0}{1 + 0} = 2.$$

Quando x se torna muito negativo, $\frac{1}{x^4}, \frac{1}{x^5}, \frac{10}{x^4}$ se aproximam de 0. Logo,

$$\lim_{x \to -\infty} \frac{2x^5 + x - 1}{x^5 + 10x} = \frac{2 + 0 - 0}{1 + 0} = 2.$$

Exemplo 3.6.2. Calcular o limite de $\frac{x^2 - 1}{4x^4 - 3x}$ para x tendendo a menos infinito e a mais infinito.

Temos

$$\lim_{x \to +\infty} \frac{x^2 - 1}{4x^4 - 3x} = \lim_{x \to +\infty} \frac{1 - \frac{1}{x^2}}{x^2\left(4 - \frac{3}{x^3}\right)},$$

(dividimos o numerador e o denominador por x^2).

Quando x se torna grande, $\frac{1}{x^2}, \frac{3}{x^3}$ se aproximam de 0. Então

$$\frac{1}{x^2} \cdot \frac{1 - \frac{1}{x^2}}{4 - \frac{3}{x^3}},$$

tende a $0 \cdot \frac{1}{4} = 0$. Logo,

$$\lim_{x \to +\infty} \frac{x^2 - 1}{4x^4 - 3x} = 0.$$

Do mesmo modo,

$$\lim_{x \to -\infty} \frac{x^2 - 1}{4x^4 - 3x} = 0.$$

Pode suceder que, quando x se torna muito grande, $f(x)$ se torna muito grande, ou muito negativo (Fig. 3-43).

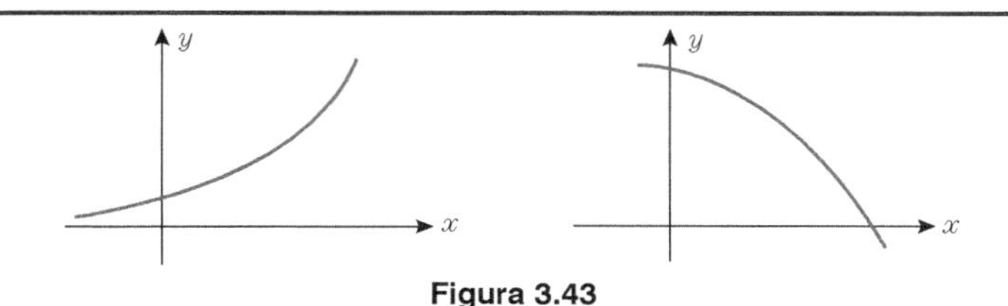

Figura 3.43

No primeiro caso, indica-se

$\lim_{x \to +\infty} f(x) = +\infty$ e, no segundo, $\lim_{x \to +\infty} f(x) = -\infty$.

Você já imaginou dar as proposições relativas a esses conceitos, sabendo que, além desses, temos de considerar ainda

$$\lim_{x \to -\infty} f(x) = +\infty \quad \text{e} \quad \lim_{x \to -\infty} f(x) = -\infty?$$

Exemplo 3.6.3. Calcule o limite de $\dfrac{x^6 - 1}{x^4 + 2x + 1}$ para x tendendo a mais infinito e a menos infinito.

Temos

$$\lim_{x \to +\infty} \frac{x^6 - 1}{x^4 + 2x + 1} = \lim_{x \to +\infty} \frac{x^2\left(1 - \dfrac{1}{x^6}\right)}{1 + \dfrac{2}{x^3} + \dfrac{1}{x^4}}.$$

Quando x cresce, também cresce x^2 além de qualquer valor, ao passo que $\dfrac{1 - \dfrac{1}{x^6}}{1 + \dfrac{2}{x^3} + \dfrac{1}{x^4}}$ se aproxima de 1. Logo,

$$\lim_{x \to +\infty} \frac{x^6 - 1}{x^4 + 2x + 1} = +\infty.$$

Quando x se torna muito negativo, x^2 se torna muito grande, e

$$\frac{1 - \dfrac{1}{x^6}}{1 + \dfrac{2}{x^3} + \dfrac{1}{x^4}}$$

se aproxima de 1. O resultado é, portanto, o mesmo.

Exemplo 3.6.4. Idem para $\dfrac{x^7-1}{-2x^4+2x+1}$. Temos

$$\lim_{x\to+\infty}\frac{x^7-1}{-2x^4+2x+1}=\lim_{x\to+\infty}\frac{x^3\left(1-\dfrac{1}{x^7}\right)}{-2+\dfrac{2}{x^3}+\dfrac{1}{x^4}}=-\infty.$$

pois, quando x cresce, x^3 cresce além de qualquer valor, e

$$\frac{1-\dfrac{1}{x^7}}{-2+\dfrac{2}{x^3}+\dfrac{1}{x^4}}\text{ se aproxima de }-\frac{1}{2}.$$

Por outro lado,

$$\lim_{x\to-\infty}\frac{x^7-1}{-2x^4+2x+1}=\lim_{x\to-\infty}\frac{x^3\left(1-\dfrac{1}{x^7}\right)}{-2+\dfrac{2}{x^3}+\dfrac{1}{x^4}}=+\infty,$$

pois, dessa vez, x^3 se torna cada vez mais negativo quando x se torna cada vez mais negativo.

Você deve ter percebido que, para calcular limite de funções racionais para x tendendo a mais infinito ou a menos infinito, é conveniente colocar em evidência a maior potência de x no numerador e no denominador e simplificar.

Exemplo 3.6.5. Idem para $x^6-2x+10$.

Temos

$$\lim_{x\to+\infty}\left(x^6-2x+10\right)=\lim_{x\to+\infty}x^6\left(1-\frac{2}{x^5}+\frac{10}{x^6}\right)=+\infty.$$

Da mesma forma, $\lim\limits_{x\to-\infty}\left(x^6-2x+10\right)=+\infty.$

Exemplo 3.6.6. Idem para $x^7-2x+10$. Temos

$$\lim_{x\to+\infty}\left(x^7-2x+10\right)=\lim_{x\to+\infty}x^7\left(1-\frac{2}{x^6}+\frac{10}{x^7}\right)=+\infty$$

e

$$\lim_{x\to-\infty}\left(x^7-2x+10\right)=\lim_{x\to-\infty}x^7\left(1-\frac{2}{x^6}+\frac{10}{x^7}\right)=-\infty.$$

Exemplo 3.6.7. Idem para $-2x^7 - x^6 + x^4 - 10x^2 + 1$.

Temos

$$\lim_{x\to+\infty}\left(-2x^7 - x^6 + x^4 - 10x^2 + 1\right) = \lim_{x\to+\infty} x^7\left(-2 - \frac{1}{x} + \frac{1}{x^3} - \frac{10}{x^5} + \frac{1}{x^7}\right) = -\infty.$$

Por outro lado,

$$\lim_{x\to-\infty}\left(-2x^7 - x^6 + x^4 - 10x^2 + 1\right) = \lim_{x\to-\infty} x^7\left(-2 - \frac{1}{x} + \frac{1}{x^3} - \frac{10}{x^5} + \frac{1}{x^7}\right) = +\infty.$$

Outros casos que ocorrem e que não se enquadram nas situações que focalizamos vão ilustrados na Fig. 3-44.

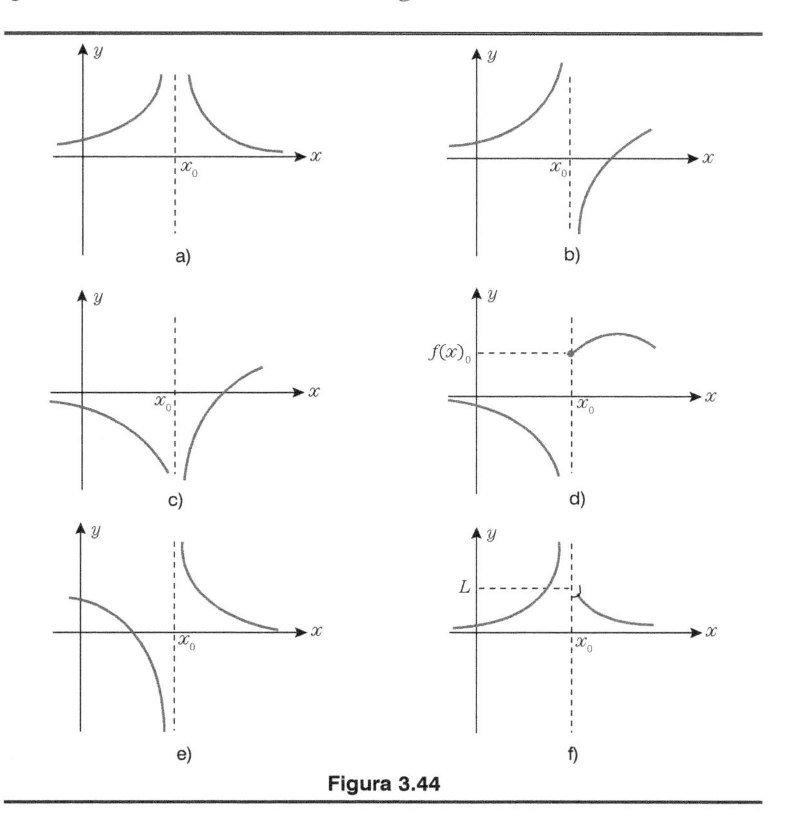

Figura 3.44

Observe que, no caso (a), à medida que x se aproxima de x_0, $f(x)$ cresce cada vez mais, tornando-se arbitrariamente grande. Nesse caso, indica-se assim:

$$\lim_{x \to x_0} f(x) = +\infty.$$

No caso (c), a indicação é

$$\lim_{x \to x_0} f(x) = -\infty.$$

No caso (b), quando x se aproxima de x_0 pela esquerda, $f(x)$ se torna arbitrariamente grande; e, quando x se aproxima de x_0 pela direita, $f(x)$ se torna muito negativa. Indicamos, respectivamente,

$$\lim_{x \to x_0 -} f(x) = +\infty \quad \text{e} \quad \lim_{x \to x_0 +} f(x) = -\infty.$$

Para o caso (e), a indicação é

$$\lim_{x \to x_0 -} f(x) = -\infty \quad \text{e} \quad \lim_{x \to x_0 +} f(x) = +\infty.$$

No caso (d), temos

$$\lim_{x \to x_0 -} f(x) = -\infty \quad \text{e} \quad \lim_{x \to x_0 +} f(x) = f(x_0).$$

E, no caso (f),

$$\lim_{x \to x_0 -} f(x) = +\infty \quad \text{e} \quad \lim_{x \to x_0 +} f(x) = L.$$

Tente dar uma definição precisa para os novos símbolos introduzidos (não é preciso que isso seja feito já, para você não perder o fio da meada).

Exemplo 3.6.8. $\lim_{x \to 1-} \dfrac{x}{x-1} = -\infty.$

Você pode pensar assim: quando x tende a 1 pela esquerda, isto é, por valores menores que 1, o numerador tende a 1, que é positivo. O denominador, por sua vez, tende a 0, por valores negativos, pois $x - 1 < 0$ se $x < 1$.

Logo, $\dfrac{1}{x-1} <$ (para x próximo de 1 pela esquerda, e fica cada vez mais negativo quando x se aproxima de 1 pela esquerda.

Exemplo 3.6.9. $\lim_{x \to 1+} \dfrac{x}{x-1} = +\infty.$

Quando x se aproxima de 1 pela direita, isto é, mantendo-se maior do que 1, o numerador tende a 1, e o denominador a 0, mantendo-se positivo.

Dai, $\frac{x}{x-1} > 0$ para x próximo a 1 pela direita, e torna-se grande arbitrariamente desde que x esteja suficientemente próximo a 1, mantendo-se maior que 1.

Exemplo 3.6.10. $\lim_{x \to 0} \frac{1}{x^2} = +\infty$ (Fig. 3-45).

Note também que

$$\lim_{x \to 0+} \frac{1}{x^2} = +\infty \quad \text{e} \quad \lim_{x \to 0-} \frac{1}{x^2} = +\infty.$$

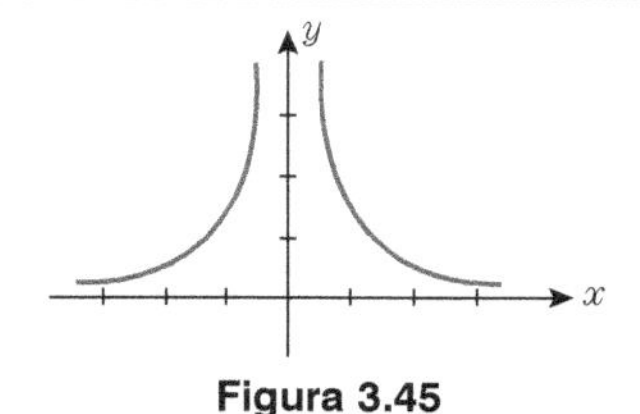

Figura 3.45

Daremos a seguir um resumo sobre os tipos de limites que vimos nesta seção. Além das definições, constarão também propriedades, sob forma de uma tabela. As provas de algumas serão dadas no Apêndice B. O leitor não deve interpretar mal a colocação desses resultados nessa altura dos acontecimentos. A ideia é fornecer as definições e os resultados para o leitor que não gosta de pisar em terreno inseguro (estamos nos referindo a terreno exclusivamente matemático). Ao invés de procurar decorar as propriedades, você deve intuí-las geometricamente. Agora, se você é daqueles que gostam de tudo certinho, ótimo: estude o Apêndice B.

Símbolo	Significado
$\lim_{x\to+\infty} f(x) = L$	Dado $\varepsilon > 0$, existe b tal que $x > b$ implica $\lvert f(x) - L \rvert < \varepsilon$
$\lim_{x\to-\infty} f(x) = L$	$\lim_{x\to+\infty} f(-x) = L$
$\lim_{x\to+\infty} f(x) = +\infty$	Dado $M > 0$, existe b tal que $x > b$ implica $f(x) > M$
$\lim_{x\to-\infty} f(x) = +\infty$	$\lim_{x\to+\infty} f(-x) = +\infty$
$\lim_{x\to+\infty} f(x) = -\infty$	$\lim_{x\to+\infty} (-f(x)) = +\infty$
$\lim_{x\to-\infty} f(x) = -\infty$	$\lim_{x\to+\infty} - f(-x) = +\infty$
$\lim_{x\to x_0+} f(x) = +\infty$	Dado $M > 0$, existe $\delta > 0$ tal que $x_0 < x < x_0 + \delta$ implica $f(x) > M$
$\lim_{x\to x_0-} f(x) = +\infty$	$\lim_{x\to x_0+} f(-x) = +\infty$
$\lim_{x\to x_0+} f(x) = -\infty$	$\lim_{x\to x_0+} (-f(x)) = +\infty$
$\lim_{x\to x_0-} f(x) = -\infty$	$\lim_{x\to x_0+} (-f(x)) = +\infty$

$\lim_{x\to\square} f(x)$	$\lim_{x\to\square} g(x)$	$\lim_{x\to\square} (f+g)(x)$	$\lim_{x\to\square} (fg)(x)$	$\lim_{x\to\square} \left(\frac{f}{g}\right)(x)$
$+\infty$	$+\infty$	$+\infty$	$+\infty$	?
$+\infty$	$-\infty$	?	$-\infty$	?
$-\infty$	$+\infty$	?	$-\infty$	?
$-\infty$	$-\infty$	$-\infty$	$+\infty$	?
L	$+\infty$	$+\infty$	$L = 0$: ? $L \neq 0 : \varepsilon_L \infty$	0

L	$-\infty$	$-\infty$	$L = 0 : ?$ $L \neq 0 : -\varepsilon_L\infty$	0
$+\infty$	L	$+\infty$	$L = 0 : ?$ $L \neq 0 : \varepsilon_L\infty$	$L = 0+ : +\infty$ $L = 0- : -\infty$ $L \neq 0 : \varepsilon_L\infty$
$-\infty$	L	$-\infty$	$L = 0 : ?$ $L \neq 0 : -\varepsilon_L\infty$	$L = 0+ : -\infty$ $L = 0- : +\infty$ $L \neq 0 : -\varepsilon_L\infty$
L	$0+$	L	0	$L = 0 : ?$ $L \neq 0 : \varepsilon_L\infty$
L	$0-$	L	0	$L = 0 : ?$ $L \neq 0 : -\varepsilon_L\infty$

Explicações.

1) □ pode ser substituído por qualquer dos símbolos x_0, x_0+, x_0-, $+\infty$, $-\infty$.

2) ? significa que nada se pode concluir.

3) $0+$ $(0-)$ significa que o limite da função é 0, sendo a mesma positiva (negativa) para x suficientemente próximo de □. Aqui cabem diversas interpretações apropriadas quando □ é substituído pelos vários símbolos.

4) ε_L é o sinal de L, valendo a regra dos sinais. Assim, se $L < 0$, $-\varepsilon_L\infty = -(-)\infty = +\infty$.

Passemos agora ao esboço de gráficos de funções. Recomendamos o seguinte roteiro a você, que será ilustrado nos exemplos.

1º) Observe o domínio da função, e marque alguns pontos do gráfico da mesma (por exemplo, os pontos do gráfico sobre os eixos coordenados, se houver).

2º) Ache as regiões onde a função cresce e onde decresce. Para isso, você usa a derivada. Aproveite então para achar os pontos onde a derivada se anula, e tente reconhecer os pontos de máximo e mínimo locais.

3º) Estude a concavidade e investigue pontos de inflexão.

4º) Veja o que sucede com a função quando x cresce muito e quando se torna muito negativo (isto é, calcule $\lim_{x \to +\infty} f(x)$, $\lim_{x \to -\infty} f(x)$).

5º) Verifique se existem pontos x_0 tais que $f(x)$ se torna muito grande ou muito negativo quando x se aproxima de x_0 (pela esquerda, pela direita, ou por ambos os lados).

Exemplo 3.6.11. Esboçar o gráfico da função

$$f(x)=\frac{2x-1}{4x+2}\quad\left(x\neq-\frac{1}{2}\right).$$

Seguindo o roteiro, temos

1º)

x	–1	0	1/2
f(x)	3/2	–1/2	0

2º)

$$f'(x)=\frac{8}{(4x+2)^2}.$$

Se $x<-\frac{1}{2}\therefore f'(x)>0\therefore f$ é crescente no intervalo $x<-\frac{1}{2}$.

Se $x>-\frac{1}{2}\therefore f'(x)>0\therefore f$ é crescente no intervalo $x>-\frac{1}{2}$.

(f' não está definida para $x=-\frac{1}{2}$).

3º)

$$f''(x)=\frac{-64}{(4x+2)^3}.$$

Se $x<-\frac{1}{2}$, $f''(x)>0\therefore$ a concavidade é para cima no intervalo $x<-\frac{1}{2}$.

Se $x>-\frac{1}{2}$, $f''(x)<0\therefore$ a concavidade é para baixo no intervalo $x>-\frac{1}{2}$.

4º)

$$\lim_{x\to+\infty}f(x)=\lim_{x\to+\infty}\frac{2x-1}{4x+2}=\lim_{x\to+\infty}\frac{2-\frac{1}{x}}{4+\frac{2}{x}}=\frac{1}{2}.$$

Do mesmo modo, chega-se a

$$\lim_{x\to-\infty}f(x)=\frac{1}{2}.$$

5º)

$$\lim_{x\to-1/2-}f(x)=\lim_{x\to-1/2-}\frac{2x-1}{4x+2}=+\infty,$$

$$\lim_{x\to-1/2+}f(x)=\lim_{x\to-1/2+}\frac{2x-1}{4x+2}=-\infty.$$

Com essas informações pode-se esboçar o gráfico apresentado na Fig. 3-46.

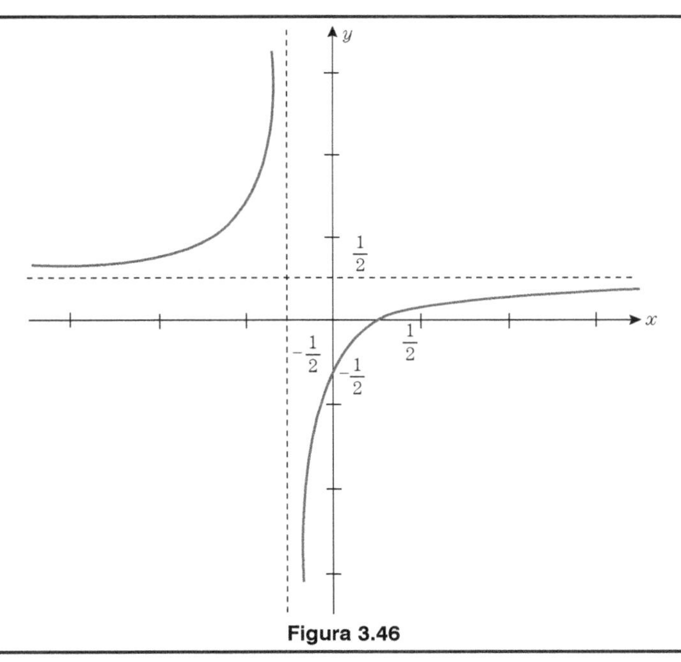

Figura 3.46

Exemplo 3.6.12. Esboce o gráfico da função

$$f(x) = \frac{x}{x^2 + 1}.$$

1.°) f está definida para todo número.

x	−1	0	1
f(x)	−1/2	0	1/2

Figura 3.47

(Observe que f é simétrica com relação à origem, pois $f(x) = -f(-x)$.)

2°) $$f'(x) = \frac{1 - x^2}{\left(x^2 + 1\right)^2}.$$

Como o denominador é positivo, o sinal de f' é dado pelo sinal do numerador. Logo,

se $x < -1$, temos $f'(x) < 0 \therefore f$ é decrescente no intervalo $x \leq -1$;

se $-1 < x < 1$, temos $f'(x) > 0 \therefore f$ é crescente no intervalo $-1 \leq x \leq 1$;

se $x > 1$, temos $f'(x) < 0 \therefore f$ é decrescente no intervalo $x \geq 1$.

$$f'(x) = 0 \quad \text{para } x = -1 \quad \text{e} \quad x = 1.$$

Como $f''(x) = \dfrac{2x(x^2 - 3)}{(x^2 + 1)^3}$, temos $f''(-1) > 0$ e -1 é ponto de mínimo local, ao passo que, por ser $f''(1) < 0$, concluímos que 1 é ponto de máximo local.

3.°) Para investigarmos o sinal de f'', observamos que o mesmo é dado pelo sinal do numerador da expressão acima, isto é, por $2x(x^2 - 3)$. O quadro abaixo auxilia:

$$-\sqrt{3} \quad 0 \quad \sqrt{3}$$

$2x$	−	−	+	+
$x^2 - 3$	+	−	−	+
$2x(x^2 - 3)$	−	+	−	+

Se $x < -\sqrt{3}$, então $f''(x) < 0 \therefore$ a concavidade é para baixo no intervalo $x \leq -\sqrt{3}$.

Se $-\sqrt{3} < x < 0$, então $f''(x) > 0 \therefore$ a concavidade é para cima no intervalo $-\sqrt{3} \leq x \leq 0$.

Se $0 < x < \sqrt{3}$, então $f''(x) < 0 \therefore$ a concavidade é para baixo no intervalo $0 \leq x \leq \sqrt{3}$.

Se $x > \sqrt{3}$, então $f''(x) > 0 \therefore$ a concavidade é para cima no intervalo $x \geq \sqrt{3}$.

Como as raízes de $f''(x) = 0$ são $-\sqrt{3}$, 0 e $\sqrt{3}$, a observação do sinal de f'' nos diz que esses pontos são de inflexão.

4°) $\lim\limits_{x \to +\infty} f(x) = \lim\limits_{x \to +\infty} \dfrac{x}{x^2 + 1} = 0$; $\lim\limits_{x \to -\infty} f(x) \dfrac{x}{x^2 + 1} = 0.$

5°) No caso, esse item não se aplica.

O esboço fica como mostrado na Fig. 3-48.

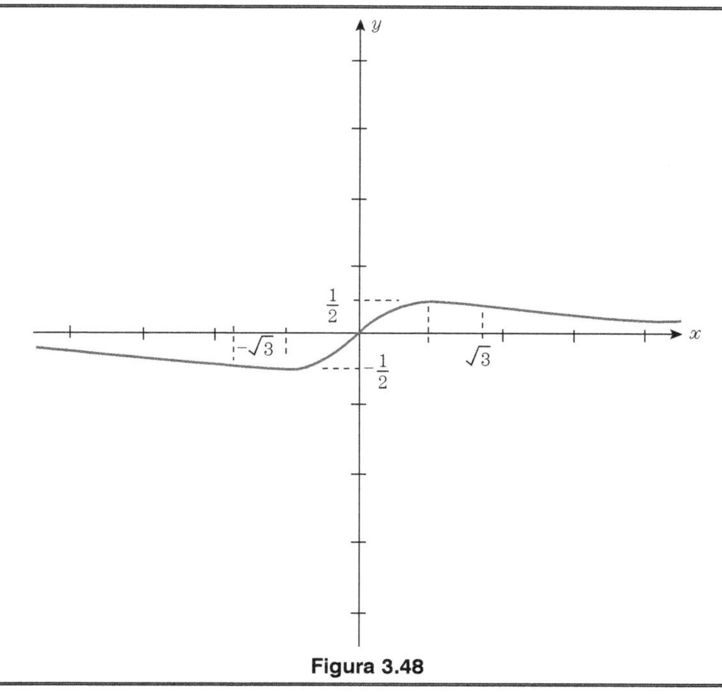

Figura 3.48

Nota. Um refinamento no traçado do gráfico de uma função pode ser obtido achando-se as assíntotas (quando existirem). Deixamos essa matéria para o Apêndice F.

EXERCÍCIOS

3.6.1. Calcular $\lim_{x \to +\infty} f(x)$ e $\lim_{x \to -\infty} f(x)$ nos casos: $f(x) =$

a) $x^2 + 3x - 1$;
b) $-2x^2 + x + 4$;
c) $x^3 + 4x^2 - 2x + 1$;
d) $x^4 - 2x^3 + 5x^2 - x + 2$;
e) $-2x^5 + x^4 - 3x^3 + 5x^2$;
f) $\dfrac{x^4 - 3x^3 + 4x^2 - 3x + 2}{-x^3 + 7x^2 - x + 3}$;

g) $\dfrac{x^3+2x^2+9x+5}{2x+5}$; h) $\dfrac{2x^2-5x+4}{x^5-2x^4+x^3+3x^2-1}$;

i) $\dfrac{x^3-5x+1}{-2x^7+4x^4+6x^2-7}$; j) $\dfrac{3x^2-4x+1}{2x^2+8x+-3}$;

l) $\dfrac{-4x^3+6x^2-8x+12}{2x^3-7x^2-x+8}$; m) $\dfrac{x^2-4x+8}{2x+3}-\dfrac{x^2+2x-3}{2x+1}$;

n) $\dfrac{x^2-4x+8}{2x+3}+\dfrac{x^2+2x+3}{2x+1}$.

3.6.2. Completar:

a) $\lim\limits_{x\to 1}\dfrac{x}{(x-1)^2}=$ b) $\lim\limits_{x\to 0-}\dfrac{x^3-1}{x}=$

c) $\lim\limits_{x\to 0+}\dfrac{x^3-1}{x}=$ d) $\lim\limits_{x\to -1-}\dfrac{3x^2-4}{(x-2)^2(x+1)}=$

e) $\lim\limits_{x\to -1+}\dfrac{3x^2-4}{(x-2)^2(x+1)}=$ f) $\lim\limits_{x\to 2}\dfrac{3x^2-4}{(x-2)^2(x+1)}=$

g) $\lim\limits_{x\to \pi/2}\operatorname{tg}^2 x=$ h) $\lim\limits_{x\to 0+}(\ln x)^2=$

i) $\lim\limits_{x\to -1+}\dfrac{x^2+1}{x+1}=$ j) $\lim\limits_{x\to -1-}\dfrac{x^2+1}{x+1}=$.

3.6.3. Esboçar o gráfico das seguintes funções $f(x)$ =

a) x^2+x-2; b) x^2-x+1;

c) x^3; d) $x^{1/2}$;

e) $x^n (n = 1, 2, 3, ...)$; f) $x^{1/n} (n = 1, 2, 3, ...)$;

g) $(x+1)(x-1)^3$; h) x^3-x^2-8x+4;

i) $\dfrac{2x^2-3x-3}{x^2-2x-3}$; j) $\dfrac{x^3+x^2+x-1}{x^2-1}$;

l) $\dfrac{x^2+1}{x^2-1}$; m) $\dfrac{x}{(x-1)^2}$;

n) e^x; o) e^{-x};

p) 10^x; q) $\ln x$;

r) e^{-x^2};

s) $\dfrac{\ln x}{x}$;

t) xe^x;

u) $\operatorname{sen} hx = \dfrac{e^x - e^{-x}}{2}$;

v) $\cos hx = \dfrac{e^x + e^{-x}}{2}$;

x) $\dfrac{\operatorname{sen} x}{1 + \cos x}$;

y) $\sqrt[3]{x+2}$;

z) $\dfrac{x}{x^2 - 1}$.

3.6.4. Mostre, pela definição, que

a) $\lim\limits_{x \to +\infty} \dfrac{1}{x^2} = 0$;

b) $\lim\limits_{x \to +\infty} \dfrac{1}{x^n} = 0 \quad (n \text{ natural})$;

c) $\lim\limits_{x \to -\infty} \dfrac{1}{x^n} = 0 \quad (n \text{ natural})$;

d) $\lim\limits_{x \to -\infty} c = c$;

e) $\lim\limits_{x \to 1} \dfrac{1}{(x-1)^2} = +\infty$;

f) $\lim\limits_{x \to 0+} \dfrac{1}{x} = +\infty$;

g) $\lim\limits_{x \to 0-} \dfrac{1}{x} = -\infty$;

h) $\lim\limits_{x \to -\infty} \dfrac{1}{\sqrt[3]{x}} = 0$.

4 Função inversa

4.1 O CONCEITO DE FUNÇÃO INVERSA

Seja f uma função definida num conjunto A. Pelo fato de ser função, a cada x de A, ela associa um único número. Suponha agora que f tenha a seguinte propriedade adicional: para cada elemento y do conjunto B dos valores de f, existe um *único* x de A tal que $y = f(x)$.

Para não confundi-lo, desenhamos os gráficos que se acham na Fig. 4-1.

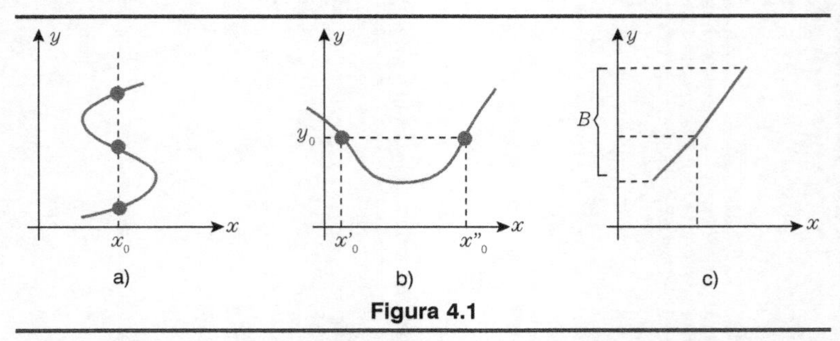

Figura 4.1

O gráfico (a) não é de uma função, pois a x_0 estão associados três números. Já o gráfico (b) é de uma função, mas não goza da propriedade adicional a que nos referimos, porquanto $y_0 = f(x'_0) = f(x''_0)$ e $x'_0 \neq x''_0$.

O gráfico (c), por sua vez, é de uma função e goza da propriedade adicional em questão. Nesse caso, podemos definir uma função de domínio B da maneira exposta a seguir.

A cada y de B, associamos o (único) número x de A tal que $y = f(x)$. Indicando tal função por f^{-1} (leia: *f a menos um*), vem

$$f^{-1}(y) = x,$$

isto é, $f^{-1}(f(x)) = x.$

f^{-1} é chamada *função inversa de* f e, nessa circunstância, f é dita *inversível.*

Da definição segue (veja Exer. 4.1.4) que $f(f^{-1}(y)) = y$.

Pela própria definição, decorre que, se f é inversível, toda reta paralela ao eixo dos x encontra o gráfico de f no máximo em um ponto (veja Fig. 4-2).

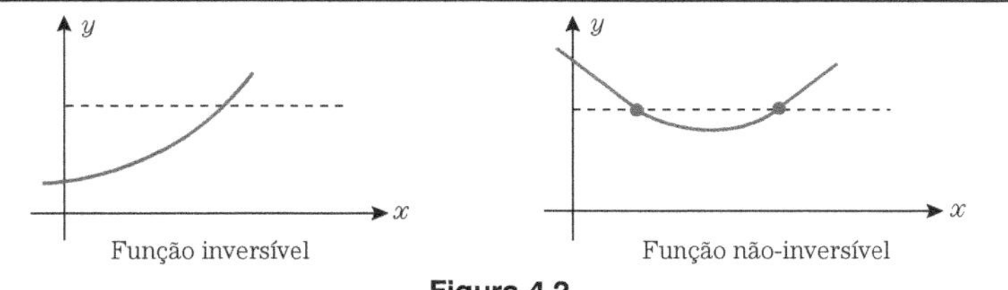

Figura 4.2

Nota. Observe que f^{-1} "desfaz" o que f "faz": se f associa ao número x o número $f(x)$, então f^{-1} associa ao número $f(x)$ o número x. Talvez isso estivesse na mente de quem denominou f^{-1} de função inversa de f. Por outro lado, f "desfaz" o que f^{-1} "faz", como é fácil de se ver. É de se esperar então que f seja a função inversa de f^{-1} isto é $(f^{-1})^{-1} = f$. Propomos isso como exercício (veja Exer. 4.1.4).

Vamos ver geometricamente a relação entre f e f^{-1}. Tomado o ponto (x,y) do gráfico de f ($\therefore y = f(x)$), a função f^{-1} associará a y o ponto x; logo, (y,x) pertence ao gráfico de $f^{-1}(f^{-1}(y) = x)$. Observando a Fig. 4-3, onde esses pontos estão marcados, é imediato que eles são simétricos em relação à reta $y = x$.

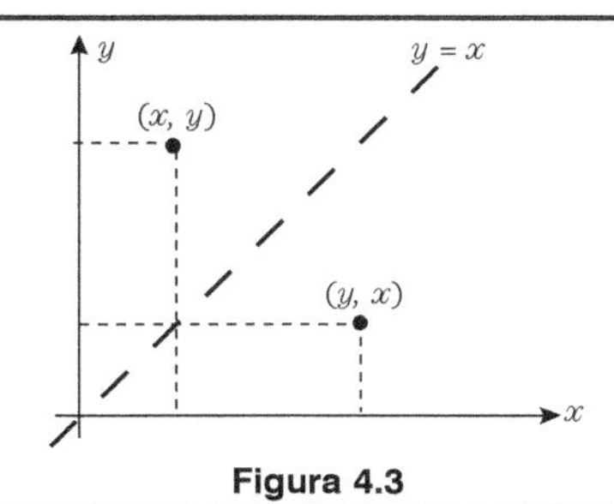

Figura 4.3

Então, para conseguir o gráfico de f^{-1} a partir do gráfico de f, basta refletir este ao longo da reta $y = x$.

Exemplo 4.1.1. A função f dada por $y = f(x) = 2x - 1$ é inversível. De fato, dado y, existe um único x tal que $y = f(x) = 2x - 1$, a saber,

$$x = \frac{y+1}{2}.$$

Temos $f^{-1}(y) = \frac{y+1}{2}$. Nada nos impede de escrever $f^{-1}(x) = \frac{x+1}{2}$, como é usual. Os gráficos de f e f^{-1} estão desenhados na Fig. 4-4.

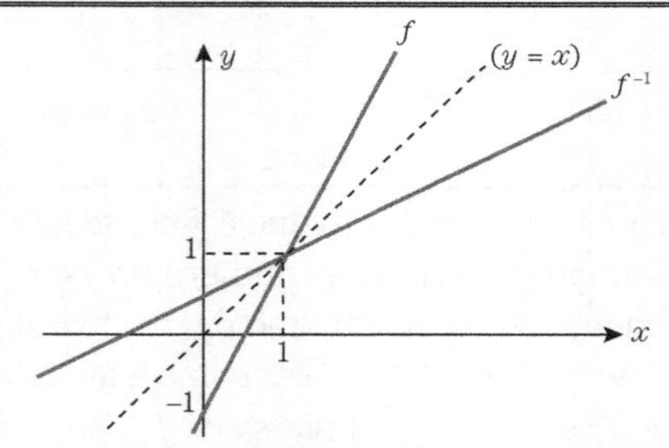

Figura 4.4

Exemplo 4.1.2. Seja f uma função contínua num intervalo I, derivável em todos os pontos x do seu interior, para os quais se supõe $f'(x) > 0$. Então f é inversível. De fato, f é crescente em I, e mostraremos agora que toda função crescente é inversível:

Sejam y e x números tais que $y = f(x)$. Não pode existir $x_1 \neq x$ tal que $y = f(x_1)$, pois, nesse caso, teríamos $f(x) = f(x_1)$ por um lado, e se $x_1 \neq x$, ou $x_1 < x$ e daí $f(x_1) < f(x)$, ou $x_1 > x$ e daí $f(x_1) > f(x)$, e o absurdo sempre fica configurado.

Como aplicação, temos que a função $f(x) = x^3 + x$ é inversível, pois $f'(x) = 3x^2 + 1 > 0$.

Nota. O resultado do Ex. 4.1.2 obviamente subsiste se a condição $f'(x) > 0$ é substituída por $f'(x) < 0$.

EXERCÍCIOS

4.1.1. Dos gráficos apresentados na Fig. 4-5, dizer quais são de funções inversíveis.

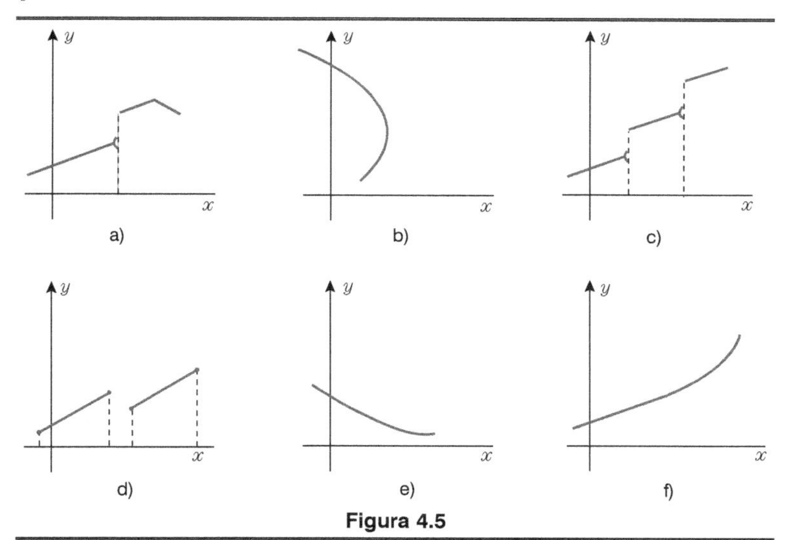

Figura 4.5

4.1.2. Achar a função inversa (se existir) da função f nos casos $f(x) =$

a) $5x - 2$;

b) $x^2 (x \geq 0)$;

c) $x^2 (x \leq 0)$;

d) x^3;

e) $(x - 1)^3$;

f) $x^3 - 1$;

g) $\dfrac{x}{x+1}\ (x \neq -1)$;

h) $\dfrac{x+4}{x-3}\ (x \neq 3)$;

i) $\dfrac{1}{x^2+1}$;

j) $\dfrac{1}{x^2+1},\ x \geq 0$;

*l) $\dfrac{x^2}{x+1},\ x \geq 0$;

m) $\operatorname{senh} x$;

*n) $\cosh x,\ x \geq 0$;

o) $2 + \ln (x + 3)\ (x > -3)$;

p) $1 + \dfrac{1}{5^x}$;

q) $\dfrac{ax+b}{cx+d},\ \ ad - bc \neq 0,\ \ x \neq -\dfrac{d}{c}.$

Nota. Recomenda-se esboçar os gráficos de f e de f^{-1}, para melhor compreensão.

4.1.3. Mostre que as funções dadas a seguir são inversíveis.

a) $f(x) = x^3 - 2x^2, x \leq 0$;

b) $f(x) = x^3 - 2x^2, \quad x \geq \frac{4}{3}$;

c) $f(x) = x^3 - 2x^2, \quad x > \frac{4}{3}$;

d) $f(x) = \operatorname{senh} x$ [não use o Exer. 4.1.2.1];

e) $f(x) = \frac{1}{2} \ln \frac{1+x}{1-x}, \; -1 < x < 1.$

4.1.4. Mostre que $(f^{-1})^{-1} = f$, e que $f(f^{-1}(y)) = y$ para todo y do domínio de f^{-1}, sendo f uma função inversível. Verificar isto no Exer. 4.1.2.

4.1.5. Suponha que f é uma função inversível tal que:

$$f(xy) = f(x) + f(y).$$

a) Mostre que $f(1) = 0$.

b) Mostre que $f^{-1}(2) = 10^2$, sabendo que $f(10) = 1$.

4.1.6. Calcule $f^{-1}(x)$ e $\frac{1}{f(x)}$ no caso em que $f(x) = x$, e conclua que, em geral, $f^{-1}(x) \neq \frac{1}{f(x)}$.

4.1.7. Se f é uma função inversível tal que $(f \circ f)(x) = x$ para todo x do seu domínio, então a inversa de f é a própria f (Exemplos:

$$f(x) = x, \quad f(x) = \frac{1}{x}, \quad x \neq 0.)$$

4.2 PROPRIEDADES DE UMA FUNÇÃO TRANSMITIDAS À SUA INVERSA

Seja f uma função inversível. Então o gráfico de f^{-1} é o simétrico do gráfico de f em relação à reta $y = x$, como vimos. Essa circunstância nos faz esperar que certas propriedades de f sejam transmitidas a f^{-1}. As proposições desta seção nos dizem algo a respeito.

Proposição 4.2.1. Seja f uma função contínua e crescente (decrescente) no intervalo $[a,b]$, que é seu domínio. (Veja Fig. 4-6). Então

a) f é inversível, e o domínio de f^{-1} é $[f(a), f(b)]$ ($[f(b), f(a)]$);

b) f^{-1} é contínua no seu domínio;

c) f^{-1} é crescente (decrescente) no seu domínio.

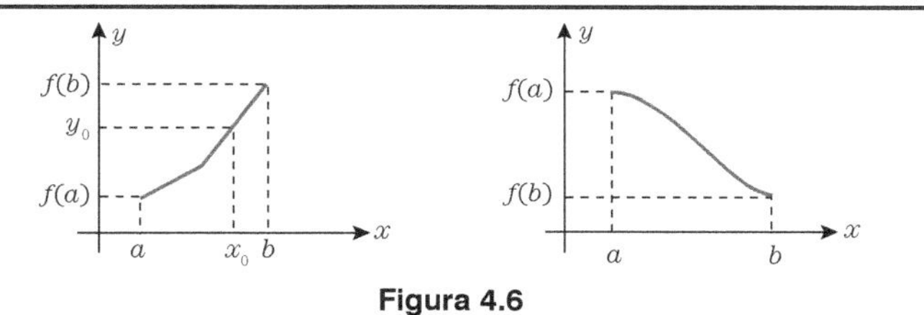

Figura 4.6

Prova. Suporemos f crescente, deixando o outro caso para o leitor.

a) O fato de f ser inversível já foi estabelecido no Ex. 4.1.2. Mostremos que o domínio de f^{-1} é $[f(a), f(b)]$.

Dado y_0 de $[f(a), f(b)]$, o teorema do valor intermediário garante que existe x_0 de $[a,b]$ de tal que $y_0 = f(x_0)$, isto é, $f^{-1}(y_0) = x_0$. Assim, o domínio de f^{-1} certamente contém o intervalo $[f(a), f(b)]$. Por outro lado, pelo fato de f ser crescente, nenhum ponto não pertencente a esse intervalo pode estar no domínio de f^{-1}. (Por quê?)

b) O fato de f^{-1} ser contínua em seu domínio é geometricamente evidente por ser seu gráfico simétrico do gráfico de f em relação à reta $y = x$ e f ser contínua em $[a,b]$. A prova desse fato é fácil, mas preferimos dá-la no Apêndice C, apenas para não dispersar a atenção do leitor.

c) Se y_1 e y_2 são números do domínio de f^{-1} com $y_1 < y_2$, então devemos ter $f^{-1}(y_1) < f^{-1}(y_2)$ senão teríamos

$$f^{-1}(y_1) \geq f^{-1}(y_2)$$

e, como f é crescente,

$$f(f^{-1}(y_1)) \geq f(f^{-1}(y_2)),$$

isto é,

$$y_1 \geq y_2,$$

o que é absurdo.

O enunciado da proposição seguinte parecerá horrível a você, mas não se impressione com isso. Nós vamos destrinçá-la.

Proposição 4.2.2. Seja f uma função derivável no seu domínio (a,b), tal que $f'(x) > 0$ ($f'(x) < 0$) se verifica para todo x de (a,b). Nessas condições, temos

$$\left(f^{-1}\right)'\left(f(x)\right) = \frac{1}{f'(x)},$$

para todo x de (a,b).

Essa fórmula, aparentemente complicada, exprime um fato geométrico bastante simples, que veremos agora (dessa vez não colocaremos a prova da proposição em apêndice, mas no fim desta seção).

Na Fig. 4-7, estão desenhados os gráficos de f e de f^{-1}.

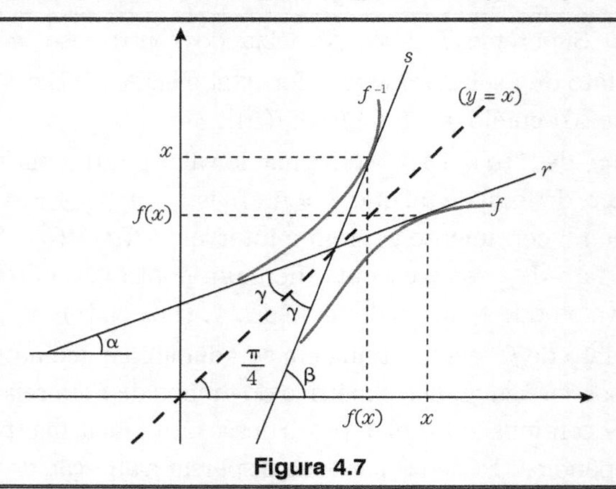

Figura 4.7

Como f é derivável em x, podemos traçar a tangente r no ponto $(x, f(x))$. Temos

$$\operatorname{tg} \alpha = f'(x).$$

Pela simetria com relação à reta $y = x$, o gráfico de f^{-1} admite a reta tangente s no ponto $(f(x), x)$, e

$$\operatorname{tg} \beta = (f^{-1})'(f(x)).$$

Pela figura vemos que

$$\beta = \frac{\pi}{4} + \gamma,$$

$$\frac{\pi}{4} = \alpha + \gamma,$$

e daí, subtraindo membro a membro, resulta

$$\alpha + \beta = \frac{\pi}{2}$$

de modo que

$$\text{tg } \beta = \text{ctg}\, \alpha = \frac{1}{tg\, \alpha},$$

ou seja,

$$\left(f^{-1}\right)'\left(f(x)\right) = \frac{1}{f'(x)},$$

que é a relação do enunciado da proposição.

Na prática, é conveniente o uso de outra notação. Indicando $f(x)$ por y, e $f^{-1}(y)$ por x, o resultado se escreve

$$\left.\frac{dx}{dy}\right|_y = \frac{1}{\left.\frac{dy}{dx}\right|_x}$$

ou, mais brevemente,

$$\frac{dx}{dy} = \frac{1}{\frac{dy}{dx}},$$

que tem a aparência de uma identidade algébrica. Vejamos como funciona.

Exemplo 4.2.1. Seja a função $y = f(x) = x^2$, $x > 0$. Como $f'(x) = 2x > 0$ se $x > 0$, então f é crescente; logo, é inversível. Calculemos a derivada da inversa.

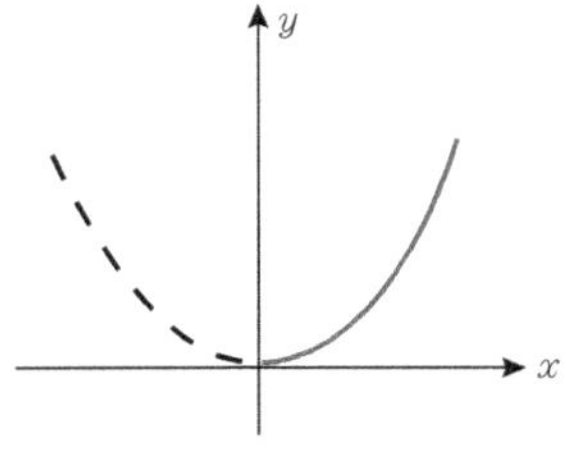

Figura 4.8

Temos

$$y = x^2$$

$$\therefore \frac{dy}{dx} = 2x.$$

Então

$$\frac{dx}{dy} = \frac{1}{\frac{dy}{dx}} = \frac{1}{2x}.$$

Devemos colocar x em função de y. Como $y = x^2$ e $x > 0$, resulta $x = \sqrt{y}$. Então

$$\frac{dx}{dy} = \frac{1}{2\sqrt{y}}.$$

Retornando à notação anterior, escreve-se

$$\frac{df^{-1}}{dy} = \frac{1}{2\sqrt{y}},$$

ou, como é costume,

$$\frac{df^{-1}}{dx} = \frac{1}{2\sqrt{x}}.$$

Exemplo 4.2.2. Seja a função $y = f(x) = \text{sen}\, x, -\frac{\pi}{2} \le x \frac{\pi}{2}$.

Como $f'(x) = \cos x > 0$ para $-\frac{\pi}{2} < x < \frac{\pi}{2}$, f é crescente em $\left[-\frac{\pi}{2}, \frac{\pi}{2}\right]$.

Logo, é inversível. Sua inversa é chamada *arco-seno*, e tem por domínio [–1,1] (veja Fig. 4-9). Indica-se f^{-1} = arc sen.

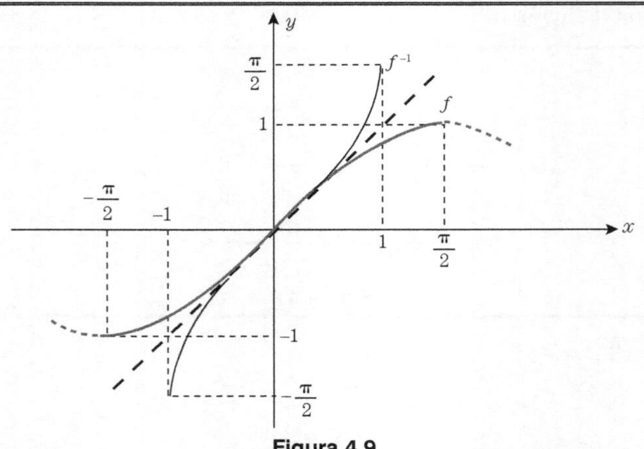

Figura 4.9

Sendo $y = \text{sen}\, x$, $-\frac{\pi}{2} < x < \frac{\pi}{2}$, temos $x = \text{arc sen}\, y$, e então

$$\frac{dx}{dy} = \frac{1}{\frac{dy}{dx}} = \frac{1}{\cos x} \overset{*}{=} \frac{1}{\sqrt{1 - \text{sen}^2 x}},$$

$$\therefore \frac{dx}{dy} = \frac{1}{\sqrt{1 - y^2}}, \quad -1 < y < 1,$$

ou seja,

$$\frac{d \,\text{arc sen}\, y}{dy} = \frac{1}{\sqrt{1 - y^2}}, \quad -1 < y < 1;$$

usando a notação habitual,

$$(\text{arc sen}\, x)' = \frac{1}{\sqrt{1 - x^2}}, \quad -1 < x < 1.$$

Exemplo 4.2.3. Seja $y = f(x) = \text{tg}\, x, -\frac{\pi}{2} < x < \frac{\pi}{2}$.

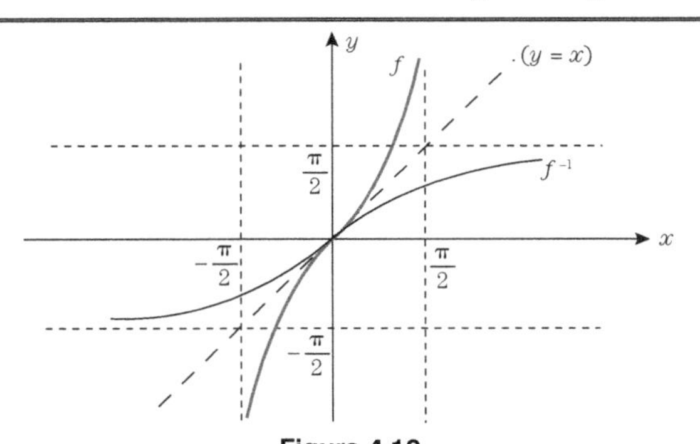

Figura 4.10

Como $f'(x) = \sec^2 x = \frac{1}{\cos^2 x} > 0$ para $-\frac{\pi}{2} < x < \frac{\pi}{2}$, f é crescente, logo, é inversível. A função inversa de f é chamada *arco-tangente*, e indicada por arc tg. Seu domínio é o conjunto de todos os números.

* Se x pertence a $\left(-\frac{\pi}{2}, \frac{\pi}{2}\right)$, $\cos x > 0$.

Se $y = \operatorname{tg} x, -\frac{\pi}{2} < x < \frac{\pi}{2}$, então

$$x = \operatorname{arc\,tg} y$$

e

$$\frac{dx}{dy} = \frac{1}{\frac{dy}{dx}} = \frac{1}{\sec^2 x} = \frac{1}{1+\operatorname{tg}^2 x} = \frac{1}{1+y^2}$$

$$\therefore \frac{d \operatorname{arc\,tg} y}{dy} = \frac{1}{1+y^2},$$

ou

$$(\operatorname{arc\,tg} x)' = \frac{1}{1+x^2}.$$

Vistos esses exemplos, já é tempo de dar a prova da Proposição 4.2.2.

Prova. Vamos supor $f'(x) > 0$, deixando o caso $f'(x) < 0$ para o leitor.

Seja y do domínio de f^{-1}, e x o número de (a,b) tal que $y = f(x)$. Para todo k suficientemente pequeno,* $y + k$ pertence ao domínio de f^{-1} (veja Exer. 4.2.10). Supondo $k \neq 0$ nessas condições, provaremos, que

$$\lim_{k \to 0} \frac{f^{-1}(y+k) - f^{-1}(y)}{k} = \frac{1}{f'(x)}.$$

Seja

$$h(k) = f^{-1}(y+k) - f^{-1}(y),$$

que, por simplicidade, escreveremos h.** Como $x = f^{-1}(y)$, vem que

$$h = f^{-1}(y+k) - x$$

$$\therefore f^{-1}(y+k) = x + h$$

$$\therefore y + k = f(x+h),$$

isto é,

$$f(x) + k = f(x+h)$$

$$\therefore k = f(x+h) - f(x).$$

---

* k varia num intervalo contendo 0.

** h é uma função definida no intervalo onde varia k, referido na nota de rodapé anterior.

Todas essas passagens ficarão claras se você olhar a Fig. 4-11.

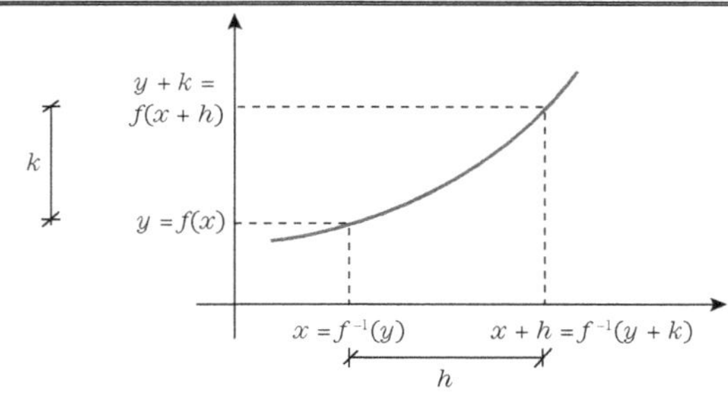

Figura 4.11

Da última expressão, vemos que $h \neq 0$ para $k \neq 0$. Além disso, quando k varia num intervalo suficientemente pequeno que contém 0, o mesmo sucede com h (veja Exer. 4.2.10). Então

$$\frac{f^{-1}(y+k)-f^{-1}(y)}{k}=\frac{1}{f(x+h)-f(x)}=\frac{1}{\frac{f(x+h)-f(x)}{h}}=$$

$$=\frac{1}{\frac{hf'(x)+h\varphi(h)}{h}}=\frac{1}{f'(x)+\varphi(h)},$$

onde φ é contínua em 0, com $\varphi(0) = 0$ (veja Proposição 2.5.2).

A função $h(k) = f^{-1}(y + k) - f^{-1}(y)$ é contínua em $k = 0$ [pela Proposição 4.2.1(b)] e portanto $\varphi(h(k))$ é contínua em $k = 0$ (Proposição 2.4.3).

Logo,

$$\lim_{k\to 0}\varphi(h(k))=\varphi(h(0))=\varphi(0)=0.$$

Então

$$\lim_{k\to 0}\frac{f^{-1}(y+k)-f^{-1}(y)}{k}=\lim_{k\to 0}\frac{1}{f'(x)+\varphi(h)}=\frac{1}{f'(x)}.$$

EXERCÍCIOS

4.2.1. Mostre que a função $f(x) = \cos x$, $0 \le x \le \pi$ é inversível. Sua inversa é indicada arc cos (arco co-seno). Mostre que

$$(\text{arc cos} x)' = -\frac{1}{\sqrt{1-x^2}}, \quad -1 < x < 1.$$

4.2.2. Definindo $\text{arc ctg} x = \frac{\pi}{2} - \text{arc tg} x$,

$$\text{arc sec} x = \text{arc cos} \frac{1}{x}, \quad |x| \ge 1,$$

$$\text{arc cossec} x = \text{arc sen} \frac{1}{x}, \quad |x| \ge 1, \text{ prove que}$$

a) $(\text{arc ctg} x)' = \frac{-1}{1+x^2}$,

b) $(\text{arc sec} x)' = \frac{1}{|x|\sqrt{x^2-1}}$, $|x| > 1$;

c) $(\text{arc cossec} x)' = \frac{-1}{|x|\sqrt{x^2-1}}$, $|x| > 1$.

4.2.3. Mostre que $f(x) = e^x + x$ é inversível e que $(f^{-1})'(1) = \frac{1}{2}$.

4.2.4. Seja f uma função derivável no seu domínio I, o qual é um intervalo aberto. Admita que f é inversível, e que f^{-1} é derivável.

Sabemos que, para todo x de I, subsiste

$$f^{-1}(f(x)) = x.$$

Derivando essa relação (use a regra da cadeia), mostre que

$$(f^{-1})'(f(x)) = \frac{1}{f'(x)}.$$

4.2.5. Achar $f'(x)$, sendo $f(x) =$

a) $\text{arc tg } 2x$;

b) $\text{arc sen} \frac{x}{3}$;

c) $\text{arc tg} \sqrt{x}$;

d) $\text{arc sen } (\text{sen } x)$;

e) $\text{arc sen} \frac{x}{\sqrt{1+x^2}}$;

f) $\text{arc tg} \frac{1+x}{1-x}$;

g) $x(\text{arc sen } x)^2 - 2x + 2\sqrt{1-x^2} \text{ arc sen } x$;

h) $\dfrac{1}{\text{arc sen}\, x}$; i) $\ln(\text{arctg} \ln x)$.

4.2.6. Mostre que

a) $\text{arc sen}\dfrac{x}{\sqrt{1+x^2}} = \text{arc tg}\dfrac{1+x}{1-x} - \dfrac{\pi}{4} \quad (x<1)$.

b) $\text{arc sen}\dfrac{x}{\sqrt{1+x^2}} = \text{arc tg}\dfrac{1+x}{1-x} + \dfrac{\pi}{3} - \text{arc tg}\dfrac{1+\sqrt{3}}{1-\sqrt{3}} \quad (x>1)$.

Pergunta. Pode haver algum número c tal que

$$\text{arc sen}\frac{x}{\sqrt{1+x^2}} = \text{arc tg}\frac{1+x}{1-x} + c$$

para todo $x \neq 1$? Isso contradiz o corolário da Proposição 3.3.1.?

c) $\text{arc tg}\, x + \text{arc tg}\dfrac{1}{x} = \begin{cases} \dfrac{\pi}{2} & \text{se} \quad x>0. \\ -\dfrac{\pi}{2} & \text{se} \quad x<0. \end{cases}$

d) $\text{arc tg}\dfrac{x}{\sqrt{1-x^2}} = \text{arc sen}\, x \quad (-1<x<1)$.

*4.2.7. Seja f uma função derivável num ponto x_0, e $f'(x_0) = 0$; se f for inversível, mostre que f^{-1} não é derivável em $f(x_0)$.

Sugestão. Use a relação $f^{-1}(f(x)) = x$.

4.2.8. Achar:

a) $\text{arc sen}\dfrac{\sqrt{3}}{2}$; b) $\text{arc sen}(\text{sen}\, 2\pi)$;

c) $\text{arc tg}\,(-1)$; d) $\text{arc sen}\left(-\dfrac{1}{2}\right)$;

e) $\text{arc cos}\left(-\dfrac{1}{\sqrt{2}}\right)$; f) $\text{arc cos}\left(\cos\left(-\dfrac{\pi}{2}\right)\right)$.

4.2.9. Esboçar o gráfico de $f(x) =$

a) $\text{arc tg}|x|$; b) $\text{arc sen}\dfrac{x}{\sqrt{1+x^2}}$; c) $\text{arc tg} \ln x$.

4.2.10. Preencha os detalhes da prova da Proposição 4.2.2.

Sugestão. Use a Proposição 4.2.1.

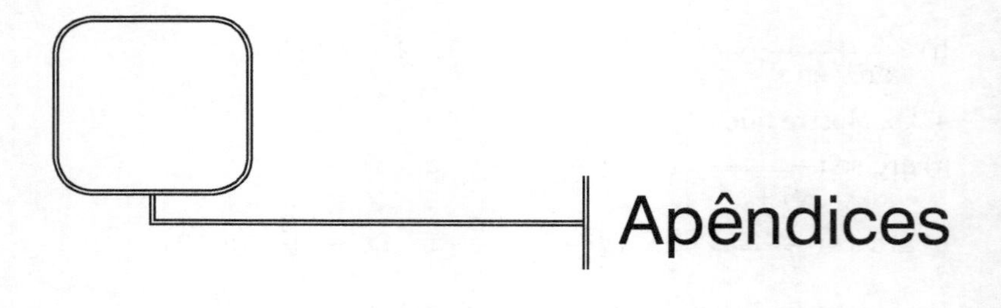

Apêndices

Nos apêndices serão usados os símbolos dados a seguir.

Símbolo	Lê-se
$\in$	pertence
$\notin$	não pertence
$\wedge$	e
$\vee$	ou
$\Rightarrow$	implica
$\Leftrightarrow$	se, e somente se,
$\mapsto$	associa

APÊNDICE A

NÚMEROS REAIS

O Cálculo Diferencial e Integral e, mais geralmente, a Análise Matemática repousam sobre a noção de número real e suas propriedades. Portanto, um estudo exaustivo de Análise deve incluir uma definição rigorosa de número real. Uma maneira de fazer isso é partir dos números naturais (usando, por exemplo, os axiomas de Peano) e construir os números inteiros, os números racionais e, finalmente, os números reais.

Num estudo de Cálculo não cabe, no entanto, o exame de tais problemas, pois o que se utiliza são as propriedades dos números reais, ao invés da maneira como são construídos. Assim sendo, vamos considerar um conjunto com certas propriedades, cujos elementos serão chamados números reais, não nos preocupando em mostrar a existência do mesmo, a qual será suposta como axioma.

A.I. CORPO

O conjunto dos números reais é, em particular, um corpo, noção que definiremos a seguir.

Definição A.1.1. Um *corpo* é um conjunto K munido de operações* $(x,y) \mapsto x + y$ e $(x,y) \mapsto xy$ tais que:

A_1) $(x + y) + z = x + (y + z)$ para todo x, y, z de K;

A_2) Existe $0 \in K$ tal que $x + 0 = x$ para todo x de K;

A_3) Dado $x \in K$, existe $-x \in K$ tal que $x + (-x) = 0$;

A_4) $x + y = y + x$ para todo x, y de K;

M_1) $(xy)z = x(yz)$ para todo x, y, z de K;

M_2) Existe $1 \in K$, $1 \neq 0$, tal que $x \cdot 1 = x$ para todo $x \in K$;

M_3) Dado $x \in K$, $x \neq 0$, existe $x^{-1} \in K$ tal que $xx^{-1} = 1$;

M_4) $xy = yx$ para todo x, y de K;

D) $x(y + z) = xy + xz$ para todo x, y, z de K.

0 é chamado *zero* (de K); $-x$, oposto de x; x^{-1}, inverso de x; 1, *elemento-unidade*.

Proposição A.1.1. (Cancelamento) $x + z = y + z \Rightarrow x = y$.

Prova. Por A_3, existe $-z \in K$ tal que

$$(-z) + z = 0.$$

Da hipótese, vem que

$$(x + z) + (-z) = (y + z) + (-z)$$

ou, por A_1

$$x + (z + (-z)) = y + (z + (-z))$$

$$\therefore [A_3] \qquad x + 0 = y + 0$$

$$\therefore [A_2] \qquad x = y.$$

---

* Uma operação num conjunto K é uma correspondência que, a cada par (x, y) de elementos de K, associa um único elemento de K.

Corolário. 0 é o único elemento de K que goza de A_2 e o oposto de um elemento é único.

Prova. Se $\quad x + 0 = x \quad$ e $\quad x + 0' = x,$

então $\quad x + 0 = x + 0'$

$\therefore$ [A4] $\quad 0 + x = 0' + x$

$\therefore$ [Prop. A.1.1.] $\quad 0 = 0'.$

A unicidade do oposto fica como exercício.

Proposição. A.1.2. A equação $a + x = b$ tem solução única em K, a saber, $x = b + (-a)$.

Prova. $a + (b + (-a)) = a + ((-a) + b) = (a + (-a)) + b = 0 + b = b$ [usamos, sucessivamente, A_4, A_1, A_3, A_2.]

Logo, $x = b + (-a)$ é solução. Para a unicidade, somar $-a$ a ambos os membros da equação.

Convenção. $b + (-a)$ escrever-se-á $b - a$.

Proposição A.1.3. $-(-x) = x$; $-(x + y) = (-x) + (-y)$.

Prova. Temos $x + (-x) = 0$ e, por A_4, $(-x) + x = 0$, o que significa que $-(-x) = x$, pela unicidade do oposto.

$$(x+y)+((-x)+(-y))=$$
$$=x+\left[y+((-x)+(-y))\right]=$$
$$=x+\left[y+((-y)+(-x))\right]=$$
$$=x+\left[(y+(-y))+(-x)\right]=$$
$$=x+\left[0+(-x)\right]=x+(-x)=0$$

Logo, pela unicidade do oposto, vem

$$-(x + y) = (-x) + (-y).$$

Proposição A.1.4. (Cancelamento). $(xy = zy) \wedge (y \neq 0) \Rightarrow x = z$.

Prova. Exercício.

Corolário. 1 é o único elemento de K que satisfaz M_2 e o inverso de um elemento é único.

Proposição A.1.5. A equação $ax = b$, $a \neq 0$, tem solução única em K.

Prova. Exercício.

Convenção. ab^{-1} escrever-se-á $\frac{a}{b}$.

Proposição A.1.6. $(x^{-1})^{-1} = x$ $(x \neq 0)$.

$$(xy)^{-1} = y^{-1}x^{-1} \ (x, y \neq 0).$$

Prova. Como $x^{-1} \cdot x = 1$, decorre da unicidade do inverso de x^{-1} que $(x^{-1})^{-1} = x$. Deixa-se o outro resultado como exercício.

Proposição A.1.7. $x0 = 0$.

Prova. $0 + x0 = x0 = x(0 + 0) = x0 + x0$ [usamos A_2, A_3, A_4, D].

Considerando o primeiro e o último membro e levando em conta a Proposição A.1.1., vem

$$0 = x0.$$

Proposição A.1.8. $xy = 0 \Rightarrow (x = 0) \vee (y = 0)$.

Prova. Se $x \neq 0$, existe x^{-1} [M_3]. Então $x^{-1}(xy) = x^{-1}0 = 0$ (Proposição A.1.7.) Então

$$\left(x^{-1}x\right)y = 0, \quad [M_1]$$

$$\therefore \quad 1\,y = 0, \quad [M_3]$$

$$\therefore \quad y = 0. \quad [M_2]$$

Proposição A.1.9. (Regra dos sinais).

a) $(-x)y = x(-y) = -xy$; b) $(-x)(-y) = xy$.

Prova. $xy + (-x)y = [x + (-x)]y = 0y = 0 \therefore -xy = (-x)y$.

Daí decorre (faça como exercício) que

$$-xy = x(-y).$$

Utilizando o primeiro resultado, facilmente se prova (b):

$$(-x)(-y) = x(-(-y)) = xy.$$

Como exercício, justifique, com base nos postulados, as passagens efetuadas nesta prova.

Corolário. $-x = (-1)x$.

EXERCÍCIOS

Provar as seguintes afirmações, sendo x, y, z, w elementos de um corpo:

A.1.1. $-0 = 0$; $1^{-1} = 1$.

A.1.2. $-(x - y) = y - x$; $(x - y) + (y - z) = x - z$.

A.1.3. $x(y - z) = xy - xz$.

A.1.4. não existe x tal que $x_0 = 1$.

A.1.5. $x^2 - y^2 = (x - y)(x + y)(x^2 = xx; 2 = 1 + 1)$

A.1.6. $x^2 = y^2 \Rightarrow (x = y) \vee (x = -y)$.

A.1.7. $x^3 - y^3 = (x - y)(x^2 + xy + y^2)$;

$x^3 + y^3 = (x + y)(x^2 - xy + y^2)$ $(x^3 = xxx; 3 = 2 + 1)$.

A.1.8. $\dfrac{x}{1} = x$.

A.1.9. $\dfrac{x}{y} + \dfrac{z}{w} = \dfrac{xw + zy}{yw}$; $\dfrac{x}{y}\dfrac{z}{w} = \dfrac{xz}{yw}$ $\quad (y, w \neq 0)$.

A.1.10. $\dfrac{-x}{y} = \dfrac{x}{-y} = -\dfrac{x}{y}$ $\quad (y \neq 0)$.

A.1.11. $\dfrac{\frac{x}{y}}{\frac{z}{w}} = \dfrac{xw}{yz}$ $\quad (y, w, z \neq 0)$.

A.1.12. Sendo $y, w \neq 0$, $\quad \dfrac{x}{y} = \dfrac{z}{w} \Leftrightarrow xw = yz$.

A.1.13. a) $2(x + y) = 2x + 2\,y = (x + x) + (y + y)$

b) $2(x + y) = (x + y) + (x + y)$

*c) Mostre que A4 é consequência dos demais postulados.

*A.1.14. Seja K um conjunto constituído de dois elementos a e b $(a \neq b)$, munido das duas operações seguintes

$a + a = a$, $\quad aa = a$,

$b + b = a$, $\quad ab = ba = a$.

$a + b = b + a = b$, $\quad bb = b$.

Mostre que K, munido dessas operações, é um corpo.

Notas. 1) Costumam-se dar as operações através de tabelas.

+	a	b
a	a	b
b	b	a

	a	b
a	a	a
b	a	b

2) Observe que o 0 de K é a, e o elemento unidade 1 é b. Observe também que $b + b = a = 0 \therefore b = -b$, isto é, b é seu próprio oposto, e $b \neq 0$.

A.2 CORPO ORDENADO

Definição A.2.1. Um corpo K se diz *ordenado* se contém uma parte P tal que

a) $x, y \in P \Rightarrow x + y, xy \in P$;

b) dado $x \in K$, ou $x \in P$, ou $x = 0$, ou $-x \in P$, e essas alternativas são mutuamente exclusivas.

Os elementos de P se chamam *elementos positivos* do corpo ordenado.

Se $x \in P$, indica-se $x > 0$ ou, equivalentemente, $0 < x$. A indicação $x \geq 0$ ou, equivalentemente, $0 \leq x$ significa $x > 0$ ou $x = 0$.

Definição A.2.2. $x > y$ ($x \geq y$) ou equivalentemente $y < x$ ($y \leq x$) significa $x - y > 0$ ($x - y \geq 0$). Portanto, se $y < 0$, então $-y > 0$.

Proposição A.2.1. Num corpo ordenado, temos

a) $(x > y) \wedge (y > z) \Rightarrow x > z$;

b) $(x > y) \wedge (z > 0) \Rightarrow xz > yz$;

c) $(x > y) \wedge (z < 0) \Rightarrow xz < yz$;

d) $(x > y) \wedge (z > w) \Rightarrow x + z > y + w$;

e) $(x > y \geq 0) \wedge (z > w \geq 0) \Rightarrow xz > yw \geq 0$.

Prova

a) $x > y \Rightarrow x - y > 0$

$y > z \Rightarrow y - z > 0$

$\therefore$ por Def. A.2.1.(a), $(x - y) + (y - z) > 0$, isto é,

$$x - z > 0$$

$$\therefore \quad x > z \qquad \text{[Def. A.2.2]}$$

b) $x > y \Rightarrow x - y > 0$

$\therefore$ como $z > 0$,

$(x - y)z > 0$ [Def. A.2.1.(a)]

$\therefore$ $xz - yz > 0$

$\therefore$ $xz > yz$ [Def. A.2.2.]

c) Como $z < 0$ acarreta $-z > 0$, por b) podemos escrever

$x(-z) > y(-z)$

$\therefore$ $-xz > -yz$

$\therefore$ $-xz - (-yz) > 0$ [Def. A.2.2]

$\therefore$ $yz - xz > 0$

$\therefore$ $xz < yz$. [Def. A.2.2]

d) $x > y \Rightarrow x - y > 0$

$z > w \Rightarrow z - w > 0$

$\therefore$ $(x - y) + (z - w) > 0$ [Def. A.2.1.(a)]

$\therefore$ $x + z - (y + w) > 0$

$\therefore$ $x + z > y + w$. [Def. A.2.2]

e) Como $x > y$ e $z > 0$ vem

$xz > yz$ [por b)]

Como $z > w$ e $y > 0$ vem

$yz > yw$ [por b)]

$\therefore$ $xz > yw \geq 0$ [por a)]

Proposição A.2.2. Num corpo ordenado, temos $x^2 \geq 0$; $x^2 = 0 \Leftrightarrow x = 0$.

Prova. Pela Def. A.2.1.(b), dado x,

ou $x > 0$ e, nesse caso, $x^2 > 0$ [por e)]

ou $x = 0$ e, nesse caso, $x^2 = 0$

ou $-x > 0$ e, nesse caso, $(-x)^2 > 0$ [por e)]

i.e. $x^2 > 0$ (Regra dos sinais)

Deixamos o restante como exercício.

Corolário. $1 > 0$.

EXERCÍCIOS

Provar as seguintes afirmações, sendo x, y, z, w, ε, a elementos de um corpo ordenado.

A.2.1. $-x < y < x \Leftrightarrow x > -y > -x$.

A.2.2. $(x > 0) \wedge (y < 0) \Rightarrow xy < 0$.

A.2.3. $x \leq x$; $x + 1 > x$.

A.2.4. $(x \leq y) \wedge (y \leq x) \Rightarrow x = y$.

A.2.5. $xy < 0 \Leftrightarrow [(x > 0) \wedge (y < 0)] \vee [(x < 0) \wedge (y > 0)]$.

A.2.6. $0 < x \Leftrightarrow 0 < \dfrac{1}{x}$.

A.2.7. Se $y \geq 0$, então

$$-y \leq x \leq y \Leftrightarrow x^2 \leq y^2.$$

A.2.8. $0 < x < y \Rightarrow x^2 < y^2$.

A.2.9. $x^2 + y^2 \geq 0$; $x^2 + y^2 = 0 \Leftrightarrow x = y = 0$.

A.2.10. Num corpo ordenado, o único elemento que é igual ao seu oposto é 0 (cj. Exer. A.1.14. nota 2).

A.2.11. $(xy > 0) \wedge (x > y) \Rightarrow \dfrac{1}{x} < \dfrac{1}{y}$.

A.2.12. Não existe a tal que $x \leq a$ para todo x de um corpo ordenado.

A.2.13. Dados x e y, $x \neq y$, existe z tal que $x < z < y$.

A.2.14. a) $\sqrt{xy} \leq \dfrac{x + y}{2}$ onde $x \geq 0$, $y \geq 0$ e $\left(\sqrt{a}\right)^2 = a$ para, $a \geq 0$.

b) $\dfrac{x + y}{2} \geq \dfrac{1}{\dfrac{\frac{1}{x} + \frac{1}{y}}{2}}$ $x > 0$, $y > 0$ $\quad (2 = 1 + 1)$.

A.2.15. Não existe x tal que $x^2 + 1 = 0$.

A.2.16. Defina $|x|$ e verifique que valem as propriedades usuais do módulo.

A.2.17. $|x| < |y| \Leftrightarrow x^2 < y^2$.

A.2.18. a) Sejam x e y tais que, dado $\varepsilon > 0$ qualquer, temos $|x - y| < \varepsilon$. Então $x = y$.

*b) Se, dado $\varepsilon > 0$ qualquer, verifica-se $x - y \leq \varepsilon$, então $x \leq y$.

A.2.19. Admita que se saiba o que é número natural e o que significa x^n, n natural $(\underbrace{xxxx\ldots x}_{n \text{ vezes}})$. Mostre que

a) $0 \le x < y \Rightarx^n < y^n$;

*b) $(x^n = y^n) \wedge (n \text{ ímpar}) \Rightarrow x = y$.

c) $(x^n = y^n) \wedge (n \text{ par}) \Rightarrow (x = y) \vee (x = -y)$.

Sugestão. b) Mostre que basta considerar x, $y > 0$, e aplique o resultado a.

A.3 CORPO ORDENADO COMPLETO

A estrutura de corpo ordenado não serve para caracterizar os números reais. De fato, o conjunto dos números racionais com as operações e ordem usuais é um corpo ordenado.

Existe um axioma que os números racionais não verificam, e que caracteriza os números reais. Este axioma é que dá origem aos números irracionais, e será dado na seção seguinte, sendo a presente preparatória.

Definição A.3.1. Seja A uma parte de um corpo ordenado K. Se $a \in K$ é tal que $x \le a$ ($x \ge a$) para todo $x \in A$, então a é denominado uma *restrição superior* (restrição inferior) de A, caso em que A é dito *restrito superiormente* (restrito inferiormente).

Definição A.3.2. Seja A uma parte de um corpo ordenado K. Seja $b \in K$ tal que

a) b é restrição superior (inferior) de A;

b) se b' é restrição superior (inferior) de A, então $b \le b'$, ($b \ge b'$).

Nesse caso, b é chamado *supremo de A* (ínfimo de A); indica-se b = sup A ($b = \inf A$).

Nota. Abreviadamente: sup A é a menor das restrições superiores de A.

Proposição A.3.1. a) sup A (inf A), se existir, é único.

b) Dado $\varepsilon \in K$, $\varepsilon > 0$, existe $x \in A$ tal que $\sup A - \varepsilon < x$ ($\inf A + \varepsilon > x$).

(A notação é a da Def. A.3.2.)

Prova. a) Se existisse $\overline{b}$ gozando das propriedades (a) e (b) da Def. A.3.2, deveríamos ter

$$\overline{b} \leq \sup A$$
$$\text{e } \sup A \leq \overline{b}$$
$$\therefore \sup A = \overline{b}.$$

Deixamos o caso do ínfimo como exercício.

b) Como $\sup A - \varepsilon < \sup A$ e $\sup A$ é a menor das restrições superiores de A, segue-se que $\sup A - \varepsilon$ não é restrição superior de A; logo, existe $x \in A$ tal que $\sup A - \varepsilon < x$.

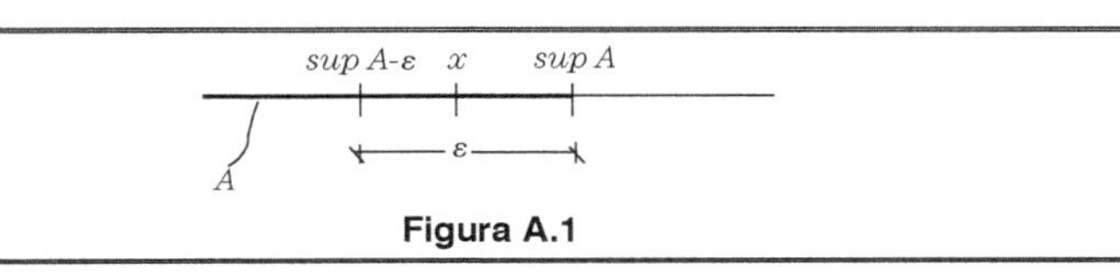

Figura A.1

O outro caso é deixado como exercício.

Definição A.3.3. Um *corpo ordenado completo* é um corpo tal que qualquer parte não vazia* do mesmo, restrita superiormente, possui supremo.

No Exer. A.3.4. teremos uma ideia de por que um corpo ordenado completo não tem "falhas".

EXERCÍCIOS

A.3.1. a) a é restrição superior de $A \Leftrightarrow -a$ é restrição inferior de $-A$.

b) Existe $\sup A \Leftrightarrow$ existe $\inf(-A)$. Nesse caso $\sup A = -\inf(-A)$.

c) K é corpo ordenado completo $\Leftrightarrow$ toda parte não vazia de K restrita inferiormente tem ínfimo.

d) Seja A um conjunto restrito,** isto é, restrito superiormente e inferiormente. Mostre que

* Isto é, que possui pelo menos um elemento.

** Diz-se também limitado. Coerentemente se fala limitado superiormente (inferiormente) ao invés de restrito superiormente (inferiormente).

$$\inf(-A) = -\sup A$$
$$\inf A = -\sup(-A)$$

c) K é corpo ordenado completo $\Leftrightarrow$ toda parte não vazia de K restrita inferiormente tem ínfimo.

A.3.2. Num corpo ordenado, pode-se definir a noção de intervalo. Por exemplo $[a,b]$ é o conjunto dos x tais que $a \leq x \leq b$.

Sejam $[a_n, b_n]$, $n = 1, 2, 3, ...$*** intervalos (num corpo ordenado K) tais que

$$a_i \leq a_{i+1} < b_{i+1} \leq b_i \quad (i = 1, 2, 3, \ldots)$$

Intervalos assim são chamados encaixantes.

Seja A o conjunto dos a_i; B, o dos b_i.

a) Mostre que qualquer b_i é restrição superior de A, e qualquer a_i é restrição inferior de B.

b) Portanto, se K é completo, existem $\sup A$ e $\inf B$.

c) Mostre que, para $i = 1, 2, 3, ...$, tem-se

$$a_i \leq \sup A \leq \inf B \leq b_i.$$

A.3.3. a) Seja A uma parte de um corpo ordenado K e $a \in$ K; a se diz ponto de acumulação de A se qualquer intervalo aberto contendo a contém pontos de 1 distintos de a.

b) (Teorema de Bolzano-Weierstrass). Todo conjunto restrito, parte de um corpo ordenado completo, constituído de infinitos elementos tem um ponto de acumulação. *Sugestão*. Sendo A tal conjunto podemos supor $A \subset [a,b]$. Divida esse intervalo ao meio, obtendo $[a_1, b_1,]$ com infinitos elementos. Faça o mesmo com $[a_1, b_1]$ obtendo $[a_2, b_2]$ com infinitos pontos etc. Pelo exercício anterior, existe c comum a todos esses intervalos. Mostre que c é ponto de acumulação de A.

***A.3.4. Seja $a \in K$, onde K é um corpo ordenado completo, e suponhamos $a \geq 0$. Então existe um único $b \in K$ tal que $b \geq 0$, e $b^2 = a$; b é indicado $\sqrt{a}$.

*** Embora os números naturais sejam definidos mais adiante, não seria natural postergar esse instrutivo exercício.

Solução. Se $a = 0$, então $b = 0$. Suponha $a > 0$. Seja S o conjunto dos $x > 0$ de K tais que $x^2 \leq a$. S é restrito superiormente, pois $(1 + a)^2 > a$, e S não é vazio, pois

$$\frac{a}{1+a} \in S.$$

Logo, existe $b = \sup S$. Temos apenas uma das alternativas $b^2 < a$, $b^2 = a$, $b^2 > a$.

a) Se $b^2 < a$, como $b > 0$, existe $c > 0$ tal que $c < b$ e $c < \dfrac{a - b^2}{3b}$.

Então $(b+c)^2 = b^2 + c(2b+c) < b^2 + 3bc < b^2 + (a - b^2) = a$.

Logo, $b + c \in S$, o que é absurdo, pois $b + c > b$.

b) Se $b^2 > a$, seja $d = b - \dfrac{(b^2 - a)}{2b} = \dfrac{1}{2}\left(b + \dfrac{a}{b}\right)$. Então

$$0 < d < b \quad \text{e} \quad d^2 = a + \frac{(b^2 - a)^2}{4b^2} > a.$$

Logo, $d^2 > x^2$ para todo $x \in S$, e, então, $d > x$ para todo $x \in S$, o que mostra que d é restrição superior de S. Mas $d < b$, e isso é uma contradição.

c) Resulta $b^2 = a$. Deixamos a unicidade para o leitor.

*A.3.5. Sendo A e B partes de um corpo ordenado, $A + B$ é o conjunto dos elementos da forma $a + b$, onde $a \in A$ e $b \in B$. Mostre que sup $(A + B) = \sup A + \sup B$ (supondo a existência desses supremos).

Sugestão. 1) $(a \leq \sup A) \wedge (b \leq \sup B) \Rightarrow a + b \leq \sup A + \sup B$, para todo elemento de $A + B$. Logo, $\sup A + \sup B$ é restrição superior de $A + B$. Qual é a menor?

2) Usando a Proposição A.3.1., dado $\varepsilon > 0$, temos

$$\sup A - \frac{\varepsilon}{2} < a_0, \quad a_0 \in A;$$

$$\sup B - \frac{\varepsilon}{2} < b_0, \quad b_0 \in B;$$

$$\therefore \sup A + \sup B < a_0 + b_0 + \varepsilon \leq \sup(A + B) + \varepsilon$$

$$\therefore \sup A + \sup B \leq \sup(A + B) \ [\text{veja Exer. A.2.18}(b)].$$

A.3.6. Se A e B são partes não-vazias de um corpo ordenado K tais que $(a \in A) \wedge (b \in B) \Rightarrow a \leq b$, então

a) $\sup A \leq b$, para todo $b \in B$;

b) $\sup A \leq \inf B$.

A.4 NÚMEROS REAIS

Vamos partir do axioma dado a seguir.

Axioma. Existe um corpo ordenado completo.

Tal corpo será indicado por $\mathbb{R}$, e seus elementos serão chamados *números reais*.

Voltamos a insistir: poderíamos ter partido da existência dos números naturais e daí, através de construções sucessivas, chegar aos números reais, passando pelos números inteiros e racionais. Nesse caso, o axioma acima seria um teorema.

Uma questão que se põe naturalmente é a seguinte: existe mais de um corpo ordenado completo? Falando vagamente, pode-se dizer que essencialmente existe apenas um, num sentido que a seguir explicaremos. Suponha um corpo ordenado completo K, com as operações +, e a ordem < e um corpo ordenado completo $\overline{K}$, com as operações $\overline{+}, \overline{\cdot}$, e a ordem $\overline{<}$. Prova-se que existe uma correspondência entre os elementos de K e $\overline{K}$ tal que

a) se a corresponde a $\overline{a}$, e b a $\overline{b}$, então $a + b$ corresponde a $\overline{a} \mathbin{\overline{+}} \overline{b}$ e $a \cdot b$ a $\overline{a} \mathbin{\overline{\cdot}} \overline{b}$;

b) se $a < b$, então $\overline{a} \mathrel{\overline{<}} \overline{b}$;

c) a cada elemento de K corresponde um único de $\overline{K}$, e cada elemento de $\overline{K}$ é o correspondente de um único elemento de K.

Portanto os corpos ordenados são essencialmente "iguais": pela propriedade (c), a correspondência "identifica" os elementos de K com os de $\overline{K}$ e, pelas duas primeiras, as operações e a ordem são preservadas por essa correspondência.

Pode-se precisar o que se disse, mas não o faremos aqui. A correspondência, como acima, recebe o nome de isomorfismo entre K e $\overline{K}$.

Desejamos agora "reconhecer" os números naturais, inteiros e racionais.

Definição A.4.1. Um número real n é chamado *número natural* se ele pertence a todo conjunto B de números reais que possui as seguintes propriedades:

a) $1 \in B$; b) $x \in B \Rightarrow x + 1 \in B$.

B é chamado *conjunto indutivo* (exemplo de conjunto indutivo: $\mathbb{R}$).

O conjunto dos números naturais será indicado por $\mathbb{N}$.

Proposição A.4.1.

a) $1 \in \mathbb{N}$; b) $n \in \mathbb{N} \Rightarrow n + 1 \in \mathbb{N}$. (Logo $\mathbb{N}$ é um conjunto indutivo.)

Prova. a) claro, b) suponha que $n \in \mathbb{N}$. Então n pertence a todo conjunto indutivo. Mas então $n + 1$ pertence a todo conjunto indutivo (por definição desse tipo de conjunto), e $n + 1 \in \mathbb{N}$ por definição de número natural.

Proposição A.4.2. Seja S um conjunto de números naturais tal que a) $1 \in S$; b) $k \in S \Rightarrow k + 1 \in S$. Então $S = \mathbb{N}$.

Prova. S é um conjunto indutivo por hipótese. Logo, se n é natural, por definição, n deve pertencer a todos os conjuntos indutivos e, em particular, a S. Logo, $S = \mathbb{N}$.

Como aplicação, podemos mostrar que é válido um processo muito importante de demonstração – o processo de indução finita. Suponha que, a cada n natural, esteja associada uma propriedade $P(n)$. Se

a) $P(1)$ é verdadeira e se,

b) assumindo $P(k)$ verdadeira, podemos provar que $P(k + 1)$ é verdadeira, então $P(n)$ é verdadeira para todo natural n.*

De fato, seja S o conjunto de números naturais n tais que $P(n)$ é verdadeira. Como $P(1)$ é verdadeira, $1 \in S$. Pela propriedade (b), se $k \in S$, então $k + 1 \in S$. Segue-se que $S = \mathbb{N}$ pela proposição anterior, isto é, $P(n)$ é verdadeira para todo n natural.

---

* Intuitivamente: $P(2)$ é verdadeira pois $P(1)$ o é, pela propriedade (b). Mas então, pela mesma propriedade, $P(3)$ é verdadeira etc.

Aqui cabe uma crítica. Usamos o conceito de "propriedade $P(n)$", não-definida. Para evitar isso, tornando rigorosa cada prova por indução, pode-se imitar a demonstração vista, conforme se faz no Ex. A.4.1.

Exemplo A.4.1. Prove que

$$1+3+5+\cdots+(2n-1)=n^2.$$

Seja S o conjunto dos números naturais n tais que

$$1+3+5+\cdots+(2n-1)=n^2.$$

Temos

a) obviamente, $1 \in S$ e

b) supondo $1 + 3 + 5 + \cdots + (2k - 1) = k^2$, isto é, $k \in S$, vem, somando $2k + 1$ a ambos os membros,

$$1+3+5+\cdots+(2k-1)+(2k+1)=k^2+2k+1=(k+1)^2$$

e, portanto, $k + 1 \in S$.

Resulta, pela proposição anterior, que $S = \mathbb{N}$.

Exemplo A.4.2. Se $x > -1$ e $n \in \mathbb{N}$, então $(1 + x)^n \geq 1 + nx$ (desigualdade de Bernoulli).

Seja S como sempre.

a) $1 \in S$, pois $(1 + x)^1 \geq 1 + 1x$.

b) Suponhamos $k \in S$, isto é,

$$(1+x)^k \geq 1+kx.$$

Então

$$(1+x)^{k+1}=(1+x)^k(1+x)\geq(1+kx)(1+x)=$$
$$=1+kx+x+kx^2\geq 1+kx+x=1+(k+1)x,$$

o que mostra que k + 1 ∈ S. Então

$$S=\mathbb{N}.$$

Proposição A.4.3. a) $m, n \in \mathbb{N} \Rightarrow m + n \in \mathbb{N}$.

b) $m, n \in \mathbb{N} \Rightarrow mn \in \mathbb{N}$.

Prova. a) Seja S o conjunto dos naturais m tais que a asserção é verdadeira. Temos

$$1)\ 1 \in S, \text{ pois } \mathbb{N} \text{ é indutivo}$$

e

$$2)\ \text{supondo } k, n \in \mathbb{N} \Rightarrow k + n \in \mathbb{N},$$

ou seja, que $k \in S$, então

$$(k+1) + n = (k+n) + 1 \in \mathbb{N},$$

pois $k + n \in \mathbb{N}$ por hipótese, e $\mathbb{N}$ é indutivo. Logo, $k + 1 \in S$.

Segue-se que $S = \mathbb{N}$.

b) Exercício.

Proposição A.4.4. $\mathbb{N}$ não é restrito superiormente.

Prova. Se assim fosse, existiria $\sup \mathbb{N}$. Então, como $\sup \mathbb{N} - 1$ não é restrição superior de $\mathbb{N}$ (por definição de supremo), existe $n \in \mathbb{N}$ tal que $\sup \mathbb{N} - 1 < n$, ou seja, $\sup \mathbb{N} < n + 1$.

Como $n + 1 \in \mathbb{N}$, isso não pode suceder com $\sup \mathbb{N}$.

Corolário. Dado $x \in \mathbb{R}$, existe $n \in \mathbb{N}$ tal que $n > x$.

Prova. Se assim não fosse, seria $n \leq x$ para todo $n \in \mathbb{N}$, e $\mathbb{N}$ seria restrito superiormente.

Corolário. Dado $x \in \mathbb{R}$, $x > 0$, existe n $\mathbb{N}$ tal que $\frac{1}{n} < x$.

Prova. Imediato.

Uma vez caracterizados os naturais, fica fácil definir número inteiro, número racional, e número irracional. Deixamos a tarefa para o leitor.

EXERCÍCIOS

A.4.1. a) $n \in \mathbb{N} \Rightarrow n > 0$ (indução); b) $0 \notin \mathbb{N}$.

A.4.2. Se $n \in \mathbb{N}$, define-se *sucessor de n* por $n^* = n + 1$. Prove que (m, $n \in \mathbb{N}$ sempre):

a) $n^* = m^* \Rightarrow n = m$.

b) 1 não é sucessor de nenhum número natural.

c) $n + m^* = (n + m)^*$.

d) $nm^* = nm + n$.

e) $n^* \neq n$.

*f) $n \neq 1 \Rightarrow n > 1$ (indução).

Sugestão. Seja S o conjunto constituído pelo número 1 e pelos n tais que a afirmação subsiste.

g) $n \neq 1 \Rightarrow$ existe $a \in \mathbb{N}$ tal que $n = a^*$.

h) $n \neq 1 \Rightarrow n - 1 \in \mathbb{N}$.

*i) $n > \text{m} \Rightarrow n - m \in \mathbb{N}$. (indução sobre m).

Sugestão. Se $n > k \Rightarrow n - k \in \mathbb{N}$, então, se $n > k + 1$, temos $n - k > 1$, logo,

$$n - k = u^* = u + 1 \therefore n - k - 1 = u \in \mathbb{N}.$$

A.4.3. Defina número inteiro, racional e irracional. Indica-se o conjunto dos números inteiros por $\mathbb{Z}$; o dos racionais, por $\mathbb{Q}$.

A.4.4. a) $m, n \in \mathbb{Z} \Rightarrow m + n, mn \in \mathbb{Z}$.

b) $m, n \in \mathbb{Q} \Rightarrow m + n, mn \in \mathbb{Q}$.

*A.4.5. a) $\mathbb{Q}$ é um corpo ordenado, mas não é completo.

b) $\mathbb{N}$ e $\mathbb{Z}$ não são corpos.

c) O conjunto $\mathbb{R} - \mathbb{Q}$ dos números irracionais não é corpo.

Sugestão, a) Se fosse, existiria um número racional z tal que $z^2 = 2$, pelo Exer. A.3.4.

b) Prove que $mn = 1 \Rightarrow m = n = 1$. ($m, n \in \mathbb{N}$). Para isso, suponha que $m \neq 1$ e, então, também $n \neq 1$, senão $m, n = 1$, acarreta $m = 1$. Logo, $m = u + 1$, $n = \nu + 1$, $u, \nu \in \mathbb{N}$. Substituindo em $mn = 1$, resulta um absurdo.

A.4.6. (Propriedade arquimediana dos números reais).

Se $x > 0$ e y são números reais, existe $n \in \mathbb{N}$ tal que $nx > y$.

*A.4.7. Dado $x \in \mathbb{R}$, existe um único $n \in \mathbb{Z}$ tal que $n \leq x < n + 1$.

Sugestão. Se $x \in \mathbb{Z}$, nada há a demonstrar. Se $x \notin \mathbb{Z}$, suponha $x > 0$; existe $k \in \mathbb{N}$ tal que $k > x$. Existem no máximo $k - 1$ naturais menores que x. Se não existir nenhum, tome $n = 0$, senão tome n como o maior natural menor que x, $\therefore\ n < x < n + 1$. Se $x < 0$, $-x > 0$ etc.

*A.4.8. Mostre que, dados os números reais a e b, com $a < b$, existe r racional tal que $a < r < b$.

Sugestão. a) Se $b - a > 1$, considere maior inteiro $m \leq a$. Tome $r = m + 1$.

b) Se $a < b$, seja n tal que $\frac{1}{n} < b - a$, isto é, $nb - na > 1$, e aplique a parte a.

*A.4.9. Mostre que, sendo a e b números reais com $a < b$, existe x irracional tal que $a < x < b$.

Sugestão. Mostre que basta supor a racional. Tome $x = a + \frac{\sqrt{2}}{n}$, com $n \in \mathbb{N}$ suficientemente grande.

A.4.10. Considere as definições dadas a seguir.

a) Uma sequência $\{a_n\}$ de números reais é uma função que, a cada $n \in \mathbb{N}$, associa $a_n \in \mathbb{R}$.

Exemplo. $\left\{(-1)^n \frac{1}{n}\right\}$; a 1 associa -1, a 2 associa $\frac{1}{2}$, a 3 associa $-\frac{1}{3}$, etc.

b) Uma subsequência de $\{a_n\}$ é uma sequência $\{b_n\}$ tal que $b_n = a_{r_n}$, $n = 1, 2, 3, \ldots$, onde $r_1 < r_2 < \cdots$ $(r_i \in \mathbb{N})$.

Exemplos. $\{a_{2n}\}$ e $\{a_{2n-1}\}$ são subsequências de $\{a_n\}$.

c) $\lim_{n\to\infty} a_n = L$ significa que, dado $\varepsilon > 0$, existe $N \in \mathbb{N}$ tal que

$$n > N \Rightarrow |a_n - L| < \varepsilon.$$

Nesse caso, se diz que $\{a_n\}$ é convergente (a L).

Sugestão. Use a Proposição A.3.1(b) tomando $\varepsilon = \frac{1}{n}$, $n = 1, 2, 3, \ldots$

A.4.11. Prove por indução o que segue.

a) $1 + 2 + 3 + \cdots + n = \frac{n(n+1)}{2}$.

b) $1^3 + 2^3 + 3^3 + \ldots + n^3 = (1 + 2 + 3 + \ldots + n)^2$.

c) $1 \cdot 2 + 2 \cdot 3 + \cdots + n(n+1) = \frac{n(n+1)(n+2)}{3}$.

---

* Seja A o conjunto dos a_n. Mostre que, se A é restrito superiormente, então existe uma subsequência de $\{a_n\}$ convergente a sup A.

d) $1 + x + x^2 + \cdots + x^n = \dfrac{x^{n+1} - 1}{x - 1} \quad (x \neq 1)$.

e) $2^n > n \quad (n \in \mathbb{N})$.

f) Todo natural ou é par ou é ímpar.

g) $a^{m+n} = a^m \cdot a^n$

$(a^m)^n = a^{mn}$,

sendo $\begin{cases} a^1 = a \\ a^{n+1} = a^n a. \end{cases}$

h) $x^{2n-1} + y^{2n-1}$ é divisível por $x + y$.

i) $0 < a \leq 1 \Rightarrow 0 < a^n \leq a < 1; \qquad a > 1 \Rightarrow a^n \geq a$.

*A.4.12. (Princípio da boa ordem). Se A é um conjunto não vazio de números naturais, então A tem mínimo, isto é, existe $a \in A$ tal que $a \leq n$ para todo $n \in A$.

Sugestão. Suponha o contrário. Então $1 \notin A$. Seja S o conjunto dos naturais que são menores que todos os elementos de A. Então $1 \in S$; supondo $k \in S$, prove que $k + 1 \in S$. Pelo Princípio da indução finita, $S = \mathbb{N}$, o que é absurdo, pois A não é vazio.

*A.4.13. Seja $a > 0$, $n \in \mathbb{N}$, $n > 1$. Mostre que existe um único $b > 0$ tal que $b^n = a$. (Indica-se $b = \sqrt[n]{a}$, ou $b = a^{1/n}$)

Sugestão. Considere $f(x) = x^n$, $x \geq 0$. Mostre que é crescente; se $0 < a \leq 1$, aplique o teorema do valor intermediário a f no intervalo $[0,1]$. Se $a > 1$, então $a^n >$ a, pelo Exer. A.4.11(i). Aplique o teorema do valor intermediário a f no intervalo $[0,a]$.

A.4.14. Verifique, sendo A o conjunto

a) dos números da forma $\dfrac{1}{n}$, $n \in \mathbb{N}$;

b) $(0,1)$;

c) $[0,1)$;

d) dos x tais que $x > \sqrt{3}$;

e) dos números da forma $\left(\dfrac{1}{n}\right)^n$, $n \in \mathbb{N}$;

f) dos números da forma $2(-1)^n + \dfrac{1}{n}; n \in \mathbb{N}$.

g) $(-1)^n + \frac{1}{n}, n \in \mathbb{N}$.

que se tem, respectivamente,

a) $\inf A = 0$, $\sup A = 1$;

b) $\inf A = 0$, $\sup A = 1$;

c) $\inf A = 0$, $\sup A = 1$;

d) $\inf A = \sqrt{3}$, $\sup A$ não existe;

e) $\inf A = 0$, $\sup A = 1$;

f) $\inf A = -2$, $\sup A = \frac{5}{2}$;

g) $\inf A = -1$, $\sup A = \frac{3}{2}$.

APÊNDICE B

LIMITES

LI. Se $f(x)$ tende a L quando x tende a x_0 e $f(x)$ tende a M quando x tende a x_0, então $L = M$.

Prova. Se $L \neq M$, podemos supor, sem perda de generalidade, que $L > M$. Tomemos

$$\varepsilon = \frac{L-M}{2} > 0.$$

a) Existe $\delta_1 > 0$ tal que

$$0 < |x - x_0| < \delta_1 \Rightarrow |f(x) - M| < \frac{L-M}{2} \Rightarrow f(x) < \frac{M+L}{2}.$$

b) Existe $\delta_2 > 0$ tal que

$$0 < |x - x_0| < \delta_2 \Rightarrow |f(x) - L| < \frac{L-M}{2} \Rightarrow \frac{M+L}{2} < f(x).$$

De (a) e (b), resulta que, tomando $\delta = \min\{\delta_1, \delta_2\}$,*

$$0 < |x - x_0| < \delta \Rightarrow f(x) < f(x),$$

o que é absurdo.

Lema. Se $\lim_{x \to x_0} f(x) = L$, então

1) existem δ, M > 0 tais que

$$0 < |x - x_0| < \delta \Rightarrow |f(x)| < M, \text{ e,}$$

2) supondo L $\neq$ 0, existem α, $N > 0$ tais que

$$0 < |x - x_0| < \alpha \Rightarrow |f(x)| > N.$$

Prova. Se L = 0, dado $\varepsilon = 1$, existe $\delta > 0$ tal que

$$0 < |x - x_0| < \delta \Rightarrow |f(x)| < 1,$$

o que prova (1) nesse caso.

Se L $\neq$ 0, (1) e (2) decorrem imediatamente da prova de L2 apresentada na Sec. 2.3.

---

* δ é o mínimo entre δ_1 e δ_2.

L3. Se $\lim_{x \to x_0} f(x) = L$, $\lim_{x \to x_0} g(x) = M$, então

1) $\lim_{x \to x_0} (f + g)(x) = L + M$

2) $\lim_{x \to x_0} (fg)(x) = LM$

3) $\lim_{x \to x_0} \left(\frac{f}{g}\right)(x) = \frac{L}{M}$, supondo nesse caso, $M \neq 0$.

Prova.

1) Dado $\varepsilon > 0$, consideremos $\frac{\varepsilon}{2}$.

a) Existe $\delta_1 > 0$ tal que

$$0 < |x - x_0| < \delta_1 \Rightarrow |f(x) - L| < \frac{\varepsilon}{2}.$$

b) Existe $\delta_2 > 0$ tal que

$$0 < |x - x_0| < \delta_2 \Rightarrow |g(x) - M| < \frac{\varepsilon}{2}.$$

Decorre que, para $\delta = \min \{\delta_1, < \delta_2\}$,

$$0 < |x - x_0| < \delta \Rightarrow |f(x) + g(x) - (L + M)| \leq$$

$$\leq |f(x) - L| + |g(x) - M| < \frac{\varepsilon}{2} + \frac{\varepsilon}{2} = \varepsilon.$$

Temos

a) $|f(x)g(x) - LM| = |f(x)g(x) - g(x)L + g(x)L - LM| =$

$= |g(x)(f(x) - L) + L(g(x) - M)| \leq$

$\leq |g(x)||f(x) - L| + |L|\,|g(x) - M|.$

b) Existem δ_1, $P > 0$ tais que

$$0 < |x - x_0| < \delta_1 \Rightarrow |g(x)| < P$$

(lema anterior).

Dado $\varepsilon > 0$. consideremos

c) $\frac{\varepsilon}{2P}$ e, nesse caso, existe $\delta_2 > 0$ tal que

$$0 < |x - x_0| < \delta_2 \Rightarrow |f(x) - L| < \frac{\varepsilon}{2P}.$$

Se $L = 0$. tomando $\delta = \min\{\delta_1, \delta_2\}$ e considerando (a), (b) e (c), vem

$$0 < |x - x_0| < \delta \Rightarrow |f(x)g(x) - LM| < P \cdot \frac{\varepsilon}{2P} = \frac{\varepsilon}{2} < \varepsilon$$

e a asserção se segue.

Se $L \neq 0$, consideremos

d) $\frac{\varepsilon}{2|L|} > 0$ e, nesse caso, existe $\delta_3 > 0$ tal que

$$0 < |x - x_0| < \delta_3 \Rightarrow |g(x) - M| < \frac{\varepsilon}{2|L|}.$$

Tomando $\delta = \min\{\delta_1, \delta_2, \delta_3\}$, vem, considerando (a), (b), (c) e (d),

$$0 < |x - x_0| < \delta \Rightarrow |(fg)(x) - LM| < P \cdot \frac{\varepsilon}{2P} + |L| \cdot \frac{\varepsilon}{2|L|} = \varepsilon.$$

3) Basta provar que $\lim_{x \to x_0} \left(\frac{1}{g}\right)(x) = \frac{1}{M}$, lembrar que $\frac{f}{g} = f \cdot \frac{1}{g}$ e usar (2).

Temos

a) $\left|\frac{1}{g(x)} - \frac{1}{M}\right| = \frac{|g(x) - M|}{|g(x)||M|}$.

b) Existem $\delta_1, N > 0$ tais que

$$0 < |x - x_0| < \delta_1 \Rightarrow |g(x)| > N. \text{ (lema anterior).}$$

Dado $\varepsilon > 0$, consideremos

c) $\varepsilon|M|N$, e então existe $\delta_2 > 0$ tal que

$$0 < |x - x_0| < \delta_2 \Rightarrow |g(x) - M| < \varepsilon|M|N.$$

Tomando $\delta = \min\{\delta_1, \delta_2\}$ e considerando (a), (b) e (c), vem

$$0 < |x - x_0| < \delta \Rightarrow \left|\frac{1}{g(x)} - \frac{1}{M}\right| < \frac{\varepsilon|M|N}{N|M|} = \varepsilon.$$

Corolários. Nas hipóteses de L3 temos

1) $\lim_{x \to x_0} (kf)(x) = kL \quad (k \in \mathbb{R})$:

2) $\lim_{x \to x_0} (f(x) - g(x) = L - M$.

Prova. 1) Seja F tal que $F(x) = k$, para x do domínio de f. Então, por L3(2).

$$\lim_{x\to x_0}(Ff)(x) = \lim_{x\to x_0} F(x) \lim_{x\to x_0} f(x) = kL.$$

Mas

$$(Ff)(x) = F(x)f(x) = kf(x) = (kf)(x).$$

2) $\lim_{x\to x_0}(f(x) - g(x)) =$

$$= \lim_{x\to x_0}(f(x) + (-1)g(x)) = \lim_{x\to x_0} f(x) + \lim_{x\to x_0}(-1)g(x) =$$
$$= L + (-1)\cdot M = L - M.$$

Na penúltima passagem, usamos o Corolário (1).

L4. Se $\lim_{x\to x_0} g(x) = \lim_{x\to x_0} h(x) = L$ e se f é tal que $g(x) \le f(x) \le h(x)$ para todo x de um intervalo que contém x_0, com eventual exceção de x_0, então $\lim_{x\to x_0} f(x) = L$.

Prova. a) Existe $\delta_1 > 0$ tal que

$$0 < |x - x_0| < \delta_1 \Rightarrow g(x) - L < f(x) - L < h(x) - L,$$

como facilmente decorre das hipóteses.

Dado $\varepsilon > 0$,

b) Existe $\delta_2 > 0$ tal que

$$0 < |x - x_0| < \delta_2 \Rightarrow |g(x) - L| < \varepsilon \Rightarrow -\varepsilon < g(x) - L.$$

c) Existe $\delta_3 > 0$ tal que

$$0 < |x - x_0| < \delta_3 \Rightarrow |h(x) - L| < \varepsilon \Rightarrow h(x) - L < \varepsilon.$$

Tomando $\delta = \min\{\delta_1, \delta_2, \delta_3\}$, vem, considerando (a), (b) e (c),

$$0 < |x - x_0| < \delta \Rightarrow$$
$$-\varepsilon < g(x) - L < f(x) - L < h(x) - L < \varepsilon \Rightarrow |f(x) - L| < \varepsilon.$$

L5. Seja f uma função, e x_0 um número. Suponha que num intervalo aberto contendo x_0 se verifica $f(x) \geq 0$ para todo x desse intervalo, com a possível exceção de x_0. Então, se $\lim_{x \to x_0} f(x) = L$, temos $L \geq 0$.

Prova. Se $L < 0$, existe, por L2, $\delta > 0$ tal que

$$0 < |x - x_0| < \delta \Rightarrow f(x) < 0,$$

o que vai contra a hipótese.

Corolário. Sejam f e g funções, e x_0 um número. Suponha que num intervalo aberto contendo x_0 se verifica $f(x) \geq g(x)$ para todo x desse intervalo, com a possível exceção de x_0. Então, se

$$\lim_{x \to x_0} f(x) = L$$

$$\lim_{x \to x_0} g(x) = M,$$

temos $L \geq M$.

Prova. Exercício.

Proposição B1. Se $\lim_{x \to x_0} f(x) = L$, então

$$\lim_{x \to x_0} |f|(x) = |L|, \quad \text{onde} \quad |f|(x) = |f(x)|.$$

Prova. Decorre imediatamente de

$$\big||f(x)| - |L|\big| \leq |f(x) - L|.$$

Nota. Se $\lim_{x \to x_0} |f|(x)$ existe, não se pode concluir que existe $\lim_{x \to x_0} f(x)$. De fato, considere

$$f(x) = \frac{x}{|x|} \quad (x \neq 0).$$

Temos $|f(x)| = 1$, de modo que

$$\lim_{x \to 0} |f|(x) = 1.$$

mas não existe $\lim_{x \to 0} f(x)$.

Examinaremos a seguir alguns casos de limites dos tipos dados na tabela da Sec. 3.6. Para melhor sistematização, repetiremos as definições.

(I1) Seja f uma função e $L \in \mathbb{R}$. O símbolo $\lim\limits_{x \to +\infty} f(x) = L$ significa que, dado $\varepsilon > 0$, existe b tal que

$$x > b \Rightarrow |f(x) - L| < \varepsilon.$$

(I2) O símbolo $\lim\limits_{x \to +\infty} f(x) = +\infty$ significa que, dado $M > 0$, existe b tal que

$$x > b \Rightarrow f(x) > M.$$

(I3) $\lim\limits_{x \to -\infty} f(x) = \lim\limits_{x \to +\infty} f(-x)$.

É um exercício fácil verificar que

a) sendo $L \in \mathbb{R}$, $\lim\limits_{x \to -\infty} f(x) = L$ é equivalente ao seguinte:

Dado $\varepsilon > 0$, existe b tal que

$$x < b \Rightarrow |f(x) - L| < \varepsilon;$$

b) $\lim\limits_{x \to -\infty} f(x) = +\infty$ é equivalente ao seguinte:

Dado $M > 0$, existe b tal que

$$x < b \Rightarrow f(x) > M.$$

(I4) $\lim\limits_{x \to +\infty} f(x) = -\infty$ significa $\lim\limits_{x \to +\infty} (-f(x)) = +\infty$.

É fácil ver que isso é equivalente ao seguinte: dado $M < 0$, existe b tal que

$$x > b \Rightarrow f(x) < M.$$

(II1) Sendo $x_0 \in \mathbb{R}$, $\lim\limits_{x \to x_0 +} f(x) = +\infty$ significa que, dado $M > 0$, existe $\delta > 0$ tal que

$$x_0 < x < x_0 + \delta \Rightarrow f(x) > M.$$

(II2) $\lim\limits_{x \to x_0 +} f(x) = -\infty$ significa $\lim\limits_{x \to x_0 +} (-f)(x) = +\infty$, que é equivalente ao seguinte: dado $M < 0$, existe $\delta > 0$ tal que

$$x_0 < x < x_0 + \delta \Rightarrow f(x) < M.$$

(II3) $\lim\limits_{x \to x_0 -} f(x) = \lim\limits_{x \to x_0 +} f(-x)$.

É fácil ver que, se $\lim_{x \to x_0+} f(-x) = +\infty$, isso é equivalente ao seguinte: dado $M > 0$, existe $\delta > 0$ tal que

$$x_0 - \delta < x < x_0 \Rightarrow f(x) > M.$$

(E se $\lim_{x \to x_0+} f(-x) = -\infty$?)

(II4) $\lim_{x \to x_0} f(x) = +\infty \left(\lim_{x \to x_0} f(x) = -\infty \right)$ significa

$$\lim_{x \to x_0+} f(x) = \lim_{x \to x_0-} f(x) = +\infty \left(\lim_{x \to x_0+} f(x) = \lim_{x \to x_0-} f(x) = -\infty \right).$$

Proposição B.2 Se $\lim_{x \to x_0+} f(x) = +\infty$, $\lim_{x \to x_0+} g(x) = +\infty$, então

1) $\lim_{x \to x_0+} (f + g)(x) = +\infty$; 2) $\lim_{x \to x_0+} (fg)(x) = +\infty$.

Prova. 1) Dado $M > 0$, considere $\frac{M}{2} > 0$.

a) Existe $\delta_1 > 0$ tal que $x_0 < x < x_0 + \delta_1 \Rightarrow f(x) > M/2$.

b) Existe $\delta_2 > 0$ tal que $x_0 < x < x_0 + \delta_2 \Rightarrow g(x) > M/2$.

Tomando $\delta = \min\{\delta_1, \delta_2)$ resulta de (a) e (b) que

$$x_0 < x < x_0 + \delta \Rightarrow f(x) + g(x) > M.$$

2) Exercício (dado $M > 0$, considere $\sqrt{M}$).

Corolário. 1) Os resultados subsistem substituindo x_0+ por x_0-, como decorre de (II3).

2) Se $\lim_{x \to x_0+} f(x) = +\infty$, $\lim_{x \to x_0+} g(x) = -\infty$, então $\lim_{x \to x_0+} (fg)(x) = -\infty$, e esse resultado vale mudando x_0+ por x_0-.

3) Se $\lim_{x \to x_0+} f(x) = -\infty$, $\lim_{x \to x_0+} g(x) = -\infty$, então $\lim_{x \to x_0+} (f + g)(x) = -\infty$ e $\lim_{x \to x_0+} (fg)(x) = +\infty$.

Prova. 1) Imediato.

2) Como $\lim_{x \to x_0+} (-g)(x) = +\infty$, vem, pelo provado, que

$$\lim_{x \to x_0+} f(-g)(x) = +\infty,$$

e, como $f(-g) = -fg$, resulta

$$\lim_{x \to x_0+} (fg)(x) = -\infty.$$

3) Exercício.

Nota. No caso do Corolário (2), nada se pode afirmar a respeito de $\lim_{x \to x_0+} (f+g)(x)$! Justifique.

Proposição B.3

1) $\lim_{x \to +\infty} f(x) = \lim_{x \to 0+} f\left(\frac{1}{x}\right)$ 2) $\lim_{x \to -\infty} f(x) = \lim_{x \to 0-} f\left(\frac{1}{x}\right)$

Prova. O Caso (2) será deixado como exercício. Para o Caso (1), devemos considerar várias possibilidades.

1ª *possibilidade.* $\lim_{x \to +\infty} f(x) = L,\ L \in \mathbb{R}$. Isso é equivalente ao seguinte: dado $\varepsilon > 0$, existe b tal que $x > b \Rightarrow |f(x) - L| < \varepsilon$, onde podemos tomar, como é claro, $b > 0$. Nesse caso, $0 < \frac{1}{x} < \frac{1}{b}$. Pondo $t = \frac{1}{x}$, vem que a afirmação inicial é equivalente à seguinte: dado $\varepsilon > 0$, existe $\delta > 0$ (a saber, $\frac{1}{b}$) tal que $0 < t < \delta \Rightarrow \left|f\left(\frac{1}{t}\right) - L\right| < \varepsilon$, ou seja,

$$\lim_{t \to 0+} f\left(\frac{1}{t}\right) = L.$$

2ª *possibilidade.* $\lim_{x \to +\infty} f(x) = +\infty$.

Nesse caso, dado M > 0, existe $b > 0$ tal que $x > b \Rightarrow f(x) > M$.

Como $0 < \frac{1}{x} < \frac{1}{b}$, isso é equivalente ao seguinte: dado $M > 0$, existe $\delta > 0$ (a saber, $\frac{1}{b}$) tal que $0 < \frac{1}{x} < \delta \Rightarrow f(x) > M$. Basta fazer $t = \frac{1}{x}$ para concluir que $\lim_{t \to 0+} f\left(\frac{1}{t}\right) = +\infty$.

3ª *possibilidade.* $\lim_{x \to +\infty} f(x) = -\infty$. Deixamos como exercício.

Proposição B.4. Se

$$\lim_{x\to+\infty} f(x) = \begin{cases} L \in \mathbb{R} \\ +\infty \\ -\infty \\ +\infty \end{cases} \quad \text{e} \quad \lim_{x\to+\infty} g(x) = \begin{cases} M \in \mathbb{R} \\ +\infty \\ -\infty \\ -\infty, \end{cases}$$

então

$$\lim_{x\to+\infty} (f+g)(x) = \begin{cases} L+M \\ +\infty \\ -\infty \\ ? \end{cases} \quad \text{e} \quad \lim_{x\to+\infty} (fg)(x) = \begin{cases} LM \\ +\infty \\ +\infty \\ -\infty \end{cases}$$

Prova. Decorre imediatamente das proposições vistas e de seus corolários.

Corolário. Os resultados subsistem mudando $+\infty$ por $-\infty$ nos símbolos $\lim\limits_{x\to+\infty} f(x)$, $\lim\limits_{x\to+\infty} g(x)$.

Proposição B.5. Se $\lim\limits_{x\to x_0} f(x) = 0$ e, para x num intervalo contendo x_0, se verifica $f(x) > 0$ ($f(x) < 0$)), com a possível exceção de x_0, então

$$\lim_{x\to x_0}\left(\frac{1}{f}\right)(x) = +\infty \left(\lim_{x\to x_0}\left(\frac{1}{f}\right)(x) = -\infty\right)$$

Prova. Consideraremos apenas o caso $f(x) > 0$, deixando o outro como exercício (considere $-f$).

Seja $M > 0$. Consideremos $\dfrac{1}{M} > 0$.

a) Existe, por hipótese, $\delta_1 > 0$ tal que

$$0 < |x - x_0| < \delta_1 \Rightarrow |f(x)| < \frac{1}{M}.$$

b) Por outro lado, ainda pela hipótese, garante-se que existe $\delta_2 > 0$ tal que

$$0 < |x - x_0| < \delta_2 \Rightarrow f(x) > 0.$$

Logo, tomando $\delta = \min\{\delta_1, \delta_2\}$ e considerando (a) e (b), vem

$$0 < |x - x_0| < \delta \Rightarrow \left(\frac{1}{f}\right)(x) > M.$$

EXERCÍCIOS

B.1. Faça alguns dos exercícios propostos no texto e aqueles da tabela da Sec. 3.6 que não foram considerados.

B.2. Prove que

a) $\lim_{x \to 0+} f(x) = \lim_{x \to 0} f(x^2)$; b) $\lim_{x \to 0} f(|x|) = \lim_{x \to 0+} f(x)$.

B.3. a) Se $\lim_{x \to x_0} f(x) = L$ e g é tal que, para todo x de um intervalo aberto contendo x_0, tenhamos $g(x)$ entre L e $f(x)$, exceto possivelmente no ponto x_0, então

$$\lim_{x \to x_0} g(x) = L.$$

b) Se $\lim_{x \to x_0} g(x) = \lim_{x \to x_0} h(x) = L$ para cada x de um intervalo aberto contendo x_0, $f(x)$ está entre $g(x)$ e $h(x)$, exceto possivelmente no ponto x_0, então $\lim_{x \to x_0} f(x) = L$.

*B.4. Prove. Sejam f e g funções tais que

a) o domínio de f é $[a,b]$, com a possível exceção de x_0, onde $x_0 \in (a,b)$;

b) o domínio de g é $[c,d]$, sendo que os valores associados pela f pertencem a esse intervalo,

c) $\lim_{x \to x_0} f(x) = y_0$,

d) g é contínua em y_0. Então $\lim_{x \to x_0} (g \circ f)(x) = g\left(\lim_{x \to x_0} f(x)\right) = g(y_0)$.

Mostre que o resultado pode falsear se g não é contínua em y_0.

Solução. a) Dado $\varepsilon > 0$, existe $\delta_1 > 0$ tal que

$$|y - y_0| < \delta_1 \Rightarrow |g(y) - g(y_0)| < \varepsilon$$

por g ser contínua em y.

b) Considerado $\delta_1 > 0$, existe $\delta > 0$ tal que

$$0 < |x - x_0| < \delta \Rightarrow |f(x) - y_0| < \delta_1$$

por ser $\lim_{x \to x_0} f(x) = y_0$.

Logo, de (a) e (b) segue que, dado $\varepsilon > 0$, existe $\delta > 0$ tal que

$$0 < |x - x_0| < \delta \Rightarrow |g(f(x)) - g(y_0)| < \varepsilon.$$

B.5. Usando o resultado do exercício anterior, prove a Proposição 2.4.3 (Cap. 2).

B.6. Prove a L3(b) e (c) utilizando o roteiro dado a seguir.

1°) A função $f(x) = x^2$ é contínua em $\mathbb{R}$. A função $f(x) = 1/x$ é contínua no intervalo $x < 0$ e no intervalo $x > 0$.

2°) Usando o Exer. B.4, prove que, sendo $\lim\limits_{x \to x_0} f(x) = L$, então

$$\lim_{x \to x_0} f^2(x) = L^2.$$

3°) Prove que $\lim\limits_{x \to x_0} (kf)(x) = kL$, sendo $\lim\limits_{x \to x_0} f(x) = L$ e usando esse fato e L3(a), prove que, sendo $\lim\limits_{x \to x_0} g(x) = M$, vale $\lim\limits_{x \to x_0} (f - g)(x) = L - M$.

4°) Prove L3(b) usando a relação

$$(fg)(x) = \frac{1}{4}\left[(f + g)^2(x) - (f - g)^2(x)\right].$$

5°) Prove L3(c) usando o fato de que $\lim\limits_{x \to x_0} \dfrac{1}{f(x)} = \dfrac{1}{L}$, que é provado usando a 1ª parte e o fato que $\dfrac{f}{g} = f\dfrac{1}{g}$.

B.7. a) Uma função f se diz um infinitésimo para x tendendo a x_0, ou para x tendendo a $+\infty$, ou para x tendendo a $-\infty$, se, respectivamente, sucede $\lim\limits_{x \to x_0} f(x) = 0$, $\lim\limits_{x \to +\infty} f(x) = 0$, $\lim\limits_{x \to -\infty} f(x) = 0$. Em qualquer dos casos, f pode ser referida simplesmente como infinitésimo.

b) f é da forma "infinitésimo + constante" $\Leftrightarrow \lim f(x) =$ constante.

c) Soma, produto e diferença de infinitésimos é um infinitésimo. Produto de constante por infinitésimo é infinitésimo.

B.8. Enuncie e prove resultados análogos ao teorema do confronto para os casos de limites não do tipo $\lim\limits_{x \to x_0} f(x) = L$, $x_0, L \in \mathbb{R}$.

B.9. Prove que $\lim\limits_{x \to x_0} f(x) = L$ se, e somente se, $\lim\limits_{h \to 0} f(x_0 + h) = L$.

APÊNDICE C

CONTINUIDADE

Proposição C.1. Seja f uma função de domínio $[a,b]$ contínua e crescente (decrescente) nesse intervalo. Então f^{-1} é contínua em seu domínio $[f(a),f(b)]$ $([f(b),f(a)])$.

Prova. Suporemos f crescente, deixando o outro caso para o leitor.

a) Seja $y_0 \in (f(a),f(b))$. Então pode-se escrever $y_0 = f(x_0)$, onde $x_0 \in (a,b)$.

Dado $\varepsilon > 0$, podemos supô-lo, sem perda de generalidade, suficientemente pequeno de modo que $(x_0 - \varepsilon, x_0 + e)$ esteja contido em (a,b).

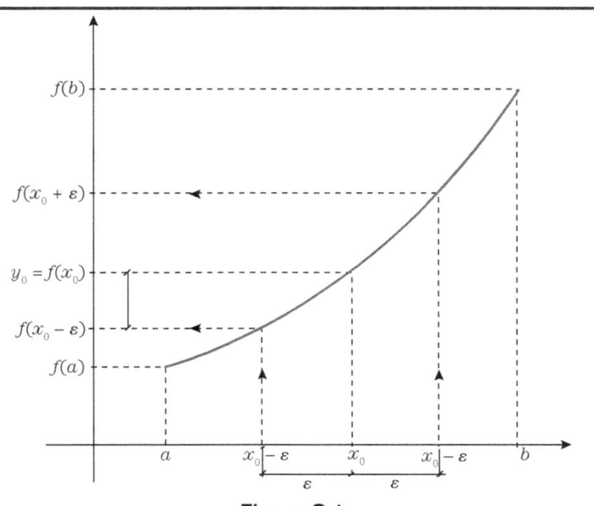

Figura C.1

Como $x_0 - \varepsilon < x < x_0 + \varepsilon$ e é crescente, temos

$$f(x_0 - \varepsilon) < f(x) < f(x_0 + \varepsilon).$$

Seja $\delta = \min\{f(x_0 + \varepsilon), f(x_0), f(x_0) - f(x_0 - \varepsilon)\}$. Portanto

$$(*)\begin{cases} f(x_0 - \varepsilon) \leq f(x_0) - \delta; \\ f(x_0) + \delta \leq f(x_0 + \varepsilon). \end{cases}$$

Supondo então

$$|y - y_0| < \delta,$$

isto é

$$|f(x) - f(x_0)| < \delta,$$

isto é

$$f(x_0) - \delta < f(x) < f(x_0) + \delta,$$

vem por (*) que

$$f(x_0 - \varepsilon) < f(x) < f(x_0 + \varepsilon)$$

e, por ser f^{-1} crescente,

$$f^{-1}(f(x_0 - \varepsilon)) < f^{-1}(f(x)) < f^{-1}(f(x_0 + \varepsilon)),$$

isto é

$$x_0 - \varepsilon < x < x_0 + \varepsilon,$$

isto é

$$|x - x_0| < \varepsilon,$$

isto é

$$|f^{-1}(y) - f^{-1}(y_0)| < \varepsilon.$$

b) Resta mostrar que f^{-1} é contínua em f(a) e f(b), o que deixamos como exercício.

Proposição C.2. Se f é uma função contínua num intervalo fechado $[a,b]$, então f é restrita superiormente em $[a,b]$, isto é, existe M tal que $f(x) \leq$ M para todo $x \in [a,b]$.

Prova. Seja A o conjunto dos $x \in [a,b]$ tais que f é restrita superiormente em $[a,x]$. Como A não é vazio, pois $a \in A$, e A é restrito superiormente por b, podemos considerar sup A.

a) Mostremos que sup $A = b$.

Suponhamos que tal não suceder, isto é, que sup $A < b$. Como f é contínua em $[a,b]$, é contínua em sup A; logo, existe $\delta > 0$ tal que f é restrita em (sup $A - \delta$, sup $A + \delta$) (veja Exer. 2.4.6). Por definição de supremo, existe $c \in A$ tal que sup $A - \delta < c$, e então f é restrita em $[a,c]$ (por pertencer a A). Mas, para todo $z \in$ (sup A. sup $A + \delta$), f é restrita em $[c,z]$: logo f é restrita em $[a,z]$ e $z \in A$, o que é absurdo, pois $z >$ sup A.

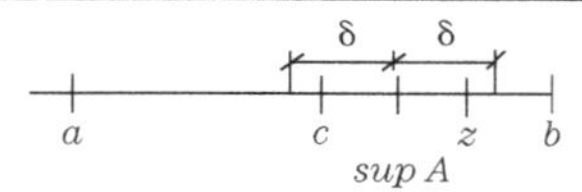

Figura C.2a

b) Provamos na parte (a) que f é restrita superiormente em $[a,x]$, para todo $x \in [a,b)$. Mostremos agora que f é restrita superiormente em $[a,b]$. Sabemos que existe $\delta_1 > 0$ tal que f é restrita em $(b - \delta_1 < x \leq b)$, pois f é contínua à esquerda em b, isto é, $\lim_{x \to b-} f(x) = f(b)$. Como existe $d \in (b - \delta_1, b)$ com $d \in A$, decorre que f é restrita superiormente em $[a,d]$ e como o é em $[d,b]$, o será em $[a,b]$.

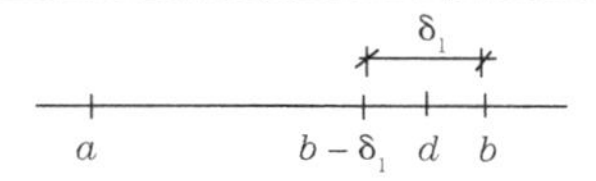

Figura C.2b

Corolário. Nas hipóteses da Proposição C.2, f é restrita inferiormente em $[a,b]$ (o significado da expressão é óbvio).

Prova. Considere $-f$.

Nota. Se f é restrita superior e inferiormente em $[a,b]$, diz-se que f é restrita em $[a,b]$. Assim, a proposição anterior e seu corolário nos dizem que f é restrita em $[a,b]$.

Proposição C.3. Se f é uma função contínua num intervalo $[a,b]$, então existe $s \in [a,b]$ tal que $f(s) \geq f(x)$ para todo $x \in [a,b]$.

Prova. Como f é restrita em $[a,b]$, podemos considerar o supremo dos números $f(x)$, $x \in [a,b]$,* que indicaremos por S. Temos $f(x) \leq S$ para todo $x \in [a,b]$. Mostremos que existe $s \in [a,b]$ tal que $f(s) = S$.

Suponhamos que $f(x) \neq S$ para todo $x \in [a,b]$. Nesse caso, a função

$$g(x) = \frac{1}{S - f(x)} \quad x \in [a,b]$$

é contínua em $[a,b]$.

* O conjunto desses números não é vazio.

Por outro lado, dado $\varepsilon > 0$, existe $c \in [a,b]$ tal que

$$S - \varepsilon < f(c),$$

por definição de supremo, o que acarreta que

$$g(c) > \frac{1}{\varepsilon}$$

e isso quer dizer que g não é restrita em $[a,b]$ o que é absurdo.

Corolário. Nas hipóteses da Proposição C.3, existe $t \in [a,b]$ tal que $f(t) \leq f(x)$ todo $x \in [a,b]$.

Prova. Considere $-f$.

Proposição C.4. (Teorema de Bolzano) Se f é uma função contínua num intervalo $[a,b]$ e $f(a)\,f(b) < 0$, então existe $c \in (a,b)$ tal que $f(c) = 0$.

Prova. Suporemos $f(a) < 0 < f(b)$. Seja A o conjunto dos $x \in [a,b]$ tais que $f(x) < 0$ no intervalo $[a, x]$. Temos que A não é vazio, pois $a \in A$, e A é restrito superiormente por b, pois $f(b) > 0$. Logo, podemos considerar sup A.

a) Temos $a < \sup A <$ b, porquanto, como $\lim\limits_{x \to a+} f(x) = f(a) < 0$, existe $\delta_1 > 0$ tal que, se $x \in (a, a + \delta_1)$, então $f(x) < 0$; e existe $\delta_2 > 0$ tal que se $x \in (b - \delta_2, b)$, então $f(x) > 0$.

b) Mostremos que $f(\sup A) = 0$. Se isso não ocorrer, deveremos ter

$$f(\sup A) > 0 \quad \text{ou} \quad f(\sup A) < 0.$$

Suponhamos inicialmente $f(\sup A) < 0$. Pela continuidade de f, existe $\delta > 0$ tal que, se $x \in (\sup A - \delta, \sup A + \delta)$, então $f(x) < 0$. Por definição de supremo, existe $c \in (\sup A - \delta, \sup A)$ tal que $c \in A$. Isso significa que $f(x) < 0$ para todo $x \in [a,c]$ e, como para todo $z \in (\sup A, \sup A + \delta)$, $f(z) < 0$, resulta que $f(x) < 0$ em $[a, z]$, contrariando o fato de ser sup A o supremo de A, de vez que $z \in A$ e $z > \sup A$.

Se agora supomos $f(\sup A) > 0$, existe $\delta_1 > 0$ tal que $f(x) > 0$ para todo $x \in (\sup A - \delta_1, \sup A + \delta_1)$. Por definição de supremo, existe $d \in (\sup A - \delta_1, \sup A)$ tal que $d \in A$, o que significa que $f(x) < 0$ para todo $x \in [a,d]$. Mas isso é absurdo, porquanto $f(d) > 0$ [observe que

$$d \in (\sup A - \delta_1, \sup A + \delta_1].$$

EXERCÍCIO

Prove a Proposição C.2 usando o Exer. A.3.2.

Sugestão. Se f não é restrita superiormente em $[a,b]$ não o será ou em $\left[a,\frac{a+b}{2}\right]$ ou em $\left[\frac{a+b}{2},b\right]$. Seja $[a_1, b_1]$ o intervalo no qual isso ocorre. Prossiga o raciocínio, obtendo intervalos encaixantes, nos quais a tese não se verifica. Existe c comum a eles. Use a continuidade de f em c para conseguir um intervalo em torno de c onde f é restrita. Deduza daí uma contradição, usando um intervalo encaixante de extensão suficientemente pequena.

APÊNDICE D

REGRAS DE L'HÔPITAL

Proposição D.1. (Teorema generalizado do valor médio). Se f e g são funções contínuas em $[a,b]$, deriváveis em (a,b), então existe $c \in (a,b)$ tal que

$$(g(b)-g(a))f'(c)=(f(b)-f(a))g'(c)$$

Prova. A função

$$\psi(x)=\begin{vmatrix} f(x) & g(x) & 1 \\ f(a) & g(a) & 1 \\ f(b) & g(b) & 1 \end{vmatrix}, \quad x\in[a,b],$$

satisfaz às hipóteses do teorema do valor médio. Logo, existe $c \in (a,b)$ tal que:

$$\psi'(c)=0, \text{ isto e, } \begin{vmatrix} f'(c) & g'(c) & 0 \\ f(a) & g(a) & 1 \\ f(b) & g(b) & 1 \end{vmatrix}=0.$$

Desenvolvendo o determinante, chega-se à relação procurada.

Proposição D.2. Suponha que $\lim\limits_{x\to x_0+} f(x)=\lim\limits_{x\to x_0+} g(x)=0$ e que

$$\lim_{x\to x_0+}\frac{f'(x)}{g'(x)}=L. \text{ Então } \lim_{x\to x_0+}\frac{f(x)}{g(x)}=L.$$

Prova. a) As hipóteses implicam que f' e g' incluem em seus domínios um intervalo (x_0, x_0+h), onde $h>0$, e nele $g'(x)\neq 0$. Definindo $f(x_0)=g(x_0)=0$, vemos que as hipóteses da *Proposição* D.1 estão verificadas por f e g em qualquer intervalo $[x_0, x]$, com $x_0<x<x_0+h$.

b) Dado $\varepsilon>0$, existe δ, $0<\delta\le h$, tal que

$$0<u-x_0<\delta \Rightarrow \left|\frac{f'(u)}{g'(u)}-L\right|<\varepsilon$$

c) Tomado x tal que $0<x-x_0<\delta\le h$, podemos escrever, pela *Proposição* D.1, que existe c (que depende de x) tal que $x_0<c<x$ e

$$\frac{f(x)-f(x_0)}{g(x)-g(x_0)}=\frac{f(x)}{g(x)}=\frac{f'(c)}{g'(c)}.$$

Considerando (b), podemos escrever então que

$$\left|\frac{f(x)}{g(x)}-L\right|<\varepsilon,$$

isso subsistindo desde que $0 < x - x_0 < \delta$, o que quer dizer que

$$\lim_{x\to x_0+}\frac{f(x)}{g(x)}=L.$$

Nota. A proposição subsiste claramente se substituímos $x \to x_0+$ por $x \to x_0-$.

Corolário D.1. A proposição subsiste se substituímos $x \to x_0-$ por $x \to x_0$.

Corolário D.2. A proposição subsiste se substituímos $x \to x_0+$ por $x \to +\infty$, ou $x \to -\infty$.

Prova. Façamos $z=\frac{1}{x}$, $F(z)=f\left(\frac{1}{z}\right)$, $G(z)=g\left(\frac{1}{z}\right)$. Então

$$\lim_{z\to 0+}\frac{F'(z)}{G'(z)}=\lim_{z\to 0+}\frac{\left(-\frac{1}{z^2}\right)f'\left(\frac{1}{z}\right)}{\left(-\frac{1}{z^2}\right)g'\left(\frac{1}{z}\right)}=\lim_{x\to\infty}\frac{f'(x)}{g'(x)}=L.$$

Como $\lim\limits_{z\to 0+}F(z)=\lim\limits_{x\to+\infty}f(x)=0$ e $\lim\limits_{z\to 0+}G(z)=\lim\limits_{x\to+\infty}g(x)=0$,

vem, aplicando a *Proposição* D.2, que $\lim\limits_{z\to 0+}\frac{F(z)}{G(z)}=L$. Mas

$$\lim_{z\to 0+}\frac{F(z)}{G(z)}=\lim_{x\to+\infty}\frac{f(x)}{g(x)}.$$

Deixamos o caso $x \to -\infty$ como exercício.

Corolário D.3. Suponha que $\lim\limits_{x\to x_0+}f(x)=\lim\limits_{x\to x_0+}g(x)=0$ e que

$$\lim_{x\to x_0+}\frac{f'(x)}{g'(x)}=+\infty\left(\lim_{x\to x_0+}\frac{f'(x)}{g'(x)}=-\infty\right).$$

Então

$$\lim_{x \to x_0 +} \frac{f(x)}{g(x)} = +\infty \left(\lim_{x \to x_0 +} \frac{f(x)}{g(x)} = -\infty \right).$$

O resultado vale se substituímos $x \to x_0 +$ por $x \to x_0 -$, $x \to x_0$, $x \to +\infty$, $x \to -\infty$.

Prova. Temos que $\lim_{x \to x_0 +} \frac{g'(x)}{f'(x)} = 0$. Logo, podemos aplicar a *Proposição* D.2 e concluir que $\lim_{x \to x_0 +} \frac{g(x)}{f(x)} = 0$.

Por outro lado, definindo $f(x_0) = g(x_0) = 0$, podemos escrever, para x suficientemente próximo de x_0, $x > x_0$:

$$0 = f(x_0) = f(x) + f'(x)(x_0 - x) + (x_0 - x)\alpha(x)$$

$$0 = g(x_0) = g(x) + g'(x)(x_0 - x) + (x_0 - x)\beta(x)$$

com $\lim_{x \to x_0} \alpha(x) = \lim_{x \to x_0} \beta(x) = 0$.

$$\therefore f(x)g(x) = (x_0 - x)^2 \left[f'(x)g'(x) + \alpha(x)g'(x) + \beta(x)f'(x) + \alpha(x)\beta(x) \right].$$

Para x suficientemente próximo de x_0, vemos que $f(x)g(x)$ tem o mesmo sinal de $f'(x)g'(x)$, e este nessas condições é positivo, porquanto

$$\lim_{x \to x_0 +} \frac{f'(x)}{g'(x)} = +\infty.$$

Logo,

$$\lim_{x \to x_0 +} \frac{f(x)}{g(x)} = +\infty.$$

Os outros casos são deixados como exercício.

Exemplo D.1. Calcular $\lim_{x \to 2} \frac{x^2 - 4}{x - 2}$.

Temos

$$\lim_{x \to 2} (x^2 - 4) = \lim_{x \to 2} (x - 2) = 0$$

e

$$\lim_{x \to 2} \frac{(x^2 - 4)'}{(x - 2)'} = \lim_{x \to 2} \frac{2x}{1} = 4.$$

Logo,

$$\lim_{x \to 2} \frac{x^2 - 4}{x - 2} = 4.$$

Na prática, costuma-se escrever:

$$\lim_{x \to 2} \frac{x^2 - 4}{x - 2} = \lim_{x \to 2} \frac{2x}{1} = 4.$$

Exemplo D.2. Calcular $\lim_{x \to 0} \frac{x - \operatorname{tg} x}{x - \operatorname{sen} x}$.

Temos

$$\lim_{x \to 0} \frac{x - \operatorname{tg} x}{x - \operatorname{sen} x} = \lim_{x \to 0} \frac{1 - sec^2 x}{1 - \cos x}.$$

Aqui, ainda podemos repetir o processo, mas é mais conveniente fazer o seguinte:

$$\frac{1 - sec^2 x}{1 - \cos x} = \frac{1 - \dfrac{1}{\cos^2 x}}{1 - \cos x} = \frac{\cos^2 x - 1}{\cos^2 x (1 - \cos x)} = -\frac{\cos x + 1}{\cos^2 x},$$

que tende para –2 para x tendendo a 0. Logo,

$$\lim_{x \to 0} \frac{x - \operatorname{tg} x}{x - \operatorname{sen} x} = -2.$$

Exemplo D.3. Calcular $\lim_{x \to 0} \frac{6(x - \operatorname{sen} x)}{x^3}$.

Temos

$$\lim_{x \to 0} \frac{6(x - \operatorname{sen} x)}{x^3} = \lim_{x \to 0} \frac{6(1 - \cos x)}{3x^2}.$$

Aqui aplicamos novamente o *Corolário* D.1

$$\lim_{x \to 0} \frac{6(1 - \cos x)}{3x^2} = \lim_{x \to 0} \frac{6 \operatorname{sen} x}{6x}.$$

Podemos novamente aplicar o processo:

$$\lim_{x \to 0} \frac{\operatorname{sen} x}{x} = \lim_{x \to 0} \frac{\cos x}{1} = 1.$$

Portanto

$$\lim_{x \to 0} \frac{6(x - \operatorname{sen} x)}{x^3} = 1.$$

Nota. Cuidado ao aplicar a regra. Certifique-se de que numerador e denominador tendem a 0. Se isso não for observado, você poderá incorrer em erro:

$$\lim_{x\to 1}\frac{x^4-1}{x^2-x}=\lim_{x\to 1}\frac{4x^3}{2x-1}=\lim_{x\to 1}\frac{12x^2}{2}=6.$$

Esse resultado não é correto. Na segunda passagem, houve aplicação indevida da regra, porquanto o numerador e o denominador não tendem a 0. Resposta certa:

$$\lim_{x\to 1}\frac{x^4-1}{x^2-x}=4.$$

Outro erro comum é derivar $\dfrac{f(x)}{g(x)}$. Ao invés de se calcular

$\lim\limits_{x\to x_0}\dfrac{f'(x)}{g'(x)}$, calcula-se $\lim\limits_{x\to x_0}\left(\dfrac{f(x)}{g(x)}\right)'$, o que é um erro.

Exemplo D.4. Calcular $\lim\limits_{x\to +\infty}\dfrac{\operatorname{sen}\frac{1}{\sqrt{x}}}{x^{-1/4}}$.

Temos

$$\lim_{x\to +\infty}\frac{\operatorname{sen}\frac{1}{\sqrt{x}}}{x^{-1/4}}=\lim_{x\to +\infty}\frac{-\frac{1}{2}x^{-3/2}cos\frac{1}{\sqrt{x}}}{-\frac{1}{4}x^{-5/4}}=\lim_{x\to +\infty}\frac{2\cos\frac{1}{\sqrt{x}}}{x^{1/4}}=0.$$

Exemplo D.5. Pode acontecer que exista $\lim\limits_{x\to x_0}\dfrac{f(x)}{g(x)}$ sem que exista $\lim\limits_{x\to x_0}\dfrac{f'(x)}{g'(x)}$. De fato, seja

$$f(x)=x^2\operatorname{sen}\frac{1}{x}\,(x\neq 0)\quad \text{e}\quad g(x)=x.$$

Então $\lim\limits_{x\to 0}\dfrac{f(x)}{g(x)}=\lim\limits_{x\to 0}x\operatorname{sen}\dfrac{1}{x}=0$, mas $\dfrac{f'(x)}{g'(x)}=2x\operatorname{sen}\dfrac{1}{x}-\cos\dfrac{1}{x}$

não tem limite para x tendendo a 0.

Proposição D.3. Suponha que

$$\lim_{x \to x_0 +} f(x) = +\infty, \qquad \lim_{x \to x_0 +} g(x) = +\infty.$$

e que $\lim_{x \to x_0 +} \dfrac{f'(x)}{g'(x)} = L$. Então $\lim_{x \to x_0 +} \dfrac{f(x)}{g(x)} = L$.

Prova. a) As hipóteses implicam que f' e g' incluem, em seus domínios, um intervalo $(x_0, x_0 + h)$, onde $h > 0$, e nele $g'(x) \neq 0$.

b) Dado $\varepsilon > 0$, existe δ_1, $0 < \delta_1 \leq h$ tal que

$$0 < u - x_0 < \delta_1 \Rightarrow \left|\frac{f'(u)}{g'(u)} - L\right| < \frac{\varepsilon}{2} \Rightarrow \left|\frac{f'(u)}{g'(u)}\right| < |L| + \frac{\varepsilon}{2}.$$

c) Seja $x_0 < x < z < x_0 + \delta_1$. Então podemos aplicar a *Proposição* D.1.

$$\frac{f(x) - f(z)}{g(x) - g(z)} = \frac{f'(c)}{g'(c)}, \text{ onde } x < c < z.$$

Além disso, para h suficientemente pequeno, podemos supor $g(x) \neq 0$, pois $\lim_{x \to x_0 +} g(x) = +\infty$. Dividindo por $g(x)$ numerador e denominador da última relação, vem

$$\frac{\dfrac{f(x)}{g(x)} - \dfrac{f(z)}{g(x)}}{1 - \dfrac{g(z)}{g(x)}} = \frac{f'(c)}{g'(c)}.$$

Logo, $$\frac{f(x)}{g(x)} = \left(1 - \frac{g(z)}{g(x)}\right) \frac{f'(c)}{g'(c)} + \frac{f(z)}{g(x)}$$

e daí $$\frac{f(x)}{g(x)} - \frac{f'(c)}{g'(c)} = -\frac{g(z)}{g(x)} \frac{f'(c)}{g'(c)} + \frac{f(z)}{g(x)}.$$

Logo, $$\left|\frac{f(x)}{g(x)} - \frac{f'(c)}{g'(c)}\right| \leq \left|\frac{g(z)}{g(x)}\right| \left|\frac{f'(c)}{g'(c)}\right| + \left|\frac{f(z)}{g(x)}\right|$$

$$< \left|\frac{g(z)}{g(x)}\right| \left(|L| + \frac{\varepsilon}{2}\right) + \left|\frac{f(z)}{g(x)}\right|,$$

de acordo com (b).

d) Como, para z fixo, temos

$$\lim_{x \to x_0+} \frac{g(z)}{g(x)} = \lim_{x \to x_0+} \frac{f(z)}{g(x)} = 0,$$

Podemos afirmar que o segundo membro da desigualdade anterior é menor que $\frac{\varepsilon}{2}$ (os detalhes são deixados para o leitor), desde que $0 < x - x_0 < \delta < z - x_0$, onde δ é um número conveniente. Então

$$0 < x - x_0 < \delta \Rightarrow \left| \frac{f(x)}{g(x)} - \frac{f'(c)}{g'(c)} \right| < \frac{\varepsilon}{2}.$$

e) Por (b), podemos escrever $\left| \frac{f'(c)}{g'(c)} - L \right| < \frac{\varepsilon}{2}$, logo,

$$0 < x - x_0 < \delta \Rightarrow \left| \frac{f(x)}{g(x)} - L \right| < \left| \frac{f(x)}{g(x)} - \frac{f'(c)}{g'(c)} \right| + \left| \frac{f'(c)}{g'(c)} - L \right| < \frac{\varepsilon}{2} + \frac{\varepsilon}{2} = \varepsilon.$$

Nota. A proposição claramente subsiste se substituímos $x \to x_0+$ por $x \to x_0-$.

Corolário D.3. A proposição subsiste se substituímos $x \to x_0-$ por $x \to x_0$.

Corolário D.4. A proposição subsiste se substituímos $x \to x_0+$ por $x \to +\infty$, ou $x \to -\infty$.

Exemplo D.6. Calcular $\lim\limits_{x \to +\infty} \frac{e^x}{x}$.

Temos

$$\lim_{x \to +\infty} \frac{e^x}{x} = \lim_{x \to +\infty} \frac{e^x}{1} = +\infty.$$

Exemplo D.7. Calcular $\lim\limits_{x \to \pi/2} \frac{\operatorname{tg} x}{\operatorname{tg} 2x}$.

$$\lim_{x \to \pi/2} \frac{\operatorname{tg} x}{\operatorname{tg} 2x} = \lim_{x \to \pi/2} \frac{\sec^2 x}{2\sec^2 2x} = \lim_{x \to \pi/2} \frac{\cos^2 2x}{2\cos^2 x} = +\infty.$$

Exemplo D.8. Calcular $\lim\limits_{x \to +\infty} \frac{x^n}{e^x}$.

$$\lim_{x\to+\infty}\frac{x^n}{e^x}=\lim_{x\to+\infty}\frac{nx^{n-1}}{e^x}=\cdots=\lim_{x\to+\infty}\frac{n!}{e^x}=0.$$

Nota. Costuma-se dizer que na situação da *Proposição* D.2 e na da *Proposição* D.3 temos uma indeterminação da forma $\frac{0}{0}$ e $\frac{\infty}{\infty}$ respectivamente. Outras situações podem ocorrer, as quais serão ilustradas nos exemplos.

Exemplo D.9. (Forma $\infty - \infty$). Calcular $\lim_{x\to 0}\left(\cot x-\frac{1}{x}\right)$.

Temos

$$\lim_{x\to 0}\left(\cot x-\frac{1}{x}\right)=\lim_{x\to 0}\left(\frac{\cos x}{\operatorname{sen} x}-\frac{1}{x}\right)=\lim_{x\to 0}\frac{x\cos x-\operatorname{sen} x}{x\operatorname{sen} x},$$

que é da forma $\frac{0}{0}$.

Aplicando as regras vistas, chega-se facilmente ao resultado 0.

Exemplo D.10. (Forma $0\,\infty$). Calcular $\lim_{x\to 0+} x \ln x$.

$$\lim_{x\to 0+} x\ln x=\lim_{x\to 0+}\frac{\ln x}{\frac{1}{x}},\ \text{que é da forma } \frac{\infty}{\infty}.$$

Então

$$\lim_{x\to 0+} x\ln x=\lim_{x\to 0+}\frac{\frac{1}{x}}{-\frac{1}{x^2}}=\lim_{x\to 0+} -x=0.$$

No segundo volume vamos ver a definição da função $f(x) = e^x$. Define-se, para $a > 0$, a função $g(x) = a^x$ por

$$g(x) = a^x = e^{x\ln a}.$$

Admitindo que f é contínua e que existe $\lim_{x\to a} h(x)$, temos $\lim_{x\to a} e^{h(x)} = e^{\lim_{x\to a} h(x)}$, pelo Exer. B.4.

Usando esses fatos, podemos achar outros limites.

Exemplo D.11. (Forma 0^0). Calcular $\lim_{x\to 0+} x^{\operatorname{sen} x}$.

$$\lim_{x\to 0+} x^{\operatorname{sen} x} = \lim_{x\to 0+} e^{\operatorname{sen} x \ln x} = e^{\lim\limits_{x\to 0+} \operatorname{sen} x \ln x}$$

As igualdades foram escritas na pressuposição da existência de $\lim\limits_{x\to 0+} \operatorname{sen} x \ln x$. É da forma $0 \cdot \infty$. Calculando pelo processo visto, chega-se a $\lim\limits_{x\to 0+} \operatorname{sen} x \ln x = 0$. Logo,

$$\lim_{x\to 0+} x^{\operatorname{sen} x} = e^0 = 1.$$

Exemplo D.12. (Forma ∞^0). Calcular $\lim\limits_{x\to 0+} (\operatorname{ctg} x)^x$. Temos

$$(\operatorname{ctg} x)^x = e^{x \ln \operatorname{ctg} x}.$$

Mas $\lim\limits_{x\to 0+} x \ln \operatorname{ctg} x = 0$, o que pode ser calculado como visto (forma $0 \cdot \infty$).

Então

$$\lim_{x\to 0+} (\operatorname{ctg} x)^x = e^{\lim\limits_{x\to 0+} x \ln \operatorname{ctg} x} = e^0 = 1.$$

Exemplo D.13. (Forma 1^∞). Calcular $\lim\limits_{x\to +\infty} \left(1 + \frac{1}{x}\right)^x$. Temos

$$\left(1 + \frac{1}{x}\right)^x = e^{x \ln\left(1 + \frac{1}{x}\right)}.$$

e

$$\lim_{x\to +\infty} x \ln\left(1 + \frac{1}{x}\right) = 1,$$

o que pode ser calculado como visto (forma 0^∞). Então

$$\lim_{x\to +\infty} \left(1 + \frac{1}{x}\right)^x = e^{\lim\limits_{x\to +\infty} x \ln\left(1 + \frac{1}{x}\right)} = e.$$

EXERCÍCIOS

Provar que:

D.1. $\lim\limits_{x\to 0} \dfrac{e^x - e^{-x}}{\operatorname{sen} x} = 2.$

D.2. $\lim\limits_{x\to 0} \dfrac{\operatorname{sen} 5x}{3x} = \dfrac{5}{3}.$

D.3. $\lim\limits_{x\to\pi/4} \dfrac{\operatorname{tg}\left(x-\dfrac{\pi}{4}\right)}{x-\dfrac{\pi}{4}} = 1.$

D.4. $\lim\limits_{x\to 0} \dfrac{\operatorname{sen} x - x}{\operatorname{sen h} x} = 0.$

D.5. $\lim\limits_{x\to 0} \dfrac{\ln(1+x)}{\sqrt[3]{x}} = 0.$

D.6. $\lim\limits_{x\to 0} \dfrac{x - \operatorname{arc sen} x}{\operatorname{sen}^3 x} = -\dfrac{1}{6}.$

D.7. $\lim\limits_{x\to 2} \dfrac{x^3 + x^2 - 11x + 10}{x^2 - x - 2} = \dfrac{5}{3}.$

D.8. $\lim\limits_{x\to 0} \dfrac{\sec x - 1}{x} = 0.$

D.9. $\lim\limits_{x\to 1} \dfrac{(x-1)^2}{1+\cos \pi x} = \dfrac{2}{\pi^2}.$

D.10. $\lim\limits_{x\to a} \dfrac{x^3 - a^3}{\sqrt{x} - \sqrt{a}} = 6a^{5/2} \; (a > 0,\; a \neq x).$

D.11. $\lim\limits_{x\to 1} \dfrac{2\ln(1+x) - 2x + x^2}{(4x - \operatorname{sen} x)} = 1.$

D.12. $\lim\limits_{x\to 0} \left| \dfrac{e^{\operatorname{sen} x} - e^x}{\operatorname{sen} x - x} \right| = 1.$

D.13. $\lim\limits_{x\to a} \dfrac{x^m - a^m}{x^n - a^n} = \dfrac{n}{m} a^{m-n}.$

D.14. $\lim\limits_{x\to 0} \dfrac{a^x - b^x}{c^x - d^x} = \dfrac{\ln \dfrac{a}{b}}{\ln \dfrac{c}{d}} \, (a,b,c,d > 0)$

D.15. $\lim\limits_{x\to +\infty} \dfrac{\ln\left(1+\dfrac{1}{x}\right)}{\operatorname{arc ctg} x} = 1.$

D.16. $\lim\limits_{x\to +\infty} x \operatorname{sen} \dfrac{1}{x} = 1.$

D.17. $\lim\limits_{x\to +\infty} \dfrac{\ln\left(1+\dfrac{1}{x}\right)}{\dfrac{1}{x}} = 0.$

D.18. $\lim\limits_{x\to -\infty} \dfrac{\ln \dfrac{x+1}{x}}{\ln \dfrac{x-1}{x}} = -1.$

D.19. $\lim\limits_{x\to +\infty} \dfrac{\ln x}{x^\alpha} = 0 \quad (\alpha > 0).$

D.20. $\lim\limits_{x\to 1-} \dfrac{\ln(1-x)}{\operatorname{ctg}(1-x)} = 0.$

D.21. $\lim\limits_{x\to 0} \dfrac{\ln \operatorname{sen} x}{\ln \operatorname{tg} x} = 1.$

D.22. $\lim\limits_{x\to +\infty} \dfrac{x^2}{e^x} = 0.$

D.23. $\lim_{x\to-\infty} \dfrac{x^3 - 4x^2 + x - 1}{3x^2 + 2x + 7} = -\infty.$

D.24. $\lim_{x\to+\infty} \dfrac{a^x}{x^\alpha} = +\infty \quad (a > 0, \alpha > 0).$

D.25. $\lim_{x\to\pi/2-} (\sec x - \operatorname{tg} x) = 0.$

D.26. $\lim_{x\to 0}\left(\dfrac{1}{x} - \dfrac{1}{x^2}\right) = -\infty.$

D.27. $\lim_{x\to 0}\left(\dfrac{1}{1-\cos x} - \dfrac{2}{\operatorname{sen}^2 x}\right) = -\dfrac{1}{2}.$

D.28. $\lim_{x\to 0}\left(\dfrac{1}{\ln(x+1)} - \dfrac{x+1}{x}\right) = -\dfrac{1}{2}.$

D.29. $\lim_{x\to 0}\left(\dfrac{1}{x} - \operatorname{ctg} x\right) = 0.$

*D.30. $\lim_{x\to+\infty} (x - e^x) = -\infty.$
Sugestão. Coloque x em evidência

D.31. $\lim_{x\to+\infty} x^2 \cdot e^{-x} = 0.$

D.32. $\lim_{x\to 0+} \sqrt{x} \ln x = 0.$

D.33. $\lim_{x\to 0+} x e^{1/x} = +\infty.$

D.34. $\lim_{x\to 1-} (\arccos x)(\ln(1-x)) = 0.$

D.35. $\lim_{x\to 0+} x^x = 1.$

D.36. $\lim_{x\to 0} (\operatorname{sen} x)^{\operatorname{tg} x} = 1.$

D.37. $\lim_{x\to 0+} x^{\frac{1}{4+\ln x}} = e.$

D.38. $\lim_{x\to 0+} (\operatorname{tg} x)^{\frac{1}{\ln \operatorname{sen} x}} = e.$

D.39. $\lim_{x\to 0} \left(\dfrac{1}{x}\right)^{\ln(1+x)} = 1.$

D.40. $\lim_{x\to+\infty} x^{\frac{1}{x}} = 1.$

D.41. $\lim_{x\to 0+} \left(\ln \dfrac{1}{x}\right)^x = 1.$

D.42. $\lim_{x\to 0} (\cos 2x)^{\frac{1}{x^2}} = \dfrac{1}{e^2}.$

D.43. $\lim_{x\to 1} x^{\frac{1}{x-1}} = \dfrac{1}{e}.$

D.44. $\lim_{x\to 0} (\cos x)^{\operatorname{ctg} x} = 1.$

D.45. $\lim_{x\to+\infty} \dfrac{x - \operatorname{sen} x}{x + \operatorname{sen} x} = 1.$ (aqui não se aplicam as regras de L'Hôpital).

APÊNDICE E

A TANGENTE COMO MELHOR APROXIMAÇÃO LINEAR

Seja f uma função derivável em x_0. Pela Proposição 2.5.2, podemos dizer que existe $\delta_1 > 0$ tal que

$$|x - x_0| < \delta_1 \Rightarrow f(x) = f(x_0) + f'(x_0)(x - x_0) + (x - x_0)\varphi(x)$$

com

$$\lim_{x \to x_0} \varphi(x) = 0. \tag{E.1}$$

A reta tangente ao gráfico de f em $(x_0, f(x_0))$ tem equação

$$y = f(x_0) + f'(x_0)(x - x_0),$$

sendo, pois, o gráfico da função

$$t(x) = f(x_0) + f'(x_0)(x - x_0). \tag{E.2}$$

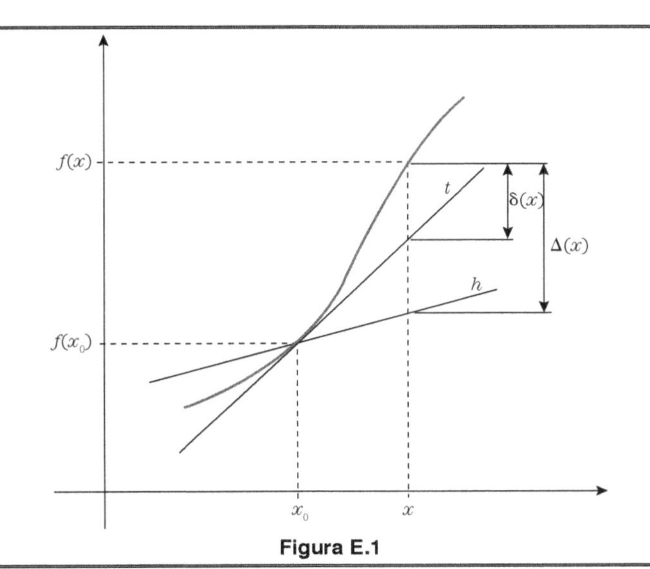

Figura E.1

Supondo $|x - x_0| < \delta_1$, seja

$$\delta(x) = |f(x) - t(x)|.$$

Então, por (E.1),

$$\delta(x) = |x - x_0||\varphi(x)|, \quad |x - x_0| < \delta_1. \tag{E.3}$$

Consideremos agora uma reta qualquer por $(x_0, f(x_0))$ que não coincida com a tangente; ela é o gráfico de uma função da forma

$$h(x) = f(x_0) + a(x - x_0), \quad \text{com} \quad a \neq f'(x_0).$$

Supondo $|x - x_0| < \delta_1$, seja

$$\Delta(x) = |f(x) - h(x)|.$$

Considerando (E.1), temos

$$\Delta(x) = |x - x_0||f'(x_0) - a + \varphi(x)|, \quad |x - x_0| < \delta_1 \tag{E.4}$$

Vamos provar que existe $\delta > 0$ tal que

$$0 < |x - x_0| < \delta \Rightarrow \delta(x) < \Delta(x),$$

o que significa intuitivamente (veja Fig. E.1) que a tangente é a reta que melhor aproxima a função no ponto $(x_0, f(x_0))$.

Como $\lim_{x \to x_0} \varphi(x) = 0$, dado $\varepsilon = \dfrac{|f'(x_0) - a|}{2} > 0$, existe $\delta_2 > 0$ tal que

$$0 < |x - x_0| < \delta_2 \Rightarrow |\varphi(x)| < \frac{|f'(x_0) - a|}{2} \Rightarrow$$

$$\Rightarrow |\varphi(x)| < |f'(x_0) - a| - |\varphi(x)| \leq |f'(x_0) - a + \varphi(x)| \Rightarrow$$

$$\Rightarrow |x - x_0| \; |\varphi(x)| < |x - x_0| \; |f'(x_0) - a + \varphi(x)| \tag{E.5}$$

Seja $\delta = \min \{\delta_1, \delta_2\}$. Então, considerando (E.3), (E.4) e (E.5), resulta

$$0 < |x - x_0| < \delta \Rightarrow \delta(x) < \Delta(x).$$

APÊNDICE F

ASSÍNTOTA

Definição F.1. a) Seja f uma função; e c, um número. A reta de equação $x = c$ se diz *assíntota vertical de* f se

$$\text{ou } \lim_{x \to c+} f(x) = +\infty,$$

$$\text{ou } \lim_{x \to c-} f(x) = +\infty,$$

$$\text{ou } \lim_{x \to c+} f(x) = -\infty,$$

$$\text{ou } \lim_{x \to c-} f(x) = -\infty,$$

b) Seja f uma função; a e b, números. A reta de equação $y = ax + b$ se diz *assíntota inclinada de* f *para* x *tendendo a mais infinito* (para x tendendo a menos infinito) se

$$\lim_{x \to +\infty} \left(f(x) - ax - b\right) = 0,$$

$$\left(\lim_{x \to -\infty} \left(f(x) - ax - b\right) = 0\right).$$

Assíntotas inclinadas e verticais, às vezes, serão referidas simplesmente como assíntotas.

Exemplo F.1. A reta $x = 1$ é assíntota vertical de $f(x) = \dfrac{1}{(x-1)^2}$, pois $\lim_{x \to 1} \dfrac{1}{(x-1)^2} = +\infty$ [Fig. F.1 (a)].

Exemplo F.2. As retas $x = (2k+1)\dfrac{\pi}{2}$ (k inteiro) são assíntotas verticais de $f(x) = \operatorname{tg} x$, pois

$$\lim_{x \to (2k+1)\frac{\pi}{2}-} \operatorname{tg} x = +\infty \qquad \text{[Fig. F.1(b)].}$$

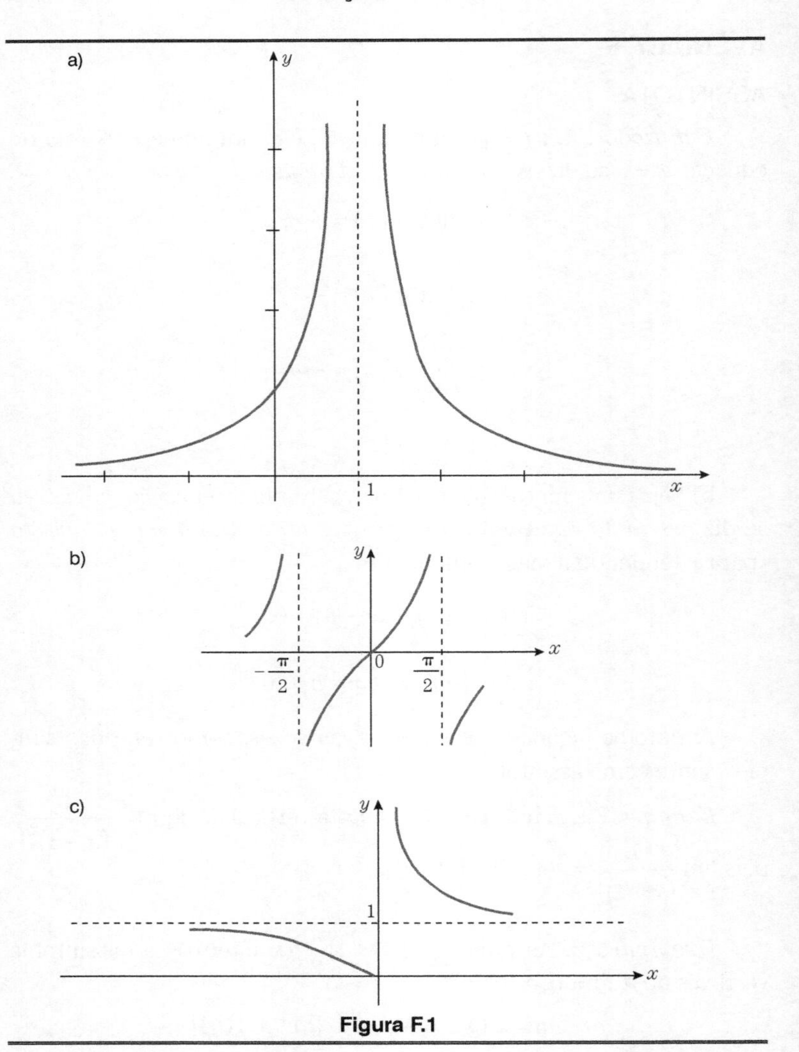

Figura F.1

Exemplo F.3. A reta $x = 0$ é assíntota de

$f(x) = e^{1/x}$ $(x \neq 0)$, pois $\lim\limits_{x \to 0+} e^{1/x} = +\infty$ [Fig. F.1(c)].

Exemplo F.4. A reta $y = 0$ é assíntota inclinada de $f(x) = \dfrac{1}{(x-1)^2}$ para x tendendo a mais infinito e para x tendendo a menos infinito, pois

$$\lim_{x \to +\infty} \frac{1}{(x-1)^2} = 0 \quad e \quad \lim_{x \to -\infty} \frac{1}{(x-1)^2} = 0 \quad \text{[Veja Fig. F.1(a)].}$$

Exemplo F.5. A reta $y = 1$ é assíntota inclinada de $f(x) = e^{1/x}$ para x tendendo a mais infinito e para x tendendo a menos infinito, pois

$$\lim_{x \to +\infty} \left(e^{1/x} - 1\right) = 0, \quad \lim_{x \to -\infty} \left(e^{1/x} - 1\right) = 0 \quad \text{[Veja Fig. F.1(c)].}$$

Exemplo F.6. A reta $y = \dfrac{b}{a} x$ $(a, b > 0)$ é assíntota inclinada de

$$f(x) = b\sqrt{\frac{x^2}{a^2} - 1}$$

(ramo de hipérbole) para x tendendo a mais infinito, pois

$$\lim_{x \to +\infty} \left(b\sqrt{\frac{x^2}{a^2} - 1} - \frac{b}{a} x \right) = \lim_{x \to +\infty} \frac{-b^2}{b\sqrt{\dfrac{x^2}{a^2} - 1} + \dfrac{b}{a} x} = 0.$$

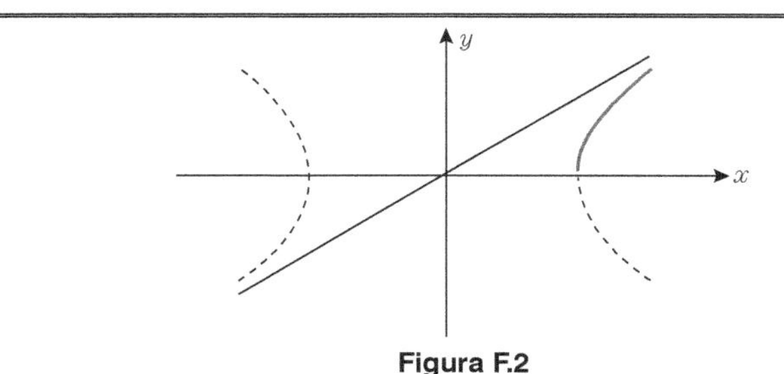

Figura F.2

Proposição F.1. Sejam a e b números, e f uma função cujo domínio contém um intervalo da forma $x \geq x_0$. Então a reta $y = ax + b$ é assíntota inclinada de f para x tendendo a mais infinito se, e somente se, existe

$$\lim_{x \to +\infty} \frac{f(x)}{x},$$

e vale a e se existe $\lim\limits_{x \to +\infty} \left(f(x) - ax \right)$ e vale b.

(Resultado análogo subsiste para x tendendo a menos infinito. Deixamos como exercício.)

Prova. a) Se $y = ax + b$ é assintota de $f(x)$ para x tendendo a mais infinito, temos

$$\lim_{x \to +\infty} \left(f(x) - ax - b \right) = 0, \tag{F.1}$$

isto é,

$$\lim_{x \to +\infty} \left[x \left(\frac{f(x)}{x} - a - \frac{b}{x} \right) \right] = 0. \tag{F.2}$$

Daí*

$$\lim_{x \to +\infty} \left(\frac{f(x)}{x} - a - \frac{b}{x} \right) = 0,$$

isto é,

$$\lim_{x \to +\infty} \frac{f(x)}{x} = a. \tag{F.3}$$

De (F.1), resulta imediatamente que

$$\lim_{x \to +\infty} \left(f(x) - ax \right) = b \tag{F.4}$$

b) Se $\lim\limits_{x \to +\infty} \dfrac{f(x)}{x}$ existe e vale a e se existe $\lim\limits_{x \to +\infty} \left(f(x) - ax \right)$ e vale b, então é claro que

$$\lim_{x \to +\infty} \left(f(x) - ax - b \right) = 0.$$

---

* Se $x\left(\dfrac{f(x)}{x} - a - \dfrac{b}{x} \right) = \psi(x)$, então $\lim\limits_{x \to +\infty} \psi(x) = 0$. Logo $\lim\limits_{x \to +\infty} \dfrac{\psi(x)}{x} = 0$

Exemplo F.7. Achar as assíntotas de $f(x) = \dfrac{x^2 - x + 1}{x - 1}$.

a) $\lim\limits_{x \to 1-} \dfrac{x^2 - x + 1}{x - 1} = -\infty$; logo, $x = 1$ é assintota vertical.

$\lim\limits_{x \to 1+} \dfrac{x^2 - x + 1}{x - 1} = +\infty$ e a mesma conclusão se verifica.

b) $\lim\limits_{x \to +\infty} \dfrac{f(x)}{x} = \lim\limits_{x \to +\infty} \dfrac{x^2 - x + 1}{x(x - 1)} = 1 = a.$

$$\lim_{x \to +\infty} \big(f(x) - x\big) = \lim_{x \to +\infty} \frac{1}{x - 1} = 0 = b.$$

$\therefore$ $y = x$ é assíntota inclinada de f para x tendendo a mais infinito.

Como exercício o leitor deve mostrar que tal reta também é assíntota de f para x tendendo a menos infinito.

Exemplo F.8. Achar as assíntotas de

$$f(x) = \frac{x^3 + x^2 + x - 1}{x^2 - 1}.$$

a) As retas $x = 1$ e $x = -1$ são assíntotas verticais, pois
$\lim\limits_{x \to 1-} f(x) = -\infty$ e $\lim\limits_{x \to -1+} f(x) = +\infty$.

b) $\lim\limits_{x \to +\infty} \dfrac{f(x)}{x} = \lim\limits_{x \to +\infty} \dfrac{x^3 + x^2 + x - 1}{x(x^2 - 1)} = 1 = a.$

$$\lim_{x \to +\infty} \big(f(x) - x\big) = \lim_{x \to +\infty} \frac{x^2 + 2x - 1}{x^2 - 1} = 1 = b.$$

$\therefore$ a reta $y = x + 1$ é assíntota de f para x tendendo a mais infinito.

Semelhantemente, se chega a que a reta $y = x + 1$ é assíntota para x tendendo a menos infinito (Fig. F-3).

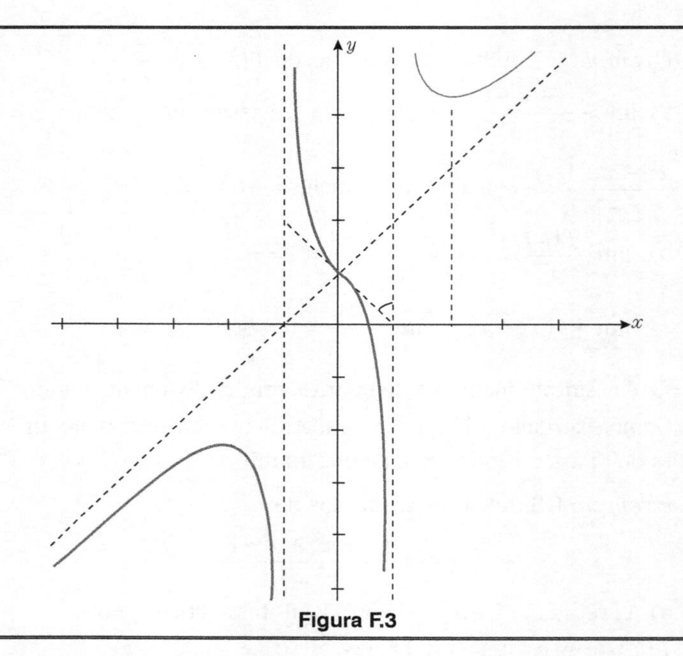

Figura F.3

Exemplo F.9. Achar as assíntotas de

$$f(x) = x^3 - x + 1.$$

a) Não existem assíntotas verticais, como é claro.

b) $\lim_{x \to +\infty} \frac{f(x)}{x} = +\infty$; logo, não existem assíntotas inclinadas para x tendendo a mais infinito. Do mesmo modo, se chega a que não existem assíntotas inclinadas para x tendendo a menos infinito.

Exemplo F.10. Achar as assíntotas de

$$f(x) = \ln|x|, \quad x \neq 0.$$

a) Como $\lim_{x \to 0} \ln|x| = -\infty$, a reta $x = 0$ é assíntota vertical.

b) $\lim_{x \to +\infty} \frac{f(x)}{x} = \lim_{x \to +\infty} \frac{\ln|x|}{x} = 0 = a,$

$$\lim_{x \to +\infty} (f(x) - 0 \cdot x) = \lim_{x \to +\infty} \ln|x| = +\infty.$$

Logo, não existe assíntota inclinada para x tendendo a mais infinito. Do mesmo modo, se chega a que não existe assíntota inclinada para x tendendo a menos infinito.

EXERCÍCIOS

Achar as assíntotas de f, sendo $f(x) =$

F.1. $-2\sqrt{x^2 - 1}, \quad (x \leq -1 \text{ ou } x \geq 1);$

F.2. $\dfrac{(x-3)^2}{4(x-1)}, \quad x \neq 1;$

F.3. $\dfrac{2x^2 - 6x - 5}{(x-5)(x+1)}, \quad x \neq -1{,}5;$

F.4. $\dfrac{sen\, x + (x+1)e^x}{e^x};$

F.5. $\dfrac{x^2 - 1}{x}, \quad x \neq 0;$

F.6. $e^{1/x};$

F.7. $x^3 - x + 1;$

F.8. polinômio.

APÊNDICE G

ESTIMATIVA DO ERRO NA APROXIMAÇÃO DIFERENCIAL

Proposição G.1. Seja f uma função cujo domínio contém o intervalo $[x, x + h]$, $h > 0$ tal que, para todo $t \in [x, x + h]$, se verifique $|f''(t)| \leq M$, onde $M \in \mathbb{R}$. Então

$$|\Delta f(x,h) - df(x,h)| \leq h^2 M.$$

Prova. Temos

$$|\Delta f(x,h) - df(x,h)| = |f(x+h) - f(x) - hf'(x)| =$$
$$= |f'(c)h - hf'(x)| = |h(f'(c) - f'(x))| = |h \cdot f''(d)(c-x)| \leq$$
$$\leq |h \cdot hf''(d)| = h^2 |f''(d)| \leq h^2 M.$$

onde c está entre x e $x + h$; e d, entre c e x.

Nas passagens, usamos sucessivamente a definição de $\Delta f(x, h)$ e $df(x, h)$, o teorema do valor médio para f, e esse mesmo teorema para f'.

Exemplo G.1. Consideremos o Ex. 2.7.1. onde se calculou o valor aproximado 6,025 de $\sqrt{36,3}$.

Vamos dar uma estimativa do erro cometido. Como $f(x) = \sqrt{x}$, temos que

$$f''(x) = -\frac{1}{4\sqrt{x^3}}, \quad \text{e} \quad |f''(x)| = \frac{1}{4\sqrt{x^3}}.$$

Se $x \geq 36$, vemos que

$$|f''(x)| \leq \frac{1}{4\sqrt{(36)^3}} = \frac{1}{864},$$

porque $|f''|$ é decrescente nesse intervalo. Então

$$|\Delta f(36;\ 0,3) - df(36;\ 0,3)| \leq (0,3)^2 \cdot \frac{1}{864} = 0,000104166,$$

que é, no máximo, o erro cometido ao se substituir Δf por df.

Nota. Sendo $\varepsilon = 0{,}000104166$, a desigualdade anterior fica, numa notação abreviada,

$$df - \varepsilon \leq \Delta f \leq df + \varepsilon$$

ou seja,

$$f(x) + df - \varepsilon \leq f(x+h) \leq f(x) + df + \varepsilon.$$

De acordo com os cálculos feitos no referido exemplo, temos

$$df = 0{,}025$$

e, como

$$f(x+h) = \sqrt{36{,}3}$$
$$f(x) = \sqrt{36} = 6,$$

temos

$$6{,}025 - 0{,}00010417 \leq \sqrt{36{,}3} \leq 6{,}025 + 0{,}00010417,$$

ou seja,

$$6{,}02489583 \leq \sqrt{36{,}3} \leq 6{,}02510417.$$

EXERCÍCIOS

G.1. Examinar a conclusão da proposição se o intervalo é $[x - h, x]$, $h > 0$.

G.2. Dar estimativas para os erros cometidos nas aproximações feitas nos Exers. 2.7.4(a), (b), (c) e (d).

Respostas dos exercícios propostos

SEÇÃO 1.1

1.1.7. Sim: se $a + b = r$, racional, então $b = r - a$ seria racional.
Não: $\sqrt{3} + \left(-\sqrt{3}\right) = 0$.

1.1.8. Não: $\sqrt{3} \cdot \frac{1}{\sqrt{3}} = 1$.

1.1.10. a) $\frac{1}{8}$; b) $\frac{1}{3}$; c) $\frac{28\,286}{9\,000}$; d) $\frac{3}{7}$.

SEÇÃO 1.2

1.2.1. $2; 0; 2; -\frac{1}{4}; k^2 - k; \frac{1-x}{x^2}; x^4 - x^2; x^4 + x^2; x^2 + x; x^4 - 2x^3 + x$.

1.2.2. $2; \frac{2}{3}; \frac{1}{1-t}; \frac{x+h}{x+h-1}$.

1.2.3. $\frac{1}{2}; \frac{1}{(x-1)^2}$.

1.2.4. $(x+h)^3; 3x^2h + 3xh^2 + h^3; 3x^2 + 3xh + h^2$.

1.2.5. $2; -2; w + \frac{1}{w}; \frac{x^4 + 3x^2 + 1}{x\left(x^2+1\right)}; \frac{x^4 - x^2 + 1}{x\left(x^2-1\right)}; x^2 - 1$.

1.2.6. a) nem par nem ímpar; b) ímpar;
c) par; d) par;
e) par; f) ímpar;
g) par; h) ímpar.

1.2.9. a) $x \geq -2$ b) todo x;
c) $x \geq 0$; d) $x \leq 0$;
e) $x \neq 0$; f) $x < -1$ ou $x > 1$;
g) todo x; h) todo x;
i) $1 \leq x \leq 2$; j) $x = \pm 1$;
l) nenhum x; m) $x > 0$;
n) $x < -2$ ou $x > 1$; o) todo x; p) $x < -3$ ou $x > 4$.

1.2.10. b)

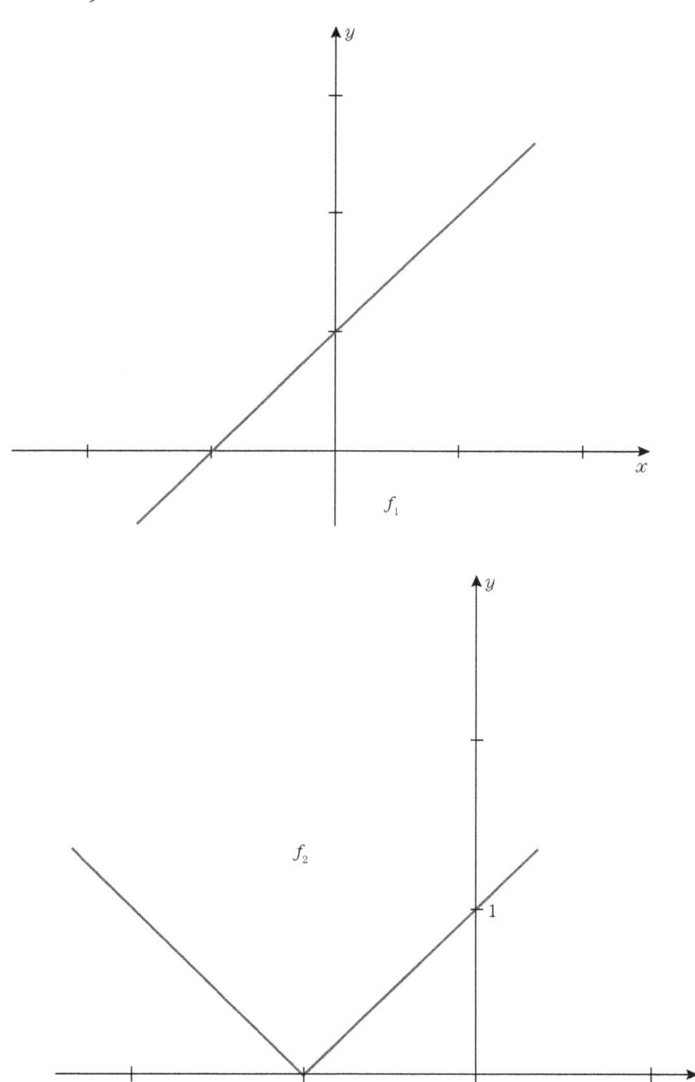

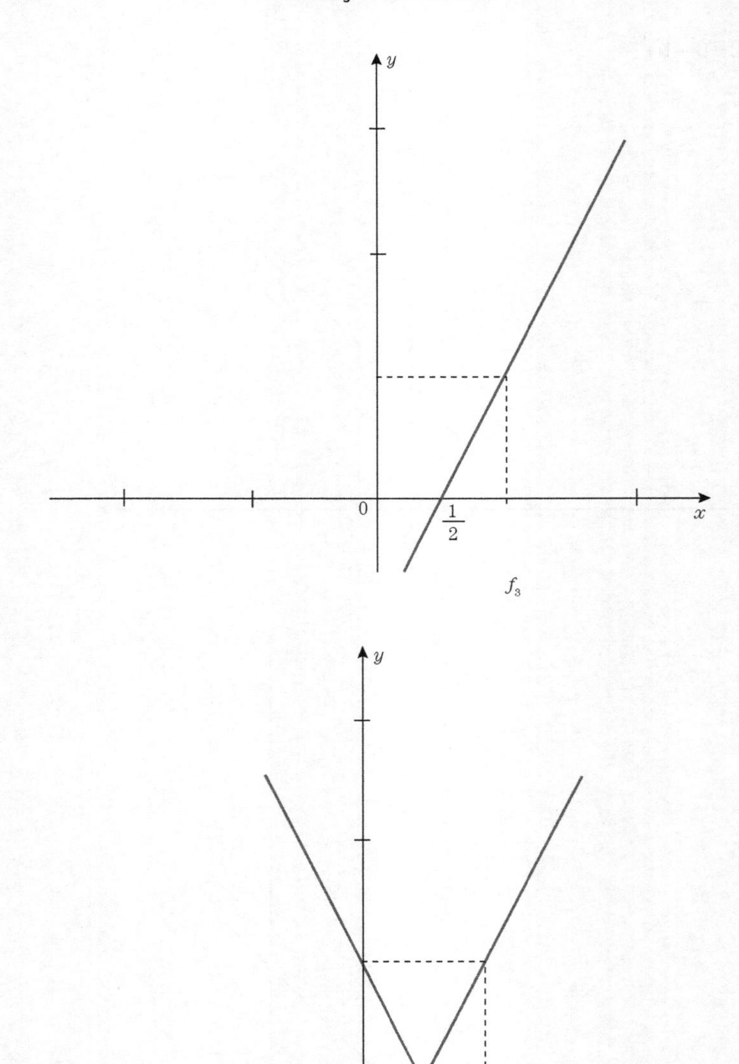
y
0
1/2
x
f_3
y
1/2
x
f_4

1.2.10. c)

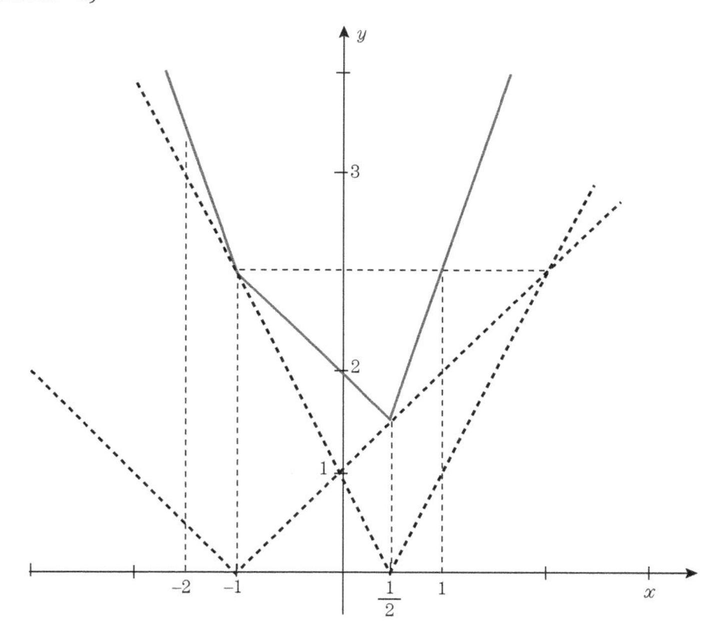

1.2.11. O gráfico se desloca verticalmente para cima de c unidades se $c > 0$, e de $-c$ unidades para baixo caso $c < 0$.

1.2.12.

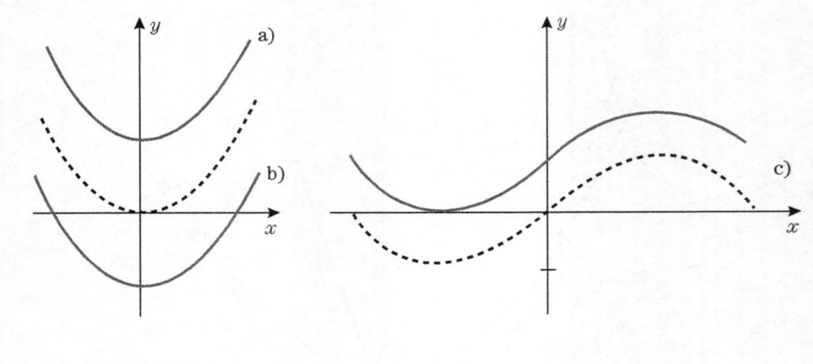

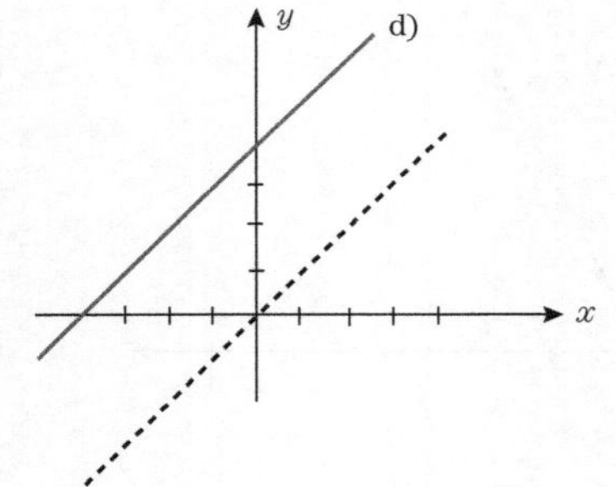

1.2.14.

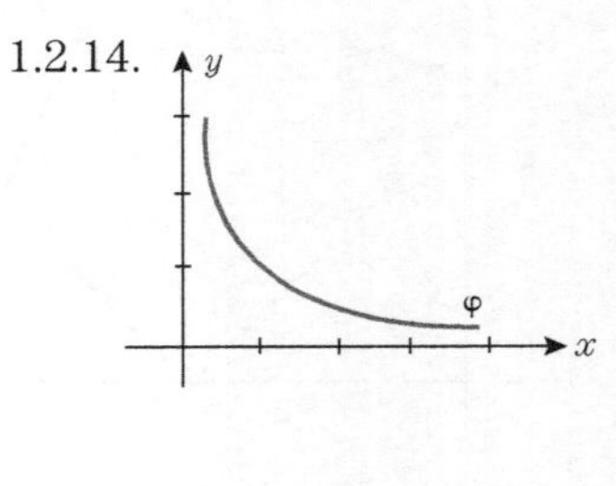

1.2.15.

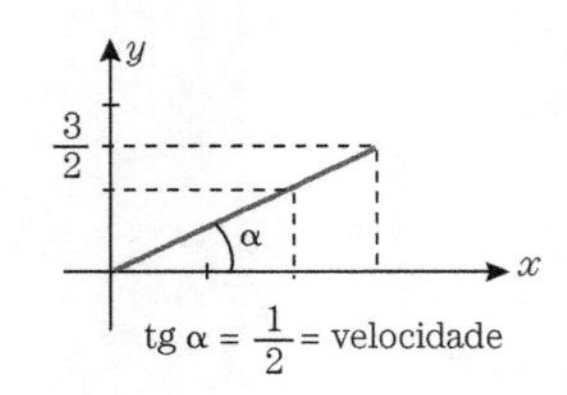

1.2.16. (a) e (d)

1.2.17.

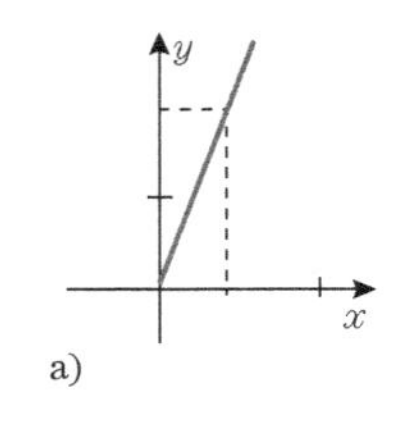

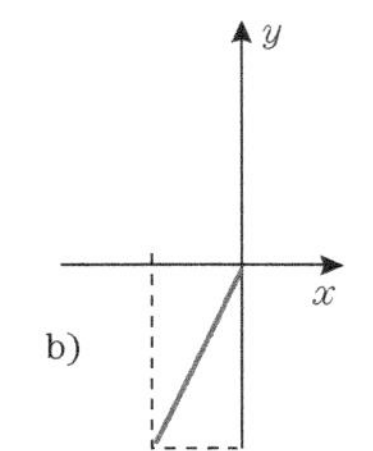

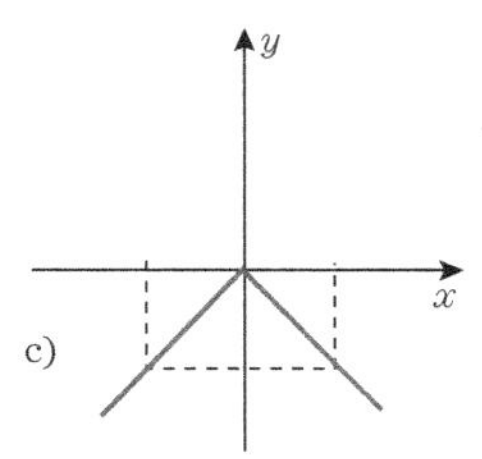

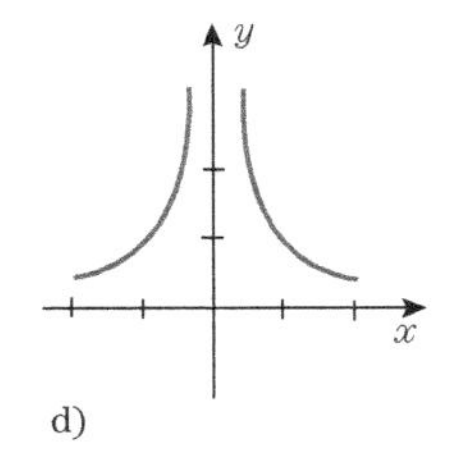

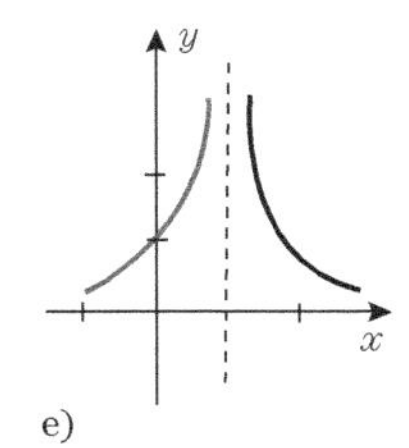

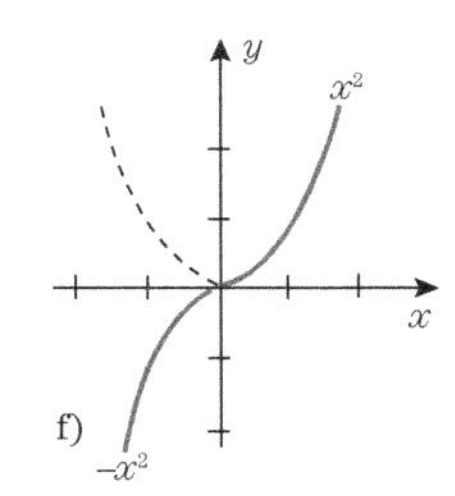

1.2.18.

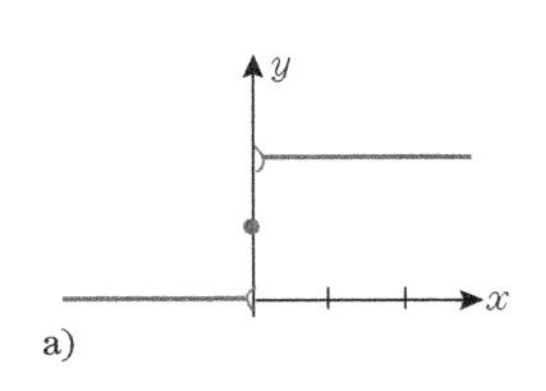

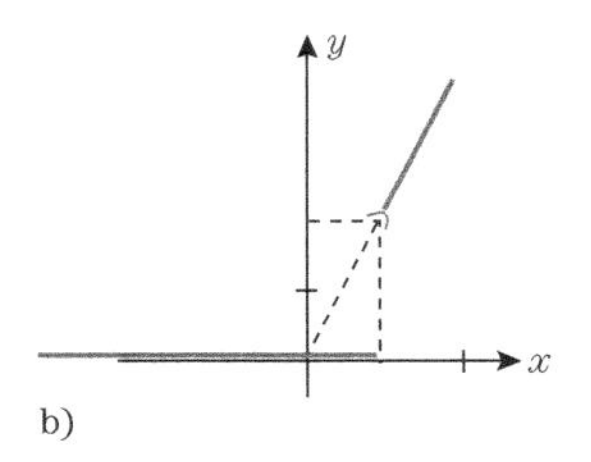

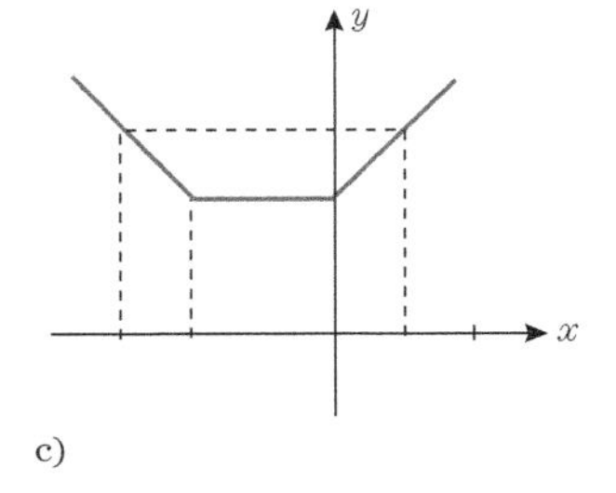

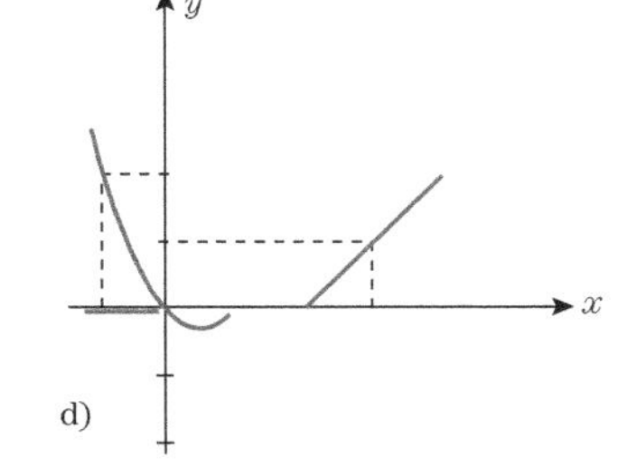

1.2.19.

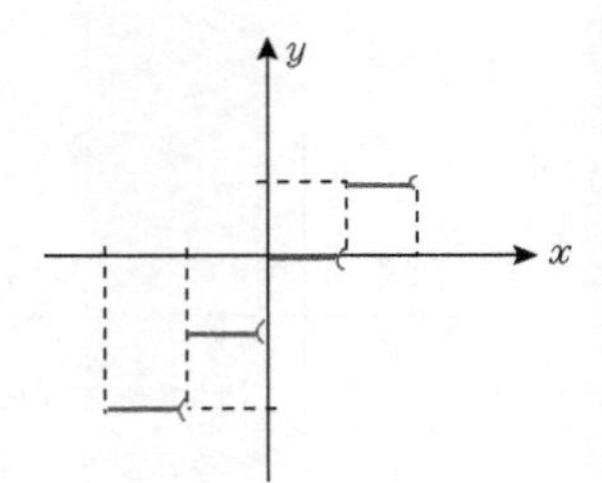

1.2.20.

a)

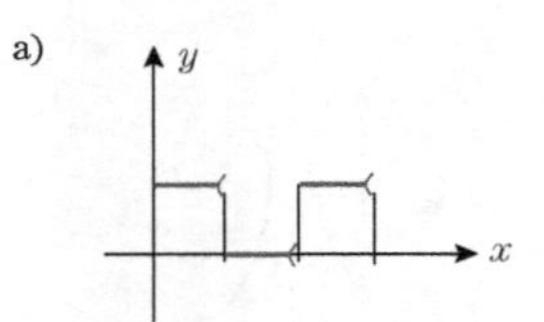

b)

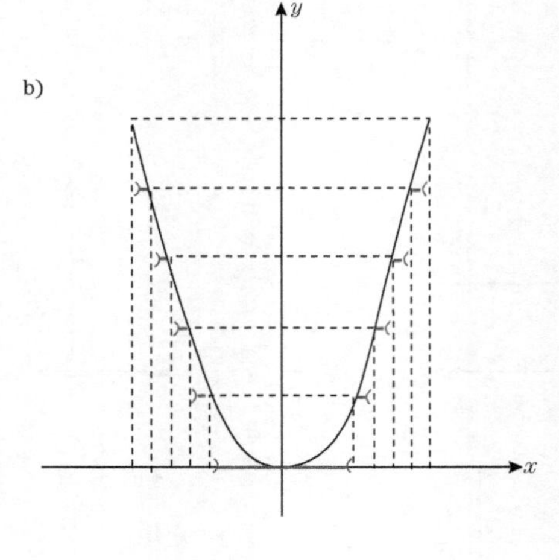

c)

1.2.21.

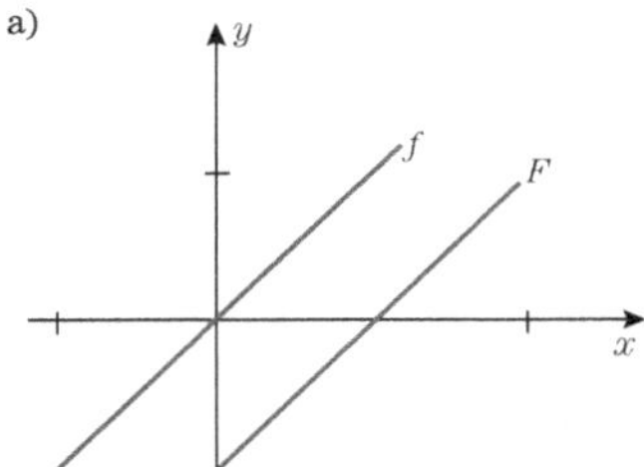

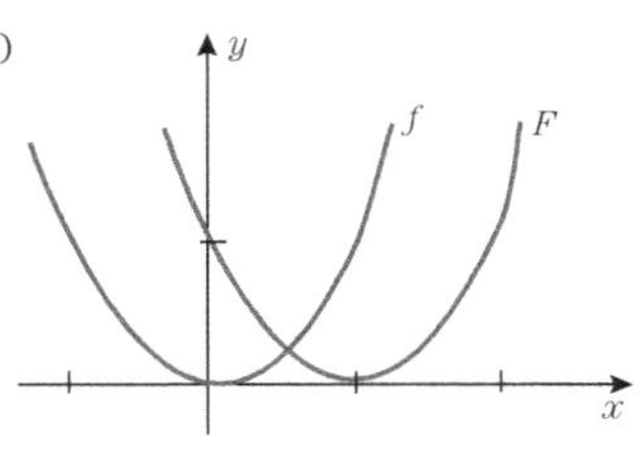

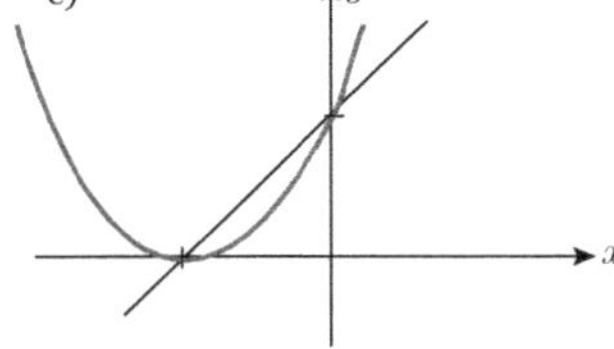

d) O gráfico de F é o transladado do gráfico de f para a esquerda (direita) de a unidades ($-a$ unidades) se $a > 0$ ($-a > 0$).

1.2.22. a) 3 b) 3 c) π d) 4
e) 4 f) x^2 g) x^2 h) x^2
i) $\sqrt{2}$ j) 1 l) 1 m) 1
n) 1 o) 3 p) 6 q) 6

1.2.24. a) Não b) $\sqrt{(-1)^2} = \sqrt{1} = 1 \neq -1$

1.2.25. a) $x \geq 0$; b) $x \geq 1$; c) $x \leq 1$; d) qualquer x.

1.2.26. a) 0; b) $-\dfrac{7}{2}$; c) -4 e $-\dfrac{2}{3}$;
d) $2+\sqrt{2}$, $2-\sqrt{2}$, 0; e) 0 e 4 f) nenhum x.

SEÇÃO 1.3

1.3.1. a) 1; b) 1; c) 3; d) 3;
e) $\sqrt{3}$; f) $\sqrt{3}$; g) $\sqrt{\pi}-1$; h) $2\sqrt{\pi}$.

1.3.9. a) $-1 < x < 3$; b) $1 \leq x \leq 7$;
c) $-1 \leq x \leq 1$; d) nenhum x.

e) $\pi - \sqrt{\pi} \le x \le \pi + \sqrt{\pi}$; f) $-\sqrt{2} \le x \le \sqrt{2}$;

g) $-2 < x < 2$; h) $x = 1$;

i) $1 < x < 2$; j) $0 \le x \le 2$;

l) $-\sqrt{6} \le x \le -\sqrt{2}$ ou $\sqrt{2} \le x \le \sqrt{6}$.

1.3.10. a) $x < -3$ ou $x > 1$ b) $x \ge \frac{3}{2}$ c) $\frac{5}{3} \le x \le 3$

d) qualquer x

e) $-\frac{1}{4} < x < \frac{1}{3}$ f) $x < \frac{1-\sqrt{13}}{2}$ ou $\frac{1-\sqrt{5}}{2} < x < \frac{1+\sqrt{5}}{2}$

ou $x > \frac{1+\sqrt{13}}{2}$

1.3.11. a) 100; b) $\sqrt{5} - 2$; c) 1.

SEÇÃO 2.1

2.1.1. a) $y = 4x - 7$; b) $y = -2x$;

c) $y = 2x + 5$; d) $y = x$;

e) $y = -5x + 4$; f) $y = -\frac{1}{4}x + 1$.

2.1.2. a) (0,0); b) (0,2);

c) (0,10); d) (–1, –3);

2.1.3. a) (2,4); b) (0,1) e (–2, –1);

c) (2,10) e (–2, –6); d) (1,1).

2.1.4. a) $y = \frac{4}{3^{3/4}}x$ e $y = -\frac{4}{3^{3/4}}$; b) $y = \frac{1}{4}x$.

2.1.5. a) $y = -\frac{1}{5}x + \frac{11}{5}$; b) $y = -4x + 18$.

2.1.6. a) $y = -4x + 18$.

SEÇÃO 2.2

2.2.1. a) 2; b) $2x - 2$; c) $3x^2 + 14x$;

d) $-\frac{1}{x^2} + 2x$; e) $\frac{1}{2\sqrt{x}}$; f) $-\frac{1}{(x+1)^2}$.

2.2.3. $I'(x) = 0$ para $n < x < n + 1$, onde $I(x) = n$. Para $x = n$, a derivada à direita existe e vale 0, ao passo que não existe a derivada à esquerda.

2.2.4. São os pontos dos intervalos $n < x < n + 1$, n inteiro. Nos pontos $x = n$, existe a derivada à direita, que vale 1,e não existe a derivada à esquerda.

2.2.5.

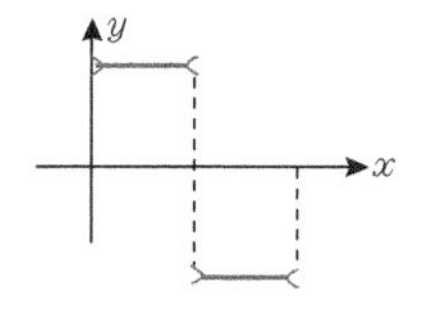

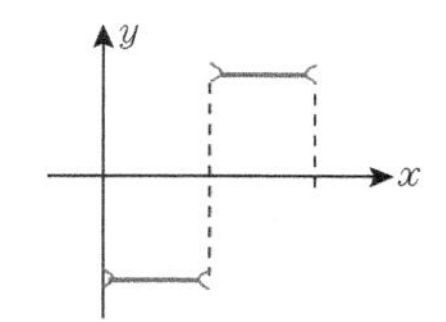

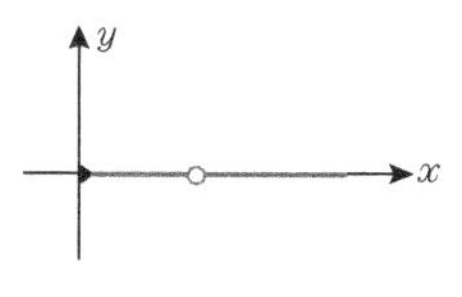

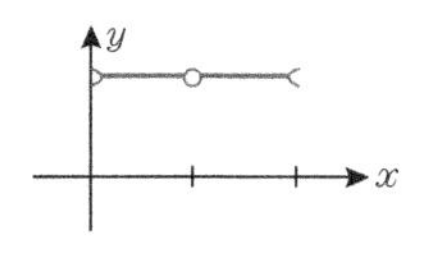

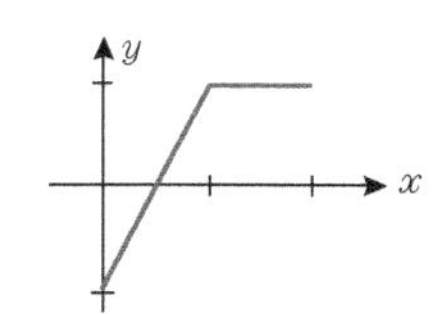

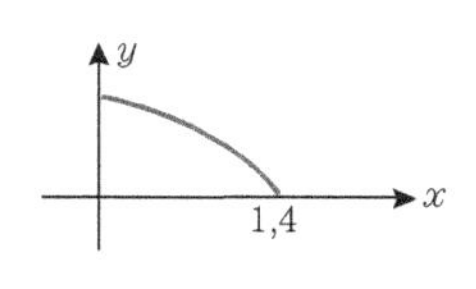

2.2.6. Sim. $f'(x) = \begin{cases} 2x & \text{se} \quad x \geq 0, \\ -2x & \text{se} \quad x < 0. \end{cases}$

SEÇÃO 2.3

2.3.1. a) x_0; b) x_0; c) $2x_0$; d) $ax_0 + b$; e) 2; f) 0; g) 0; h) 0; i) 0; j) 0; l) 0; m) $\frac{1}{x_0}$; n) $\sqrt{x_0}$.

2.3.3. a) a; b) $-\frac{1}{x^2}$; c) $-\frac{1}{(x+1)^2}$; d) $\frac{1}{(x+1)^2}$; e) $3x^2$; f) $3x^2 - 2x$; g) $2x - 3$; h) $\frac{1}{2\sqrt{x}}$; i) $-\frac{1}{2}x^{-3/2}$; j) $\frac{1}{3}x^{-3/2}$;

2.3.5. a) $\frac{1}{4}$; b) -1; c) 14; d) $\sqrt{30}$; e) 1; f) $2t$; g) -1 se $a \neq 0$; 1 se $a = 0$; h) 2;

i) 6; j) $\frac{1}{2}$; l) –12; m) –6.

2.3.6. b) não; c) sim: 0; d) não; e) sim: –12.

SEÇÃO 2.4

2.4.1. (b).

2.4.2. Todas, exceto (a), (b) e (1).

2.4.3. Não: $f(x) = \frac{x}{|x|}$ se $x \neq 0$, $f(0) = 1$.

2.4.4. a) $a = 0$; b) $a = 12$; c) $a = 1$; d) $a = -4$;

e) não existe a; f) $a = 0$ e $a = 1$; g) qualquer a.

2.4.5. a) é verdadeira: proposição 2.4.2;

b) é falsa: $f(x) = |x|$;

c) verdadeira: $f(x) = \frac{x}{|x|}$, $x \neq 0$, $f(0) = 0$, e $g(x) = 0, x \neq 0$, $g(0) = 1$;

d) verdadeira: f é a mesma do item (c), e $g = -f$.

e) falsa.

2.4.7. A) a) sen (cos x), cos (sen x);

b) $x^2 + x - 2$, $-x^2 + 3x + 1$;

c) x, x; d) $x^{x^{x+1}}$, $x^{x^{x+1}}$;

e) $\frac{x^2}{\left(x^2+1\right)^2}$, $\frac{x^2}{x^4+1}$.

B) a) $f(x) = x^3$ $g(x) = \text{sen}\, x + x$;

b) $f(x) = \frac{1}{x}\,(x \neq 0)$ $g(x) = x^4 + 1$;

c) $f(x) = \sqrt{x}\,(x \geq 0)$ $g(x) = 1 + x^2$;

d) $f(x) = 2^x$ $g(x) = \ln x\ (x > 0)$;

C) a) $x \geq 0$; b) $x \neq \pm 1$;

c) nenhum x; d) $0 < x \leq \frac{1}{e}$ ou $x \geq e$.

2.4.8. São compostas de funções contínuas.

SEÇÃO 2.5

2.5.1. $2x + 2$.

2.5.2. $2ax + b$.

2.5.2. $-\dfrac{1}{x^2} + \dfrac{1}{2\sqrt{x}}$.

2.5.4. $\cos x - \operatorname{sen} x$.

2.5.5. $-\dfrac{12}{x^4} + 20x^3 + \dfrac{35}{x^6}$.

2.5.6. $-\pi x^{-\pi-1} + 2\sqrt{2}x^{\sqrt{2}-1}$.

2.5.7. $\dfrac{1}{\sqrt{x}} + 2x^{-2/3} - \dfrac{3}{2}\sqrt{x}$.

2.5.8. $\dfrac{4\sqrt{2}}{3x^2\sqrt[3]{x}} - \dfrac{2}{3x\sqrt[3]{x^2}}$.

2.5.9. $\dfrac{8}{3}x^{1/3} - 2x^{-1/3}$.

2.5.10. $3x^2 + \cos x + \sec^2 x$.

2.5.11. $\dfrac{1}{7} \cdot x^{-6/7} + \dfrac{2}{9} \cdot x^{-\frac{8}{9}}$.

2.5.12. $9^x \ln 9 + e^x + 3x^2$.

2.5.13. $\cosh x = \dfrac{e^x + e^{-x}}{2}$.

2.5.14. $\operatorname{senh} x = \dfrac{e^x - e^{-x}}{2}$.

2.5.15. $2x + 5$.

2.5.16. $x^2(1 + 3 \ln x)$

2.5.17. $\sqrt{x}\cos x + \dfrac{1}{2\sqrt{x}} \cdot \operatorname{sen} x$.

2.5.18. $e^x\left(-\operatorname{sen} x + \cos x + \dfrac{1}{x} + \ln x\right)$.

2.5.19. $\dfrac{3}{2}\sqrt{x}\ln x + \sqrt{x} + 2^x \ln 2$.

2.5.20. $(x+1)\operatorname{sen} 2x + \left(x^2 + 2x - 1\right)\cos 2x$.

2.5.21. $\cos^2 x - \operatorname{sen}^2 x + \sec^2 x$

2.5.22. $\cos^2 x$.

2.5.23. $\dfrac{2x^2 - 1}{x^2}$.

2.5.24. $\dfrac{-5}{(x-3)^2}$.

2.5.25. $\dfrac{1 - x^2}{\left(x^2 + 1\right)^2}$.

2.5.26. $\dfrac{-7x^2 + 10x + 3}{\left(3x^2 - x + 2\right)^2}$.

2.5.27. $\dfrac{2 + \sqrt{x}}{2\left(1 + \sqrt{x}\right)^2}$.

2.5.28. $\dfrac{4x + 3x^{3/2}}{2\left(1 + \sqrt{x}\right)^2}$.

2.5.29. $\dfrac{-2}{(\operatorname{sen} x - \cos x)^2}$.

2.5.30. $\dfrac{(2x+1)(\operatorname{sen} x+\cos x)+\left(x^2+x+1\right)(\operatorname{sen} x-\cos x)}{(1+\operatorname{sen} 2x)}$.

2.5.31. $\dfrac{1}{\cosh^2 x}$. 2.5.32. $\dfrac{x\cos x-\operatorname{sen} x}{x^2}$.

2.5.33. $\dfrac{e^x\left(\ln x-\dfrac{1}{x}\right)}{(\ln x)^2}$. 2.5.34. $\dfrac{1-\ln x}{x^2}$.

2.5.35. $\dfrac{1}{\left(1+(x+1)\operatorname{tg} x\right)^2}$. 2.5.36. $\dfrac{e^x(2x-1)}{2x^{3/2}}$.

2.5.37. $-\operatorname{cossec}^2 x$. 2.5.38. $\sec x \operatorname{tg} x$.

2.5.39. $-\operatorname{cossec} x \operatorname{ctg} x$. 2.5.40. $\dfrac{\cos x(x+\cos x)-\operatorname{sen} x(1-\operatorname{sen} x)}{(x+\cos x)^2}$.

2.5.41. $100(3x^4-6)^{99}\cdot 12x^3$. 2.5.42. $5(2x^2-3x+4)^4\cdot(4x-3)$.

2.5.43. $-3(2-x-x^4)^{-4}(-1-4x^3)$. 2.5.44. $\dfrac{3x^2+2}{2\sqrt{x^3+2x-10}}$.

2.5.45. $\dfrac{x}{\left(1-x^2\right)^{3/2}}$. 2.5.46. $\dfrac{1}{\left(1-x^2\right)^{3/2}}$.

2.5.47. $\dfrac{1}{(1+x)\sqrt{1-x^2}}$. 2.5.48. $\dfrac{x^2}{\sqrt[3]{\left(1+x^3\right)^2}}$.

2.5.49. $\dfrac{1+2\sqrt{x}}{6\sqrt{x}\sqrt[3]{\left(x+\sqrt{x}\right)^2}}$. 2.5.50. $\dfrac{\sqrt{x+\sqrt{1+x^2}}}{2\sqrt{1+x^2}}$.

2.5.51. $\dfrac{x}{\sqrt{1+x^2}}$. 2.5.52. $-2\operatorname{sen} 2x$.

2.5.53. $2\cos 2x-4\cos x$.

2.5.54. $(2-x^2)(-\operatorname{sen} x^2)2x+(-2x)\cos x^2$.

2.5.55. $4(\operatorname{sen} x+\cos 3x)^3(\cos x-3\operatorname{sen} 3x)$.

2.5.56. $3(\operatorname{senh} x)^2\cosh x$.

2.5.57. $\dfrac{1}{3}\left(2e^x-2^x+1\right)^{-2/3}\cdot\left(2e^x-2^x\ln 2\right)$. 2.5.58. $\operatorname{ctg} x$.

2.5.59. $\dfrac{3\ln^2 x}{x} + \dfrac{1}{x\ln x}$. 2.5.60. $\dfrac{e^x - \dfrac{x}{\sqrt{1-x^2}}}{e^x + \sqrt{1-x^2}}$.

2.5.61. $e^{\text{sen}^2 x} \cdot 2 \text{ sen } x \cdot \cos x$. 2.5.62. $\cos(\cos x)(-\text{sen } x)$.

2.5.63. $\cos(\cos^2 x)(2\cos x)(-\text{sen } x)$.

2.5.64. $\cos(\text{sen}(\text{sen } x)) \cdot \cos(\text{sen } x) \cdot \cos x$.

2.5.65. $\dfrac{1}{x^2 - 1}$. 2.5.66. $10 \text{ sen}^9 2x \cdot \cos 2x \cdot 2 + 6\cos^5 x\,(-\text{sen } x)$

2.5.67. 0. 2.5.68. $\dfrac{2}{\text{sen } x}$.

2.5.69. $(3^{\text{sen } x} \ln 3 + \text{sen}^2 x)\cos x$. 2.5.70. $\dfrac{\cos x}{2\sqrt{\text{sen } x}} + \dfrac{\cos\sqrt{x}}{2\sqrt{x}}$.

2.5.71. a) $g'(x^3) \cdot 3x^2$; b) $g'(x^2) \cdot 2x^2 + g(x^2)$;

c) $g'(g(x)) \cdot g'(x) + g'(\text{sen } x)\cos x$;

d) $g'\left(x^2 - 1\right) \cdot 2x + g'\left(\sqrt{x}\right) \cdot \dfrac{1}{2\sqrt{x}}$.

2.5.72. a) 6; b) $12x^2 + 12x$;

c) 0; d) $n\,!\,a_n$;

e) $\text{sen}\left(x + n\dfrac{\pi}{2}\right)$, $\cos\left(x + n\dfrac{\pi}{2}\right)$;

f) $a^x(\ln a)^n$, $(-1)^{n-1}\dfrac{(n-1)!}{x^n}$; g) $\dfrac{-1}{4(4-x)^{3/2}}$.

2.5.75. a) $x^x(1 + \ln x)$;

b) $(\text{sen } x)^x(\ln \text{sen } x + x \text{ ctg } x)$;

c) $\left(x^{\text{sen } x}\right)\left(\dfrac{\text{sen } x}{x} + \cos x \ln x\right)$;

d) $(\cos x)^{\text{sen } x}(\cos x \ln \cos x - \text{sen } x \text{ tg } x)$;

e) $x^{1/x} \cdot \dfrac{1}{x^2}(1 - \ln x)$.

2.5.76. a) $\dfrac{H^2 a}{\pi R^2 h^2}$; b) $\dfrac{a}{4\pi r^2}$; c) (1,0); d) $\dfrac{b}{d}\left(a^2 + d^2\right)$.

SEÇÃO 2.6

2.6.1. $\dfrac{x^2-y}{x-y^2}$. 2.6.2. $\dfrac{e^y}{2-y}$. 2.6.3. $-\dfrac{b^2x}{a^2y}$.

2.6.4. $-\text{tg}\, y\ \text{ctg}\, x$. 2.6.5. $\dfrac{\ln y-\dfrac{y}{x}}{\ln x-\dfrac{x}{y}}$. 2.6.6. $-\dfrac{b^4}{a^2y^3}$.

SEÇÃO 2.7

2.7.1. a) 7,6; b) 0,61; 0,6 ; 0,0601; 0,06; c) –7; –12.

2.7.3. b) $\Delta V(x, h) = dV(x, h) = \pi r^2 h$.

2.7.4. a) 2,025; $(x = 4)$ b) 0,5151; $\left(x=\dfrac{\pi}{6}\right)$ c) 1,9968; $(x = 16)$ d) 0,01. $(x = 1)$

2.7.5. 0,0048.

SEÇÃO 3.1

3.1.1. a) $\dfrac{\sqrt{3}}{3}$; b) $\dfrac{3}{2}$; c) 0;

d) $-3+2\sqrt{3}$; e) $\dfrac{-1+\sqrt{5}}{2}$.

3.1.2. Não. 3.1.3. Não.

3.1.5. a) –16,4; b) $0, \dfrac{1}{2}$; c) $0, \dfrac{5}{16}$;

d) $0, \dfrac{1}{4}$; e) $-\dfrac{\sqrt{2}}{2}e^{\frac{7\pi}{4}}, \dfrac{\sqrt{2}}{2}e^{\frac{3\pi}{4}}$.

SEÇÃO 3.2

3.2.1. a) $\sqrt{\dfrac{19}{3}}$; b) 1; c) $\dfrac{2}{\ln\dfrac{5}{3}}$; d) $\dfrac{4}{3}$.

3.2.3. a) não; b) sim $\dfrac{7}{12}$ ou $\dfrac{17}{12}$.

SEÇÃO 3.3

3.3.1. a) crescente em $x \geq \dfrac{1}{2}$; decrescente em $x \leq \dfrac{1}{2}$;

b) crescente em $x \geq 0$; decrescente em $x \leq 0$;

c) 1.° *caso*: $a > 0$;
crescente em $x \geq -\frac{b}{2a}$; decrescente em $x \leq -\frac{b}{2a}$;
2.° *caso*: $a < 0$;
crescente em $x \leq -\frac{b}{2a}$; decrescente em $x \geq -\frac{b}{2a}$;

d) crescente;

e) crescente;

f) crescente em $x \leq \frac{-1}{\sqrt{3}}$; decrescente em $\frac{-1}{\sqrt{3}} \leq x \leq \frac{1}{\sqrt{3}}$;
crescente em $x \geq \frac{1}{\sqrt{3}}$;

g) crescente em $x \geq 0$; decrescente em $x \leq 0$;

h) crescente em $x \geq \frac{1}{\sqrt[3]{4}}$; decrescente em $x \leq \frac{1}{\sqrt[3]{4}}$;

i) n par: crescente em $x \geq 0$; decrescente em $x \leq 0$; se n é ímpar; crescente;

j) crescente em $x \geq 0$;

l) crescente;

m) crescente;

n) crescente em $x < -\frac{1}{2}$; crescente em $x > -\frac{1}{2}$;

o) crescente em $x < 1$; decrescente em $x > 1$;

p) decrescente em $x < -2$; decrescente em $-2 < x < 8$; decrescente em $x > 8$;

q) crescente em $0 \leq x \leq \frac{\pi}{2}$; decrescente em $\frac{\pi}{2} \leq x \leq \frac{3\pi}{2}$;
crescente em $\frac{3\pi}{2} \leq x \leq 2\pi$;

r) crescente em $0 \leq x \leq \frac{\pi}{4}$; decrescente em $\frac{\pi}{4} \leq x \leq \frac{\pi}{2}$;

s) crescente;

t) crescente em $0 < x \leq \frac{1}{e^2}$; crescente em $x \geq 1$; decrescente em $\frac{1}{e^2} \leq x \leq 1$;

u) crescente em $x \leq 1$; decrescente em $x \geq 1$;

v) crescente em $x \leq 0$, decrescente em $0 \leq x \leq \frac{2}{3}$; crescente em $x \geq \frac{2}{3}$.

3.3.3. As funções diferem por uma constante: $g(x) - f(x) = 1$.

3.3.5. No máximo uma.

SEÇÃO 3.4

3.4.1. O lado paralelo ao muro tem comprimento $\frac{l}{2}$.

3.4.2. 2.

3.4.3. a) O lado do quadrado vale $\frac{l}{\pi + 4}$;

b) se você quer cortar de qualquer jeito, não existe solução. Senão, transforme o arame todo num círculo.

3.4.4. a) o triângulo retângulo isósceles;

b) o triângulo retângulo isósceles.

3.4.5. A base menor é metade da maior.

3.4.6. $2\pi\left(1 - \sqrt{\frac{2}{3}}\right)$.

3.4.7. a) cilindro equilátero;

b) altura igual a $\frac{4}{3}$ do raio da esfera;

c) altura igual a $\frac{4}{3}$ do raio da esfera.

3.4.8. $a = \frac{a}{2} + \frac{a}{2}$.

3.4.9. $\sqrt{H(h + H)}$.

3.4.10. $\frac{\pi}{4}$.

3.4.11. $\left(\frac{1}{\sqrt{2}}, \frac{1}{2}\right)$ e $\left(-\frac{1}{\sqrt{2}}, \frac{1}{2}\right)$; b) $\left(-\frac{1}{2}, \frac{1}{\sqrt{2}}\right)$; c) $(1, 0)$

3.4.13. Os pontos de mínimo local e máximo local serão, respectivamente,

a) 1, –1; b) –1, 1; c) 1, –1;

d) 0 e 2, 1; e) –3; f) $5\frac{\pi}{3} + 2k\pi$, $\frac{\pi}{3} + 2k\pi$;

g) 0, não existe; h) não existe, 0;

i) não existe, não existe; j) -1; não existe;

l) $-1/2$; -1 e $1/3$; m) $1/2$, não existe;

n) não existe, não existe.

3.4.14. a) $a = \frac{4}{5} b > 0$; b) $a = -\frac{4}{5} b > 0$;

3.4.15. c) não; não.

3.4.17. a) b é ponto de máximo local;

c é ponto de mínimo local;

nada se pode concluir quanto a máximos e mínimos;

b) b é ponto de mínimo local e ponto de mínimo.

SEÇÃO 3.5

3.5.1. Para cima. 3.5.2. Para cima.

3.5.3. Para cima se $a > 0$; para baixo se $a < 0$.

3.5.4. Para baixo em $x \le 0$; para cima em $x \ge 0$. 0 é ponto de inflexão.

3.5.5. Mesma resposta que em 3.5.4.

3.5.6. Para cima em $x \le -\frac{1}{\sqrt{2}}$ e em $x \ge \frac{1}{\sqrt{2}}$; para baixo em $-\frac{1}{\sqrt{2}} \le x \le \frac{1}{\sqrt{2}}$. Pontos de inflexão: $\pm\frac{1}{\sqrt{2}}$.

3.5.7. Para baixo em $x < 0$; para cima em $x > 0$.

3.5.8. Para baixo em $x < -1$; para cima em $x > -1$.

3.5.9. Para cima em $x \le -\frac{\sqrt{3}}{3}$ e em $x \ge \frac{\sqrt{3}}{3}$; para baixo em $-\frac{\sqrt{3}}{3} \le x \le \frac{\sqrt{3}}{3}$. Pontos de inflexão: $\pm\frac{\sqrt{3}}{3}$.

3.5.10. Para cima em $x \le -3$ e em $x \ge -1$; para baixo em $-3 \le x \le -1$. Pontos de inflexão: -3 e -1.

3.5.11. Para cima em $x \ge \frac{-12 + 2\sqrt{6}}{15}$, para baixo em $-1 < x \le \frac{-12 + 2\sqrt{6}}{15}$. Ponto de inflexão: $\frac{-12 + 2\sqrt{6}}{15}$.

3.5.12. Para baixo em $x \le 0$; para baixo em $x \ge 0$.

3.5.13. Para baixo em $0 \le x \le \pi$; para cima em $\pi \le x \le 2\pi$. Ponto de inflexão: π.

3.5.14. Para cima em $0 < x < 1$: para baixo em $x > 1$.

SEÇÃO 3.6*

3.6.1. a) $+\infty; +\infty;$ b) $-\infty; -\infty;$
c) $+\infty; -\infty;$ d) $+\infty; +\infty;$
e) $-\infty; +\infty;$ f) $-\infty; +\infty;$
g) $+\infty; +\infty;$ h) $0; 0;$
i) $0; 0;$ j) $\frac{3}{2}; \frac{3}{2};$
l) $-2; -2;$ m) $\frac{-7}{2}; \frac{-7}{2};$
n) $+\infty; -\infty;$

3.6.2. a) $+\infty;$ b) $+\infty;$
c) $-\infty;$ d) $+\infty;$
e) $-\infty;$ f) $+\infty;$
g) $+\infty;$ h) $+\infty;$
i) $+\infty;$ j) $-\infty;$

* Agradeço aos estagiários Augusto Ferreira Brandão Júnior e Jorge Stolfi a gentileza de construírem os gráficos a seguir no *plotter* do Instituto de Matemática e Estatística da USP.

3.6.3. a)

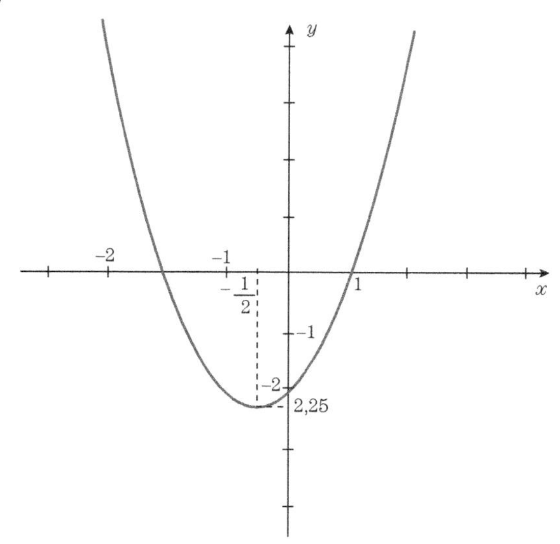

b)

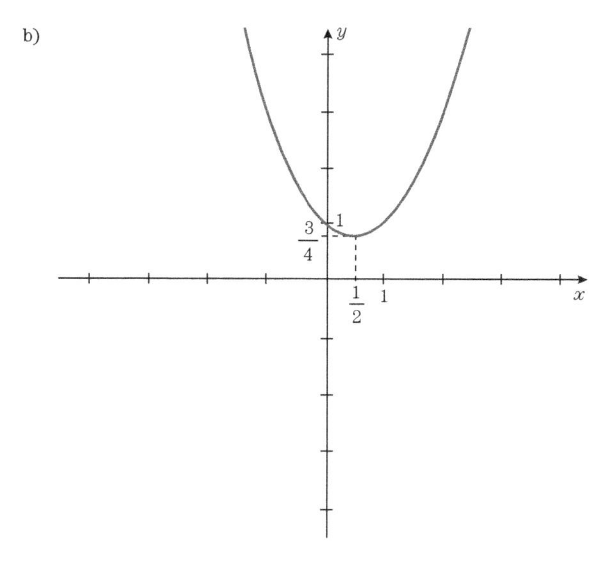

c)

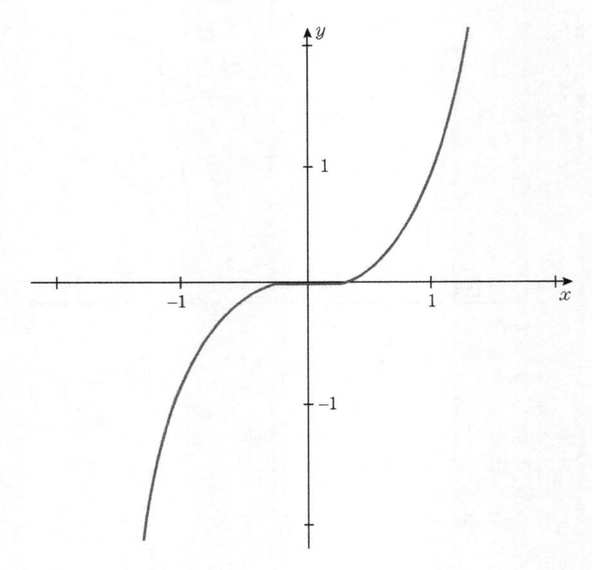

d)

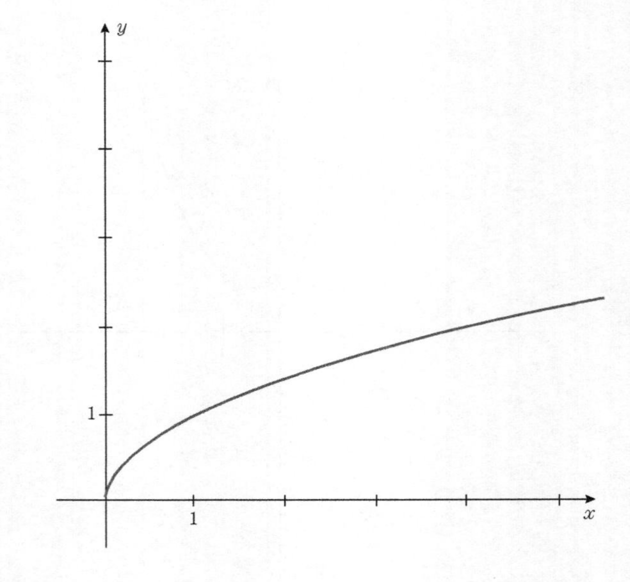

e)

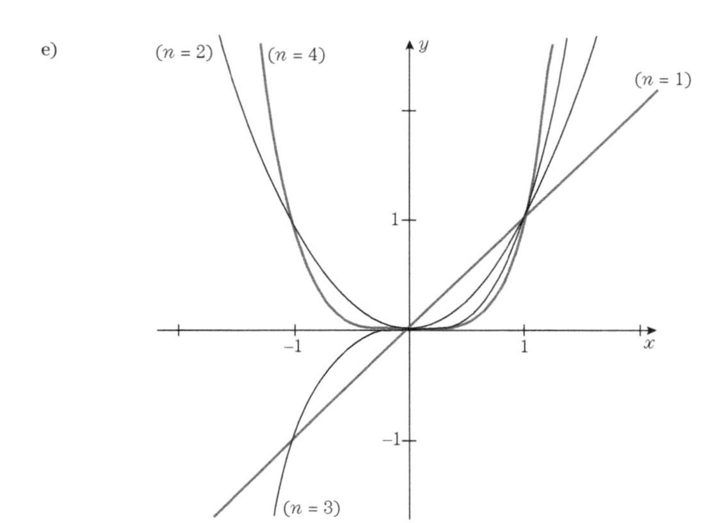

f)

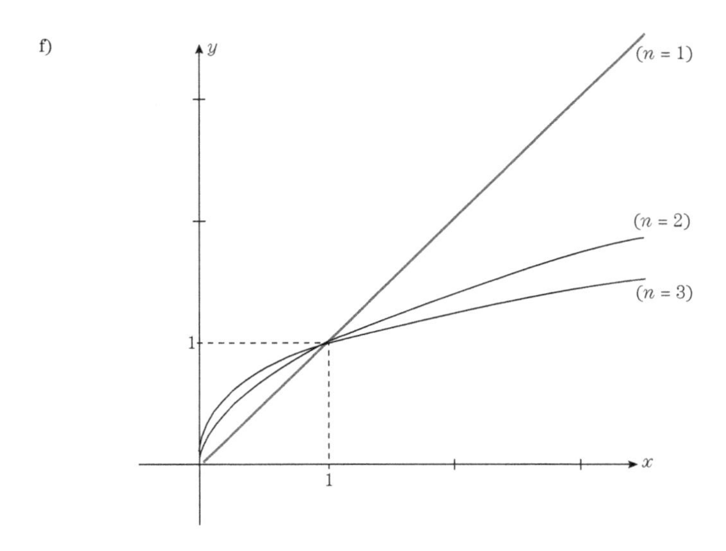

g)

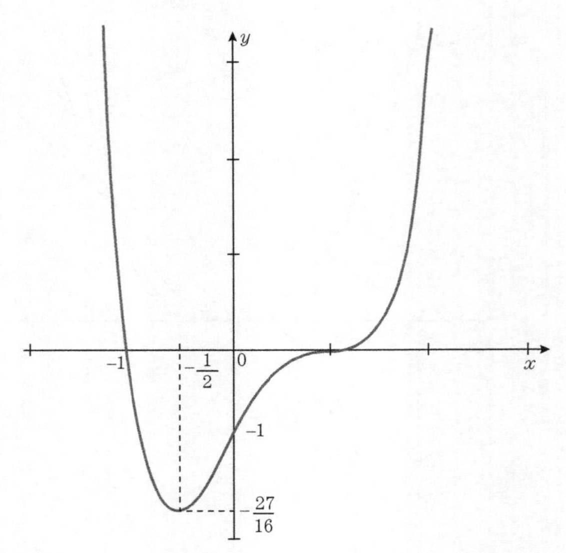

h)

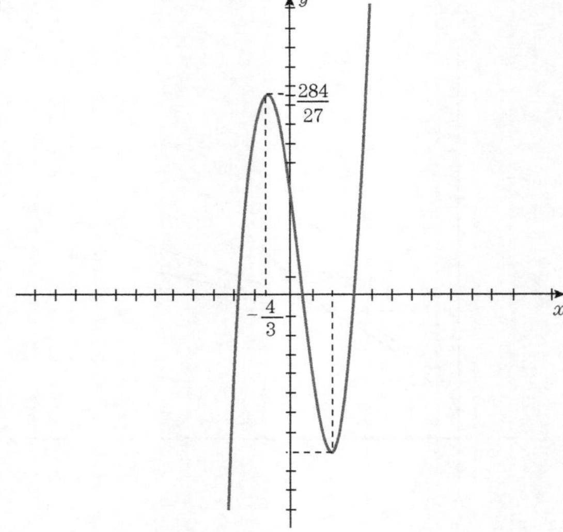

i)

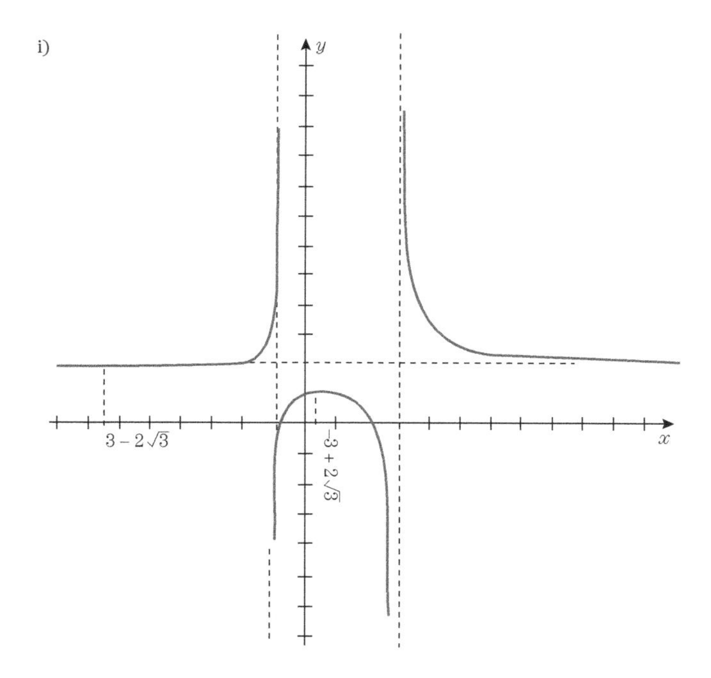

j)

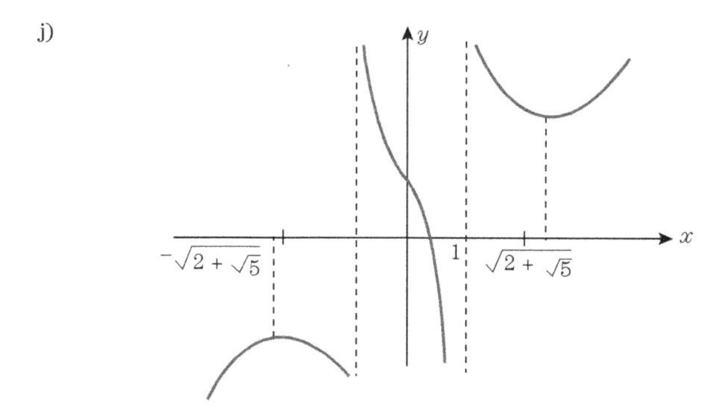

l)

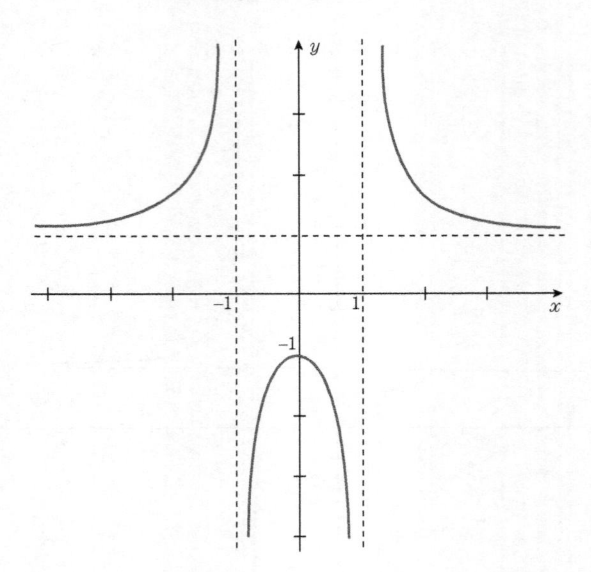

m)

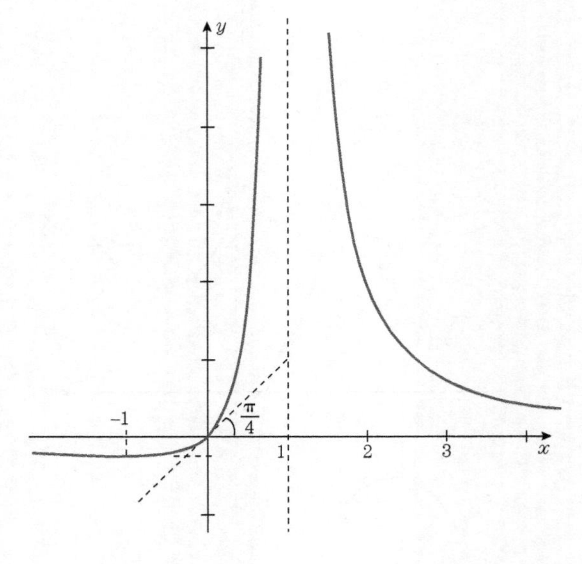

n), o), p), q)

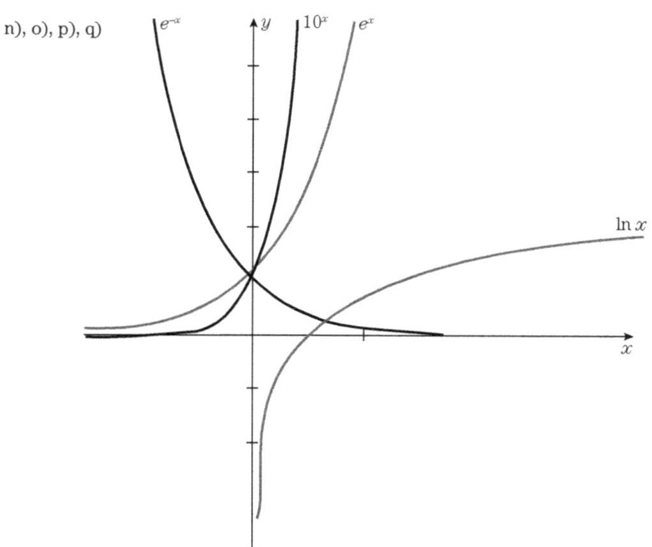

r)

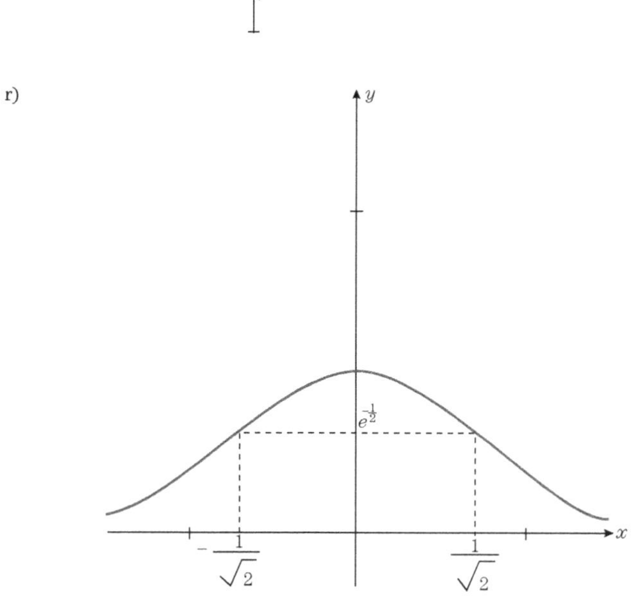

s)

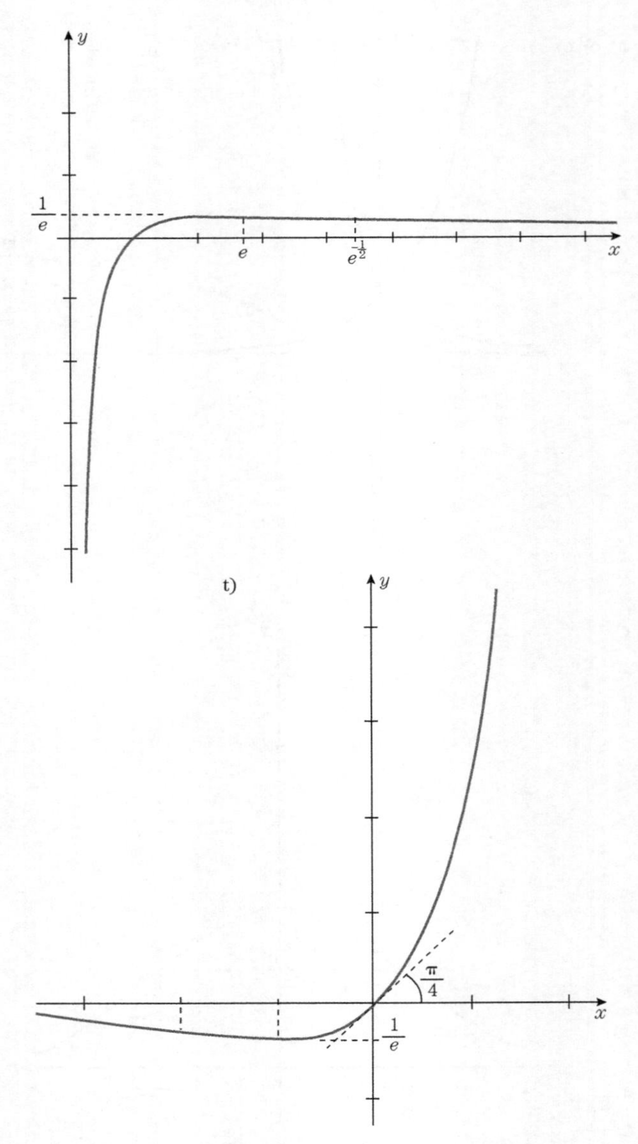
y
$\frac{1}{e}$
e
$e^{-\frac{1}{2}}$
x
t)
y
$\frac{\pi}{4}$
x
$\frac{1}{e}$

u), v)

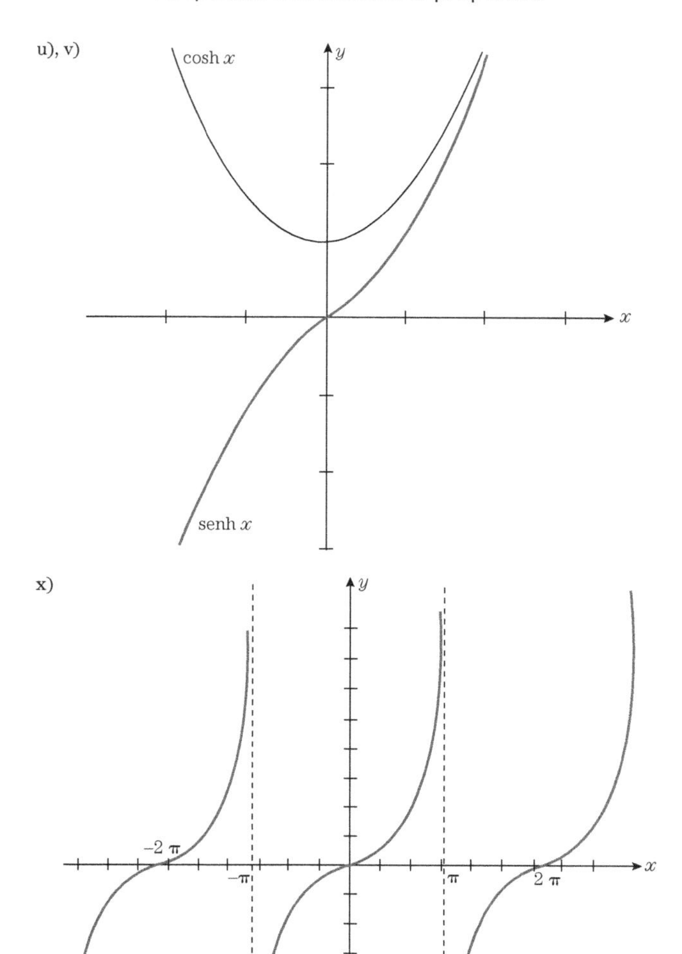

x)

Nota. $\dfrac{\operatorname{sen} x}{1+\cos x} = \dfrac{2\operatorname{sen}\dfrac{x}{2}\cos\dfrac{x}{2}}{1+\cos^2\dfrac{x}{2}-\operatorname{sen}^2\dfrac{x}{2}} = \dfrac{\operatorname{sen}\dfrac{x}{2}}{\cos\dfrac{x}{2}}$, *e* $\lim\limits_{x\to\pi-}\dfrac{\operatorname{sen} x}{1+\cos x} = +\infty$,

$\lim\limits_{x\to\pi+}\dfrac{\operatorname{sen} x}{1+\cos x} = -\infty$.

y)

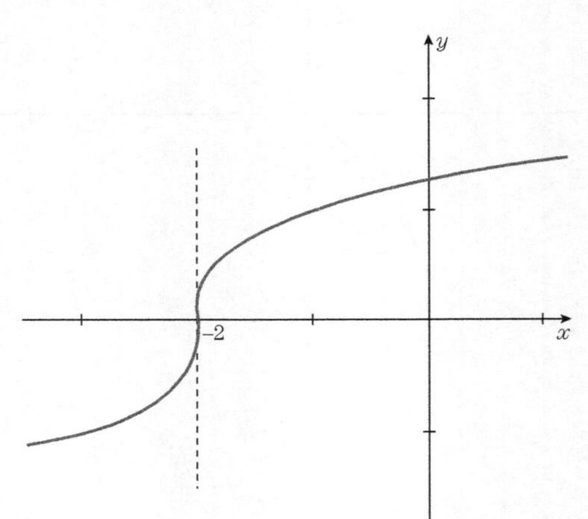

z)

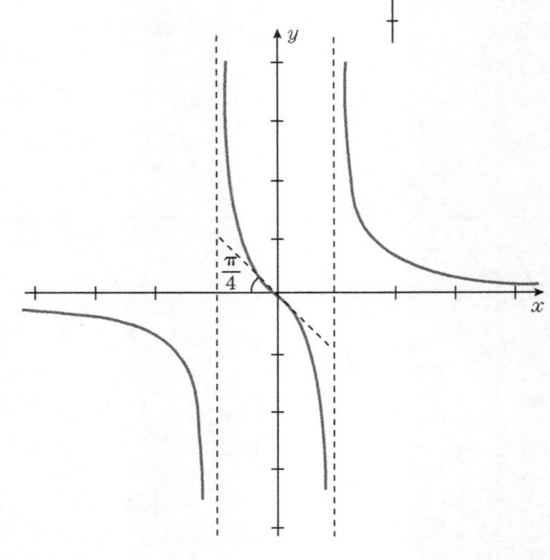

SEÇÃO 4.1

4.1.1. (c), (e), (f).

4.1.2. a) $\frac{x+2}{5}$; b) $\sqrt{x}\quad (x \geq 0)$;

c) $-\sqrt{x}\quad (x \geq 0)$; d) $\sqrt[3]{x}$;

e) $\sqrt[3]{x}+1$; f) $\sqrt[3]{x+1}$;

g) $\frac{x}{1-x}(x \neq 1)$; h) $\frac{3x+4}{x-1}(x \neq 1)$;

i) não existe; j) $\sqrt{\frac{1-x}{x}},\ 0 < x \leq 1$;

l) $\frac{x+\sqrt{x^2+4x}}{2}(x \geq 0)$; m) $\ln\left(x+\sqrt{x^2+1}\right)$;

n) $\ln\left(x+\sqrt{x^2-1}\right),\ x \geq 1$; o) $e^{x-2}-3$;

p) $\log_5 \frac{1}{x-1},\ x > 1$; q) $\frac{-dx+b}{cx-a},\quad x \neq \frac{a}{c}$.

SEÇÃO 4.2

4.2.5. a) $\frac{2}{1+4x^2}$; b) $\frac{\frac{1}{3}}{\sqrt{1-\frac{x^2}{9}}}$;

c) $\frac{1}{1+x} \cdot \frac{1}{2\sqrt{x}}$; d) $\frac{\cos x}{|\cos x|}\quad x \neq \left(k+\frac{1}{2}\right)\pi$;

e) $\frac{1}{1+x^2}$; f) $\frac{1}{1+x^2}$;

g) $(\text{arc sen}\, x)^2$; h) $-\frac{1}{\sqrt{1-x^2}\,(\text{arc sen}\, x)^2}$;

i) $\frac{1}{\text{arc tg} \ln x} \cdot \frac{1}{1+(\ln x)^2} \cdot \frac{1}{x}$.

4.2.8. a) $\frac{\pi}{3}$; b) 0; c) $-\frac{\pi}{4}$;

d) $-\frac{\pi}{6}$; e) $\frac{3\pi}{4}$; f) $\frac{\pi}{2}$.

4.2.9. a)

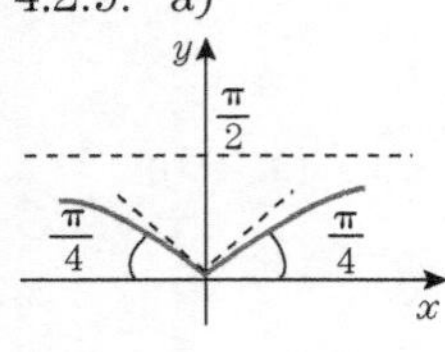

b) É o gráfico de $f(x) = \text{arc tg}\, x$.

c)

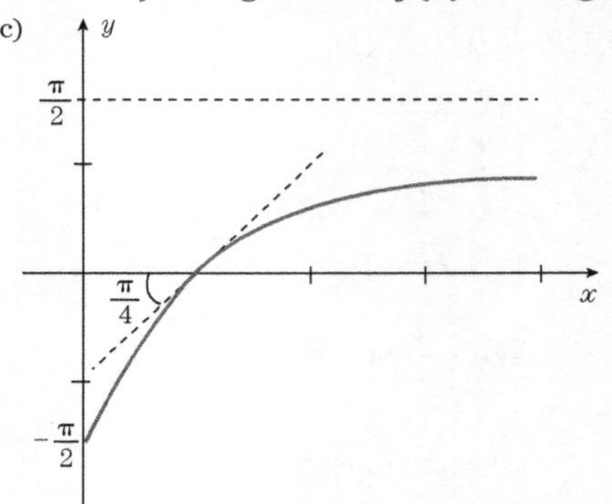

APÊNDICE F

F.1. $y = 2x$ é assíntota para x tendendo a menos infinito;
$y = -2x$ é assíntota para x tendendo a mais infinito.

F.2. $x = 1$ é assíntota vertical;
$y = \frac{x-5}{4}$ é assíntota inclinada para x tendendo a mais infinito e para x tendendo a menos infinito.

F.3. Assíntotas verticais: $x = 5$ e $x = -1$; $y = 2$ é assíntota inclinada para x tendendo a mais infinito e para x tendendo a menos infinito.

F.4. $y = x + 1$ é assíntota inclinada para x tendendo a mais infinito.

F.5. $x = 0$ é assíntota vertical;
$y = x$ é assíntota inclinada para x tendendo a mais infinito e para x tendendo a menos infinito.

F.6. $x = 0$ é assíntota vertical;
$y = 1$ é assíntota inclinada para x tendendo a mais infinito e para x tendendo a menos infinito.

F.7. Não existem assíntotas.

F.8. Não existem assíntotas.

APÊNDICE G

Temos $|\Delta f - df| \leq$

a) 0,0003125; b) $\left(\frac{\pi}{180}\right)^2 = 0{,}0003045$; c) $\frac{3 \cdot 10^{-2}}{16 \cdot (1{,}9)^7}$; d) 10^{-4}.

Exercícios suplementares

CAPÍTULO 1

1.1 NÚMEROS

1. Achar um número irracional entre os números a = 1,3458... e b = 1,346. Supor a representação decimal de a infinita e não-periódica.
2. Mostre que $\sqrt{2}+\sqrt{3}$ é irracional.
3. a) O cubo de um número par (ímpar) é par (ímpar).
   b) Mostre que $\sqrt[3]{4}$ é irracional.
4. Se $a \neq 0$ é racional e b é irracional, então $a + b$, $a - b$, ab, $\frac{b}{a}$ são irracionais.

1.2 FUNÇÕES

1. Achar o domínio de $f(x) = \sqrt{\sqrt{x}-2}$.
2. O domínio de uma função f é o conjunto dos números x tais que $-2 \leq x \leq 2$. O conjunto dos elementos associados é constituído apenas pelo número 3. Dê o gráfico de f. Tem sentido $f(41)$?
3. Sendo $f(x)=\dfrac{ax+b}{cx-a}$, mostre que $f(f(x)) = x$ $(cx - a \neq 0)$.
4. Achar a e b de modo que $f(g(x)) = g(f(x))$, sendo
$$f(x) = ax + 1,$$
$$g(x) = x + b.$$
5. Uma função f é simultaneamente par e ímpar. Mostre que $f(x) = 0$ para todo x do seu domínio.
6. Sejam f e g funções de mesmo domínio. Definem-se as funções
$$(f \vee g)(x) = \text{máximo entre } f(x) \text{ e } g(x),$$
$$(f \wedge g)(x) = \text{mínimo entre } f(x) \text{ e } g(x),$$
ambas de domínio A.

Esboce o gráfico dessas funções no caso $f(x) = x^2$, $g(x) = \frac{1}{x}$ (x > 0).
Dados os gráficos de f e g, achar os gráficos de $f \vee g$ e $f \wedge g$.
c) Prove que

$$(f \vee g)(x) = \frac{|f(x) - g(x)| + f(x) + g(x)}{2};$$

$$(f \wedge g)(x) = \frac{-|f(x) - g(x)| + f(x) + g(x)}{2}.$$

1.3 DISTÂNCIA ENTRE NÚMEROS

1. Prove que

   a) $|x + y + z| \leq |x| + |y| + |z|$;

   b) $|x - y| \leq |x - z| + |z - y|$.

2. Prove que

$$|x| - |y| \leq |x + y|.$$

3. A distância entre um número $x > 0$ e um número y vale 10. A distância entre y e 0 vale 2. Quais são esses números?
4. Descreva através de desigualdades
   a) o conjunto dos números cujas distâncias a –1 são maiores do que as distâncias a 2;
   b) o conjunto dos números cujas distâncias a 3 estão entre 2 e 4;
   c) dê os conjuntos referidos em (a) e (b).
5. Achar os números x tais que

   a) $\left|\frac{1}{x} - 2\right| < 2$; b) $\left|\frac{1}{x}\right| < 2$; c) $\left|\frac{1}{x} - 5\right| \leq 1$;

CAPÍTULO 2

2.1 O PROBLEMA DA TANGENTE

1. Achar a equação da reta tangente ao gráfico da função no ponto de abscissa dada:

   a) $f(x) = 8 - 2x$, $x = -2$; b) $f(x) = \frac{x}{1 + x}$, $x = 5$.

2. Mostre que, se $b > 0$, não existem tangentes ao gráfico de $f(x) = x^3 + bx + c$ que são paralelas ao eixo dos x.
3. Tome um ponto A do gráfico de $f(x) = 2\sqrt{x}$. Seja B a interseção com o eixo dos x da reta por A e normal a esse eixo; seja C a interseção com o eixo dos x da normal ao gráfico de f em A. Calcule a medida do segmento BC.
4. Dê o ângulo formado pelos gráficos de $f(x) = x^3 + 3x^2 + 4x + 2$ e $g(x) = x^2 + 2x + 1$ no ponto $(-1,0)$, isto é, dê o ângulo entre as tangentes aos gráficos dessas funções no ponto $(-1,0)$.
5. Como devem ser os números a, b, c, d, e para que os gráficos de $f(x) = ax^2 + b$ e $g(x) = cx^2 + dx + e$ sejam tangentes em $(0,0)$? (isto é, admitam tangente comum nesse ponto).

2.2 DERIVADA

1. Quais das seguintes afirmações são verdadeiras?
   a) Toda função é derivável.
   b) Existem funções deriváveis.
   c) $\dfrac{f(x) - f(x_0)}{x - x_0}$ é a derivada de f no ponto x_0.
   d) A função f dada por $f(x) = \dfrac{x}{|x|}$ se $x \neq 0$ e $f(0) = 0$ é derivável.
   e) Uma função f e derivável se existe $\lim\limits_{h \to 0} \dfrac{f(x+h) - f(x)}{h}$ para todo x do seu domínio.
   f) A razão incremental de f no ponto x_0, relativamente a $x - x_0$, é o coeficiente angular da reta por $(x_0, f(x_0))$ e $(x, f(x))$.
   g) Existe uma função f tal que a razão incremental de f relativamente a $x - x_0$ é a derivada de f em x_0, para todo x_0 do seu domínio.
   h) f é derivável em x_0 se, e somente se, a derivada à esquerda de f em x_0 é igual à derivada à direita em x_0.
2. Dos gráficos a seguir, quais são os que representam funções deriváveis?

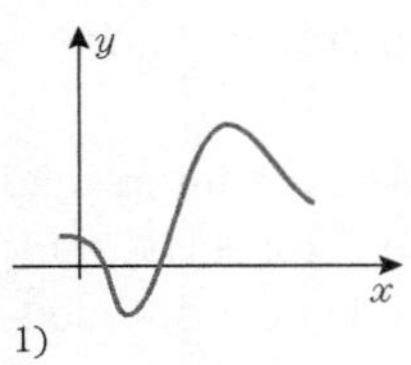

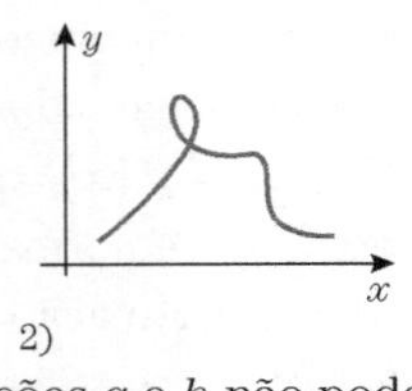

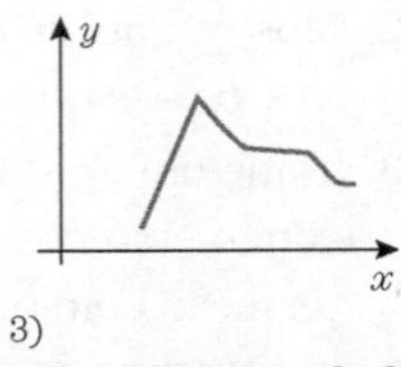

3. Diga por que as funções g e h não podem ser f', nos casos dados a seguir:

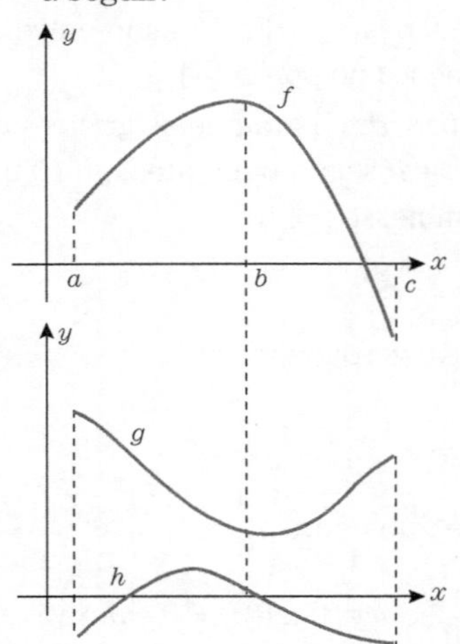

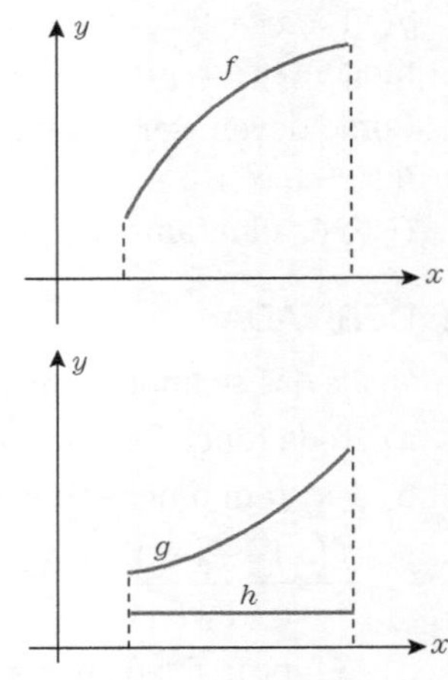

4. Dada f, seja f'_+ (f'_-) a função que, a cada x, associa a derivada à direita (esquerda) de f em x. Desenhar os gráficos de f'_+ e f'_- para as quatro primeiras funções do Exer. 2.2.5.

2.3 LIMITE

1. Dê exemplos de funções f e g tais que
   a) não existe $\lim_{x \to x_0} f(x)$, não existe $\lim_{x \to x_0} g(x)$, e existe $\lim_{x \to x_0} (f(x) + g(x))$;
   b) não existe $\lim_{x \to x_0} f(x)$, não existe $\lim_{x \to x_0} g(x)$ e existe $\lim_{x \to x_0} f(x) g(x)$;

c) não existe $\lim_{x\to x_0} f(x)$, não existe $\lim_{x\to x_0} g(x)$, e existe $\lim_{x\to x_0} \frac{f(x)}{g(x)}$.

2. Se existe $\lim_{x\to x_0} f(x)$ e não existe $\lim_{x\to x_0} g(x)$, pode existir $\lim_{x\to x_0} (f(x)+g(x))$?
3. Se $f(x)$ não é limitada e $\lim_{x\to x_0} g(x)=0$, pode-se concluir que $\lim_{x\to x_0} f(x)g(x)=0$?
4. Enunciar propriedades análogas às propriedades L1-L5 para limites laterais.
5. Achar a e b de modo que f seja derivável no ponto 1, sendo

$$f(x)=\begin{cases} x^3+ax & \text{se} \quad x\le 1,\\ bx^2 & \text{se} \quad x>1. \end{cases}$$

2.4 CONTINUIDADE

1. Se f é uma função tal que $|f(x)|\le |x|$ para todo x, então f é contínua em 0.

*2. Mostre que a função

$$f(x)=\begin{cases} 0 & \text{se} \quad x \quad \text{e irracional}\\ 1 & \text{se} \quad x \quad \text{e racional} \end{cases}$$

não é contínua em nenhum x.

3. Seja f uma função de domínio (a,b) tal que, para quaisquer x_1, x_2 de (a,b), tenhamos $|f(x_1)-f(x_2)|\le |x_1-x_2|$. Mostre que f é contínua em todo x de (a,b).

*4. Mostre que a função

$$f(x)=\begin{cases} x & \text{se} \quad x \quad \text{é irracional}\\ -x & \text{se} \quad x \quad \text{é racional} \end{cases}$$

é contínua apenas em 0.

5. Dê um exemplo de uma função f que não seja contínua em nenhum número, mas tal que $|f|$ seja contínua em todo número.

*6. Seja f uma função tal que para quaisquer x_1, x_2 reais, verifique-se

$$f(x_1 + x_2) = f(x_1) + f(x_2).$$

a) Mostre que $f(0) = 0$.

b) Mostre que f é ímpar.

c) Mostre que $f(x) - f(x_0) = f(x - x_0)$.

d) Supondo f contínua em 0, mostre que f é contínua em qualquer número.

7. a) Prove que $(f \circ g) \circ h = f \circ (g \circ h)$.

b) Prove que, se f_1, e f_2 são ímpares e g é par, então $f_1 \circ f_2$ é ímpar, e $g \circ f_1$ é par; se h é uma função qualquer, $h \circ g$ é par.

c) Sendo $f(x) = ax + b$ e $g(x) = cx + d$, achar uma condição para que $f \circ g = g \circ f$.

8. Achar um número inteiro p tal que exista uma raiz de $x^3 + 2x - 1$ entre p e $p + 1$. Idem para $2x^7 - x^2 + 2$.

**9. Se f é uma função contínua de domínio $[-1,1]$ tal que, para todo x desse intervalo se verifica $x^2 + [f(x)]^2 = 1$, mostre que

$$f(x) = \sqrt{1 - x^2} \text{ ou } f(x) = -\sqrt{1 - x^2}.$$

**10. Seja $g(x) = x$, $0 \le x \le 1$, e f uma função contínua, de domínio $[0,1]$, tal que $0 \le f(x) \le 1$. Mostre que o gráfico de f corta o gráfico de g.

Sugestão. Faça uma figura e considere $f(x) - x$.

*11. Seja f contínua em $[a,b]$. Então o conjunto dos números $f(x)$ associados pela f quando x percorre $[a,b]$ constitui um intervalo da forma $[\alpha,\beta]$.

Sugestão. Aplique a Proposição 2.4.4 e o teorema do valor intermediário (Cap. 2).

2.5 REGRAS DE DERIVAÇÃO

Calcular $f'(x)$ nos Exers. de 1 a 11, sendo $f(x) =$

1. $(a + bx^m)^n$.

2. $\dfrac{x^n}{(1+x)^n}$.

3. $(3x-2)\sqrt{(1+x)^3}$.

4. $(3x-4)\sqrt[4]{(x+1)^3}$.

5. $\dfrac{e^{ax}(a\cos bx + b\,\text{sen}\,bx)}{a^2+b^2}$.

6. $\dfrac{\cos x}{\text{sen}^2 x} - \ln \text{tg}\dfrac{x}{2}$.

7. $(\text{tg}\,x)\ln x$.

8. e^{x^x}.

9. $\ln\dfrac{\sqrt{x+a}+\sqrt{x+b}}{\sqrt{x+a}-\sqrt{x+b}}$.

10. $\ln\left(x+\sqrt{1+x^2}\right)$.

11. $\log_{g(x)} f(x)$; aqui f e g têm por domínio um mesmo intervalo aberto I, no qual são deriváveis, e $f(x) > 0$, $g(x) > 0$, $g(x) \neq 1$, para todo x de I.

12. Se f é par (ímpar), então f' é ímpar(par), supondo existir f'.

13. Um cubo se expande (mantendo-se cubo) de modo que seus lados aumentam à razão constante de a metros por segundo. Quão rápido varia seu volume quando seus lados medem x metros?

14. Um triângulo equilátero se expande (mantendo-se triângulo equilátero). Sua área varia à razão de a metros quadrados por segundo. Achar a razão de aumento de seus lados quando sua área for S metros quadrados.

15. a) Prove que $(fg)'' = f''g + 2f'g' + fg''$.

    b) Prove que $(fg)''' = f'''g + 3f''g' + 3f'g'' + fg'''$.

    c) Prove a regra de Leibniz:

$$(fg)^{(n)} = f^{(n)}g + C_{n,1}f^{(n-1)}g^{(1)} + C_{n,2}f^{(n-2)}g^{(2)} + \ldots + f\,g^{(n)}\;(n = 1, 2, 3, \ldots)$$

Simbolicamente se escreve:

$$(fg)^{(n)} = \sum_{p=0}^{n} C_{n,p}\, f^{(n-p)} g^{(p)},$$

onde $f^{(0)} = f$.

    d) Achar $f^{(n)}$ sendo $f(x) = xe^x$, $f(x) = x^3 \ln x$.

2.6 DERIVAÇÃO IMPLÍCITA

Admita nos exercícios a seguir que a relação dada define uma função derivável $y = f(x)$. Ache $f'(x)$ nos exercícios de 1 a 5.

1. $x^3 + x^2 y^2 + y^3 - 14 = 0$
2. $e^{xy} - xy = 0$
3. $x \operatorname{sen} xy + \cos xy - 3 = 0$
4. $x^2 + y^2 - 10x + 4y - 19 = 0$
5. $x^7y^8 = (x + y)^{15}$

2.7 DIFERENCIAL

1. Calcular, usando diferenciais, o valor aproximado de
   a) $\cos 61°$; b) $\ln(e + 0{,}001)$, sendo $e = 2{,}7182$; c) $e^{1,1}$.
2. Calcule $df(0,h)$, sendo f dada implicitamente por $y - e^{-x/y} = 0$ $(y = f(x))$.
3. Dê a melhor aproximação linear de
   a) $f(x) = x^3$ no ponto $x = 1$;
   b) $f(x) = (\operatorname{sen} x)x$ no ponto $x = \dfrac{\pi}{2}$.
4. Calcule $df(x,h)$, sendo
   a) $f(x) = x \ln x - x$; b) $f(x) = e^{-x} \cos 3x$.

CAPÍTULO 3

3.1 O TEOREMA DE ROLLE

*1. Prove que, se f é derivável em (a,b) e $f'(x) > 0$ para todo x desse intervalo, então f tem no máximo uma raiz em (a,b).
Sugestão. Suponha o contrário e use o teorema de Rolle.

*2. Suponha f, f', f'' contínuas em $[a,b]$ e que f tenha três raízes (distintas) pelo menos em $[a,b]$. Mostre que f'' tem pelo menos uma raiz em $[a,b]$.

3.2 O TEOREMA DO VALOR MÉDIO

1. a) Prove o teorema do valor médio aplicando o teorema de Rolle à função

$$\psi(x) = \begin{vmatrix} a & f(a) & 1 \\ b & f(b) & 1 \\ x & f(x) & 1 \end{vmatrix} \quad a \le x \le b.$$

*b) Dê uma interpretação geométrica da prova.

2. Mostre que a fórmula do teorema do valor médio pode ser posta na forma

$$f(x + h) = f(x) + hf'(x + \theta h), \text{ onde } 0 < \theta < 1.$$

Em certos casos, θ é uma função de h. Calcule $\lim_{h \to 0} \theta(h)$ (x fixo) nos casos

a) $f(x) = x^2$; b) $f(x) = x^3$; *c) $f(x) = \frac{1}{x}$.

Dê um exemplo em que, para um certo h, exista mais do que um valor θ.

3. Suponha que $|f'(x)| \leq M$ para todo x de (a,b) e que f é contínua em $[a,b]$. Mostre que

$$-M(b - a) \leq f(b) - f(a) \leq M(b - a).$$

*4. Seja f uma função tal que $f'(x) = k$ para todo x. Mostre que existem números a e b tais que $f(x) = ax + b$ para todo x.

3.3 APLICAÇÃO DO TEOREMA DO VALOR MÉDIO: INTERVALOS ONDE UMA FUNÇÃO CRESCE OU DECRESCE

1. Para cada função dada a seguir, dê os intervalos nos quais a função é crescente e aqueles nos quais a função é decrescente, nos casos $f(x) =$

a) $\frac{x^2}{x+1}(x \neq -1)$; b) $x + \frac{3}{2}\sqrt[3]{x^2} + 10$;

c) $\frac{\ln x}{x}(x > 0)$; d) $x^x(x > 0)$;

e) $\sqrt[3]{x^3 - 3x + 2}$; f) $x + \ln \cos x$, $0 \leq x < \frac{\pi}{2}$.

2. Das afirmações a seguir, dizer quais as verdadeiras e quais as falsas, justificando.

a) Soma de funções crescentes é uma função crescente.

b) Diferença de funções crescentes é uma função crescente.

*c) Produto de funções crescentes pode ser decrescente.

d) Quociente de funções crescentes pode ser uma função nem crescente nem decrescente.

e) Produto de funções crescentes pode ser uma função nem crescente nem decrescente.

f) Composta de funções crescentes é uma função crescente.

3. Sejam f e g deriváveis em todos os pontos de um intervalo aberto I; suponha que $f(a) = g(a)$ para um certo a de I e que $f'(x) > g'(x)$ para todo x de I. Mostre que $f(x) > g(x)$ se $x > a$ e $f(x) < g(x)$ se $x < a$.

*4. Prove que, se $1 < a < b$, então $a + \frac{1}{a} < b + \frac{1}{b}$.

3.4 MÁXIMOS E MÍNIMOS

1. Achar o cilindro de área lateral máxima, inscrito num dado cone.
2. Circunscrever a uma esfera

   a) o cone de volume máximo;

   b) o cone de área lateral mínima;

   c) o cone de área total mínima.

3. É dado um número a. Escrever esse número como soma de dois números x e y, sendo $-a \le x \le \frac{a}{4}$, de modo que xy seja

   a) máximo; b) mínimo.

4. Achar o retângulo de maior perímetro que pode ser inscrito na elipse

$$\frac{x^2}{a^2} + \frac{y^2}{b^2} = 1 \quad (a, b > 0).$$

5. Uma folha de papel para um cartaz tem 1 m^2 de área. As margens superior e inferior valem 10 cm e as margens laterais 5 cm. Achar as dimensões da folha, sabendo que a área impressa é máxima.
6. Inscrever um retângulo de área máxima na parte da parábola $y^2 = 4px$, limitada pela reta $x = a$ $(p, a > 0)$.
7. Mostre que a função $f(x) = x^\alpha - \alpha x$, $\alpha \neq 1$, tem 1 como ponto de máximo relativo se $0 < \alpha < 1$ e 1 como ponto de mínimo relativo se $\alpha > 1$.

*8. Seja f uma função contínua em $[a,b]$ e derivável em (a,b). Suponha que existe apenas um c de (a,b) tal que $f'(c) = 0$, e que $f(a) < f(c), f(b) < f(c)$. Mostre que c é ponto de máximo de f.

3.5 APLICAÇÃO DO TEOREMA DO VALOR MÉDIO: CONCAVIDADE

1. Estudar a concavidade e os pontos de inflexão de f nos casos $f(x) =$

a) $x^3(3x-4)$;

b) $\dfrac{x^2}{\sqrt{\pi}\,x - e}$;

c) $xe^{-\alpha x}$ $(\alpha > 0)$;

d) $x^2e^{-\alpha x}$ $(\alpha > 0)$;

e) $\operatorname{senh} x = \dfrac{e^x - e^{-x}}{2}$;

f) $2 - x - \dfrac{3}{2}e^{2/3}$;

g) $\pi - x^2 \ln \dfrac{x}{10}$.

2. Considere a seguinte definição de concavidade:

Uma função f tem concavidade para cima num intervalo se, para todo a, x, b do intervalo com $a < x < b$, temos

$$\frac{f(x)-f(a)}{x-a} < \frac{f(b)-f(a)}{b-a}.$$

a) Convença-se de que, geometricamente, a condição acima impõe que o segmento de extremidades $(a, f(a))$ e $(b, f(b))$ deixa abaixo o gráfico de f entre esses pontos.

*b) Prove que, se f tem concavidade para cima num intervalo I e f é derivável em a, então o gráfico de f fica acima da tangente ao mesmo em $(a, f(a))$, exceto tal ponto.

***c) Se f é derivável e o gráfico de f fica acima de cada reta tangente ao mesmo, exceto o ponto de tangência, então f tem concavidade para cima (segundo a definição dada neste exercício).

*d) Seja f contínua num intervalo no interior do qual $f''(x) > 0$. Então f tem concavidade para cima (segundo a definição dada neste exercício).

e) Se f tem concavidade para cima em $[a,b)]$ (segundo a definição dada neste exercício), então, para todo t de $[0,1]$, verifica-se

$$f(ta + (1-t)\mathrm{b}) \leq tf(a) + (1-t)f(b).$$

3.6 ESBOÇO DE GRÁFICOS DE FUNÇÕES

1. Calcule

a) $\lim\limits_{x\to+\infty} \dfrac{x+1}{\sqrt{x^2+1}}$; b) $\lim\limits_{x\to-\infty} \dfrac{x+1}{\sqrt{x^2+1}}$;

c) $\lim\limits_{x\to+\infty} \dfrac{3x\sqrt{x}+\sqrt[3]{x+12}}{x+\sqrt{x^3-1}}$; d) $\lim\limits_{x\to3-} \dfrac{\log\left(1+x^2\right)}{x-3}$;

*e) $\lim\limits_{x\to\infty}\left(\sqrt{\dfrac{4x^3+3x^2}{4x-3}}-x\right)$.

Sugestão. Multiplique e divida por $\sqrt{\dfrac{4x^3+3x^2}{4x-3}}+x$

2. Sendo $p(x) = a_n x^n + \ldots + a_0$, $a_n \neq 0$,
$q(x) = b_m x^m + \ldots + b_0$, $b_m \neq 0$,

mostre que

$$\lim_{x\to+\infty} \frac{p}{q}(x) = \begin{cases} 0 & \text{se} \quad n < m \\ \dfrac{a_n}{b_m} & \text{se} \quad n = m \\ +\infty & \text{se} \quad a_n b_m > 0 \\ -\infty & \text{se} \quad a_n b_m < 0. \end{cases}$$

3. Esboce o gráfico das seguintes funções $f(x) =$

a) $\dfrac{x\left(x^2+9\right)}{2\left(x^2+1\right)}$; b) $\dfrac{x}{x^3-2}$; c) $\dfrac{4x-1}{3\left(x^2-2\right)^2(x-5)}$;

d) $\dfrac{10}{(x-5)(x+5)}$; e) $\cos x - 1 + x \operatorname{sen} x$ $(0 \leq x \leq 2\pi)$

(Neste exercício, o estudo da concavidade é difícil, e você pode deixá-lo de lado.)

CAPÍTULO 4

4.1 O CONCEITO DE FUNÇÃO INVERSA

1. Achar a função inversa (se existir) da função f nos casos $f(x)$ =

a) $x^2 - 2x + 1 \quad (x \geq 1)$;
b) $x^2 - 2x + 1 \quad (x \leq 1)$;
c) $x^2 - 5x + 6 \quad (x \geq 3)$;
d) $x^2 - 5x + 6 \quad (x \leq 2)$;
e) $x^2 - 5x + 6 \quad (2 \leq x \leq 3)$;
f) 2^x;
g) $\dfrac{2^x - 2^{-x}}{2}$;
h) $\begin{cases} -x & \text{se} \quad x \leq 0, \\ x^2 - x & \text{se} \quad 0 < x \leq \dfrac{1}{2}, \\ -\left(x - \dfrac{1}{2}\right) - \dfrac{1}{4} & \text{se} \quad x > \dfrac{1}{2}; \end{cases}$
i) $\operatorname{tgh} x = \dfrac{\operatorname{senh} x}{\cosh x}$.

2. Mostre que as funções dadas a seguir são inversíveis:

a) $\sqrt{1 - x^2} \quad (0 \leq x \leq 1)$;
b) $2\sqrt{x} - x \quad (0 \leq x \leq 1)$;
c) $2\sqrt{x} - x \quad (x \geq 1)$;
d) $3x^4 - 4x^3 + 1 \quad (x \leq 1)$;
e) $3x^4 - 4x^3 + 1 \quad (x \geq 1)$;
f) $\dfrac{\ln x}{x} \quad (x \leq e)$.

3. Se f é uma função cujo domínio é o conjunto de todos os números tal que $f(ab) = af(b)$, mostre que $f(x) = kx$. Se $f(1) \neq 0$, mostre que f é inversível.

4.2 PROPRIEDADES DE UMA FUNÇÃO TRANSMITIDAS À SUA INVERSA

1. a) A função $f(x) = \operatorname{senh} x$ é inversível. Sua inversa é indicada arg sen h.

Prove que

$$(\operatorname{arg\,senh} x)' = \frac{1}{\sqrt{x^2 + 1}}.$$

b) O mesmo sucede com $f(x) = \text{tgh}\, x$: sua inversa é indicada arg tgh, e tem por domínio $(-1,1)$. Prove que

$$(\text{arg tgh}\, x)' = \frac{1}{1-x^2} \quad (-1 < x < 1).$$

2. Prove que

a) $\left(\text{arc sen}(1-x) - \sqrt{2x - x^2}\right)' = -\sqrt{\frac{2-x}{x}}$;

b) $\left(\text{arc cos}\frac{1-x^2}{1+x^2}\right)' = \frac{2}{1+x^2}\ (x > 0)$;

c) $\left(x^{\text{arc sen}\, x}\right)' = x^{\text{arc sen}\, x}\left(\frac{\text{arc sen}\, x}{x} + \frac{\ln x}{\sqrt{1-x^2}}\right)$;

d) $\left(x \,\text{arc tg}\frac{x-1}{x+1} - \frac{1}{2}ln\left(x^2+1\right)\right)' = \text{arc tg}\frac{x-1}{x+1}$.

3. As funções $f(x) = \text{arc tg}\sqrt{\frac{1-\cos x}{1+\cos x}}$ e $g(x) = \frac{x}{2}$ possuem mesma derivada no intervalo $2k\pi < x < 2k\pi + \pi$, k inteiro. Interprete.

**4. Mostre que existe uma função f derivável em todo número tal que $(f(x))^3 + 3f(x) - x = 0$.

Sugestão. Considere a função $g(x) = x^3 + 3x$, que é inversível, e mostre que $g = f^{-1}$.

Respostas e sugestões aos exercícios suplementares

CAPÍTULO 1

1.1 NÚMEROS

1. $\dfrac{a+b}{2}$, por exemplo.
2. Se fosse racional, seu quadrado $5 + 2\sqrt{6}$ também seria.

1.2 FUNÇÕES

1. $x \geq 4$.
2. Não.

4. $a = 1$ ou $b = 0$.
6.

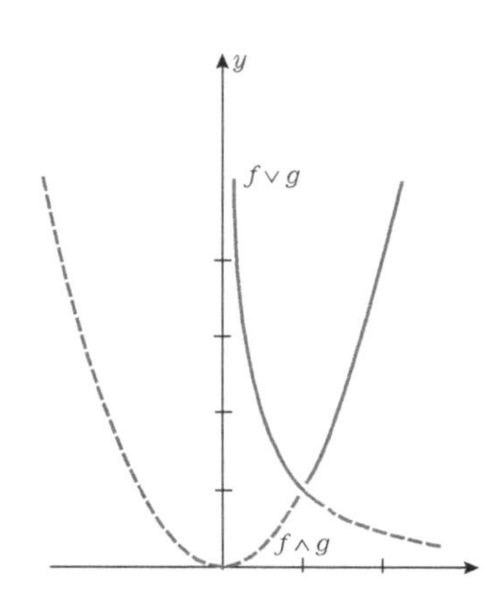

1.3 DISTÂNCIA ENTRE NÚMEROS

3. $x = 12, y = 2$ ou $x = 8, y = -2$.
4. a) $|x+1| > |x-2|$,

   b) $2 < |x-3| < 4$;

   c) a) : conjunto dos x tais que $x > \frac{1}{2}$,

   b) : conjunto dos x tais que

$$-1 < x < 1 \quad \text{ou} \quad 5 < x < 7;$$

5. a) $x > \frac{1}{4}$; b) $x < -\frac{1}{2}$ ou $x > \frac{1}{2}$; c) $\frac{1}{6} \le x \le \frac{1}{4}$.

CAPÍTULO 2

2.1 O PROBLEMA DA TANGENTE

1. a) $y = 8 - 2x$; b) $y = \frac{x+25}{36}$.
3. 2.
4. 45º.
5. $b = d = e = 0$, a e c quaisquer.

2.2 DERIVADA

1. b, e, f, g, h.
2. (1)
3. a) $f'(x) > 0$ se $a < x < b$, e h assume valores negativos nesse intervalo. Por outro lado, $f'(x) < 0$ se $b < x < c$, e $g(x) > 0$ nesse intervalo.

   b) Claramente f' não é constante, e h é constante. Por outro lado, se $x_1 < x_2$, vê-se que $f'(x_1) > f'(x_2)$, mas $g(x_1) < g(x_2)$ · (x_1 e x_2 estão no domínio de f.)

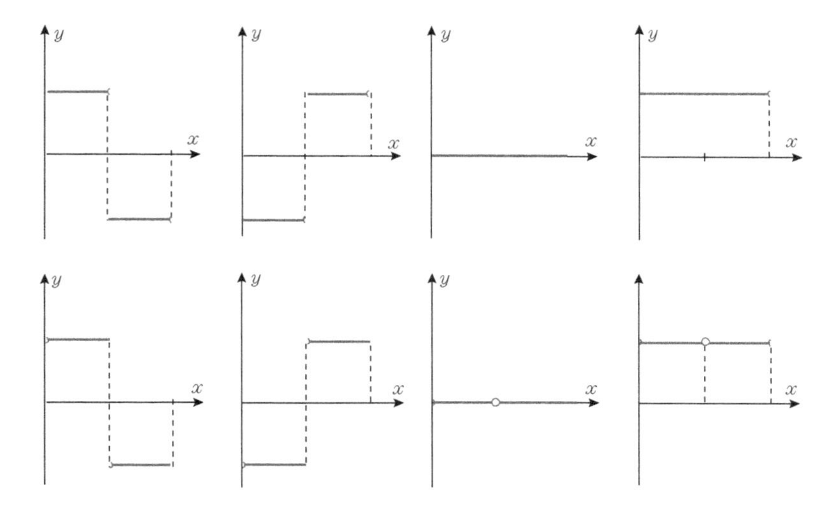

2.3 LIMITE

1. a) $f(x) = \dfrac{x}{|x|}$, $x \neq 0$; $g(x) = -f(x)$;

   b) $f(x) = \begin{cases} 0 & \text{se} \quad x < 0 \\ 1 & \text{se} \quad x > 0; \end{cases}$ $\quad g(x) = \begin{cases} 1 & \text{se} \quad x < 0 \\ 0 & \text{se} \quad x > 0; \end{cases}$

   c) $f(x) = \begin{cases} 1 & \text{se} \quad x < 0 \\ x & \text{se} \quad x > 0; \end{cases}$ $\quad g(x) = f(x)$.

2. Não.
3. Não: $f(x) = x$, $g(x) = \dfrac{1}{x}$, $x_0 = 0$.
5. $a = 1$, $b = 2$.

2.4 CONTINUIDADE

5. $f(x) = \begin{cases} 1 & \text{se} \quad x \text{ e irracional} \\ -1 & \text{se} \quad x \text{ e racional.} \end{cases}$

7. c) $ad + b = cb + d$.
8. $p = 0$; $p = -1$.

2.5 REGRAS DE DERIVAÇÃO

1. $mnbx^{m-1}(a+bx^m)^{n-1}$.

2. $\dfrac{nx^{n-1}}{(1+x)^{n+1}}$.

3. $\dfrac{15x\sqrt{x+1}}{2}$.

4. $\dfrac{21x}{4\sqrt[4]{x+1}}$.

5. $e^{ax}\cos bx$.

6. $-\dfrac{2}{\operatorname{sen}^3 x}$.

7. $(\operatorname{tg} x)^{\ln x}\left[\dfrac{\ln x}{\operatorname{sen} x\cos x}+\dfrac{\ln \operatorname{tg} x}{x}\right]$.

8. $e^{x^x}\cdot x^x(1+\ln x)$.

9. $\dfrac{1}{\sqrt{(x+a)(x+b)}}$.

10. $\dfrac{1}{\sqrt{1+x^2}}$.

11. $\dfrac{(\ln g(x))f'(x)g(x)-(\ln f(x))g'(x)f(x)}{f(x)g(x)(\ln g(x))^2}$.

13. $3ax^2$

14. $\dfrac{a}{\sqrt[4]{3}\sqrt{S}}$.

15. d) xe^x+ne^x; $\dfrac{(-1)^n\,6(n-4)!}{x^{n-3}}$, para $n \geq 4$.

2.6 DERIVAÇÃO IMPLÍCITA

1. $-\dfrac{3x^2+2xy^2}{2x^2y+3y^2}$.

2. $-\dfrac{y}{x}$

3. $\dfrac{(1-y)\operatorname{sen} xy+xy\cos xy}{x\operatorname{sen} xy-x^2\cos xy}$.

4. $\dfrac{5-x}{y+2}$.

5. $\dfrac{y}{x}$.

2.7 DIFERENCIAL

1. a) 0,4849. b) 1,000367. c) 2,99.
2. $-h$.
3. a) $g(x)=3x-2$; b) $g(x)=1$.
4. a) $(\ln x)h$; b) $-e^{-x}(3\operatorname{sen} 3x+\cos 3x)h$.

CAPÍTULO 3

3.2 O TEOREMA DO VALOR MÉDIO

3. a), b), c): $\dfrac{1}{2}$. $f(x)=x$.

3.3 APLICAÇÃO DO TEOREMA DO VALOR MÉDIO: INTERVALOS ONDE UMA FUNÇÃO CRESCE OU DECRESCE

1. a) crescente em $x \leq -2$ e $x \geq 0$;

   decrescente em $-2 \leq x < -1$ e $-1 < x \leq 0$.

   b) crescente em $x \leq 1$ e $x \geq 0$;

   decrescente em $-1 \leq x \leq 0$.

   c) crescente em $x \leq e$;

   decrescente em $x \geq e$.

   d) crescente em $x \geq \frac{1}{e}$;

   decrescente em $x \leq \frac{1}{e}$.

   e) crescente em $x \leq -1$ e em $x \geq 1$;

   decrescente em $-1 \leq x \leq 1$.

   f) crescente em $0 \leq x \leq \frac{\pi}{4}$;

   decrescente em $\frac{\pi}{4} \leq x < \frac{\pi}{2}$.

2. a) Verdadeira: se $x < x'$ implica $f(x) < f(x')$ e $g(x) < g(x')$ então $x < x'$ implica $f(x) + g(x) < f(x') + g(x')$.

   b) Falsa: $f(x) = x$, $g(x) = x$.

   c) Verdadeira: $f(x) = x,\ x < \frac{1}{2};\ g(x) = x - 1,\ x < \frac{1}{2}$.

   d) Verdadeira: $f(x) = x$, $x > 0$; $g(x) = x$, $x > 0$.

   e) Verdadeira: $f(x) = x$, $g(x) = x$.

   f) Verdadeira: f sendo crescente, $x < x'$ implica $f(x) < f(x')$, e sendo g crescente, tem-se $g(f(x)) < g(f(x'))$.

3.4 MÁXIMOS E MÍNIMOS

1. A altura do cilindro é a metade da do cone.
2. a) altura do cone é o dobro do diâmetro da esfera.

   b) altura do cone igual a $\left(2 + \sqrt{2}\right)$ vezes o raio da esfera.

   c) raio da base do cone igual a $\sqrt{2}$ vezes o raio da esfera.

3. a) $x = \frac{a}{4}$, $y = \frac{3}{4}a$, b) $x = -a$, $y = 2a$.

4. $\frac{2a^2}{\sqrt{a^2 + b^2}}$, e $\frac{2b^2}{\sqrt{a^2 + b^2}}$.

5. $\frac{1}{\sqrt{2}}m$ e $\sqrt{2}\,m$. 6. $\frac{4}{3}\sqrt{3ap}$ e $\frac{2a}{3}$.

3.5 APLICAÇÃO DO TEOREMA DO VALOR MÉDIO: CONCAVIDADE

1. a) para cima em $x \leq 0$; para baixo em $0 \leq x \leq \frac{2}{3}$; para cima em $x \geq \frac{2}{3}$. Pontos de inflexão: 0 e $\frac{2}{3}$.

b) para cima em $x > \frac{e}{\sqrt{\pi}}$; para baixo em $x < \frac{e}{\sqrt{\pi}}$.

c) para baixo em $x \leq \frac{2}{\alpha}$; para cima em $x \geq \frac{2}{\alpha}$. Ponto de inflexão: $\frac{2}{\alpha}$.

d) para cima em $x \leq \frac{2-\sqrt{2}}{\alpha}$; para baixo em $\frac{2-\sqrt{2}}{\alpha} \leq x < \frac{2+\sqrt{2}}{\alpha}$; para cima em $x \geq \frac{2+\sqrt{2}}{\alpha}$.

Pontos de inflexão: $\frac{2-\sqrt{2}}{\alpha}$ e $\frac{2+\sqrt{2}}{\alpha}$.

e) para baixo em $x \leq 0$; para cima em $x \geq 0$.

f) para cima em $x \leq 0$; para cima em $x \geq 0$.

g) para baixo em $x \geq \frac{1}{\sqrt[3]{e}}$; para cima em $0 < x \leq \frac{1}{\sqrt[3]{e}}$. Ponto de inflexão: $\frac{1}{\sqrt[3]{e}}$.

3.6 ESBOÇO DE GRÁFICOS DE FUNÇÕES

1. a) 1. b) –1. c) 3. d) $-\infty$. e) $\frac{3}{4}$.

a)

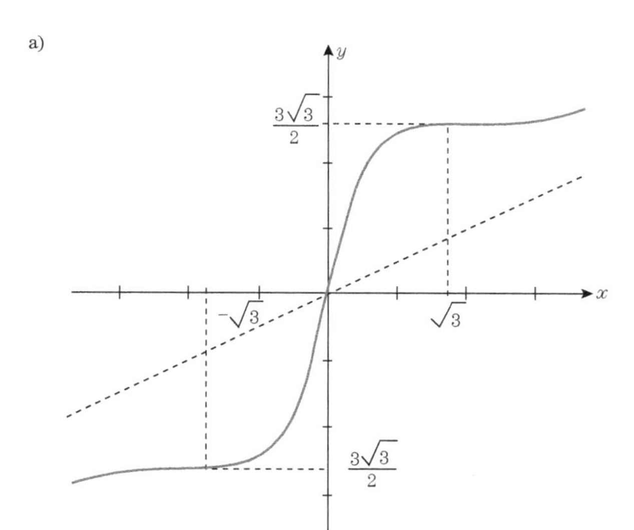

b)

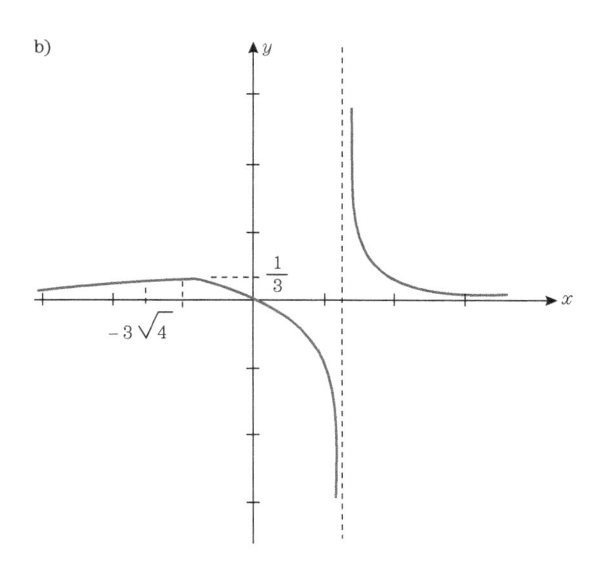

c)

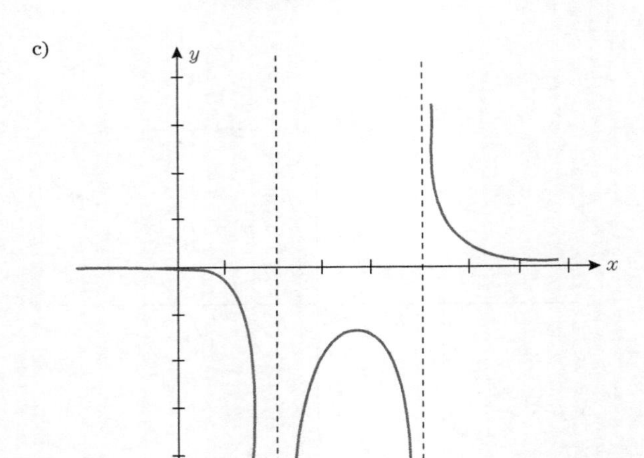

d)

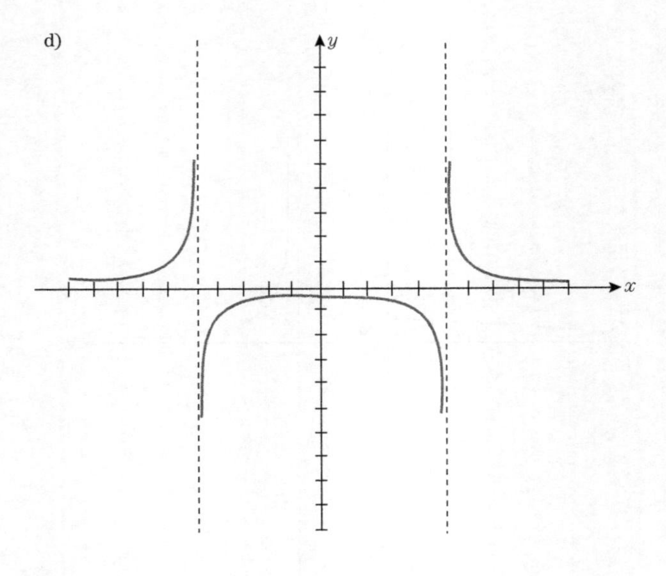

e)

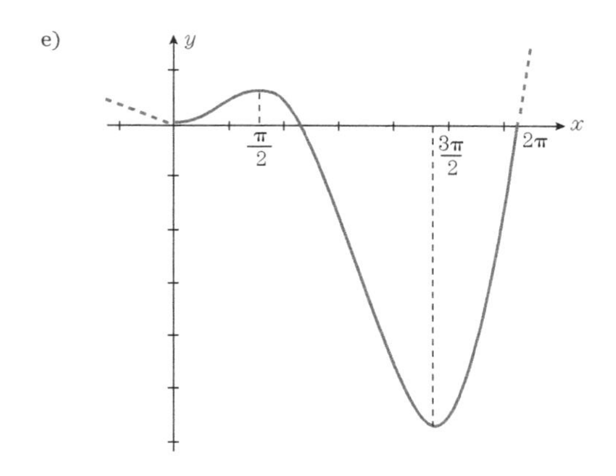

CAPÍTULO 4

4.1 O CONCEITO DE FUNÇÃO INVERSA

1. a) $1+\sqrt{x}\,(x \geq 0)$

b) $1-\sqrt{x}\,(x \geq 0)$

c) $\dfrac{5+\sqrt{1+4x}}{2}\,(x \geq 0)$

d) $\dfrac{5-\sqrt{1+4x}}{2}\,(x \geq 0)$

e) não existe.

f) $\log_2 x \ (x > 0)$

g) $\log_2 \dfrac{x+\sqrt{x^2+1}}{2}$

h) $\begin{cases} \dfrac{1}{2}-\sqrt[3]{x+\dfrac{1}{4}} & x < -\dfrac{1}{4}. \\ \dfrac{1-\sqrt{1+4x}}{2} & -\dfrac{1}{4} < x < 0 \\ -x & x \geq 0 \end{cases}$

i) $\dfrac{1}{2}\ln\dfrac{1+x}{1-x} \quad (-1 < x < 1)$

4.2 PROPRIEDADES DE UMA FUNÇÃO TRANSMITIDAS À SUA INVERSA

3. Pode-se concluir que no intervalo dado, $f(x) - g(x) = -k\pi$.